Leopold Loewenfeld

Studien über Ätiologie und Pathogenese der spontanen Hirnblutungen

Leopold Loewenfeld

Studien über Ätiologie und Pathogenese der spontanen Hirnblutungen

ISBN/EAN: 9783743361706

Hergestellt in Europa, USA, Kanada, Australien, Japan

Cover: Foto ©berggeist007 / pixelio.de

Manufactured and distributed by brebook publishing software (www.brebook.com)

Leopold Loewenfeld

Studien über Ätiologie und Pathogenese der spontanen Hirnblutungen

STUDIEN

ÜBER

ÄTIOLOGIE UND PATHOGENESE

DER

SPONTANEN HIRNBLUTUNGEN.

VON

DR. LEOPOLD LÖWENFELD
IN MÜNCHEN.

MIT DREI TAFELN.

WIESBADEN.
VERLAG VON J. F. BERGMANN.
1886.

Vorwort.

Wer den Erscheinungen der ärztlichen Literatur in den letzten Jahren einigermassen folgte, dem musste sich die Wahrnehmung aufdrängen, dass in der medicinischen Forschung unserer Zeit eine Richtung die Oberhand gewonnen hat, die man als ätiologisch bezeichnen kann. Nachdem man Jahrzehnte hindurch sich vorwaltend bemühte, für die einzelnen als Krankheiten bekannten Symptomencomplexe die zugehörigen Veränderungen der Organe und Gewebe möglichst vollständig kennen zu lernen, hat sich seit den letzten Jahren das Interesse der forschenden Kreise in erster Linie den Factoren zugewandt, welche den Anstoss zu diesen Veränderungen geben. Dem Eifer, mit welchem diese neue Richtung cultivirt wurde, haben wir bekanntlich bereits eine Reihe höchst wichtiger Ergebnisse zu verdanken. Es lässt sich jedoch nicht verkennen, dass die ätiologische Tendenz der Forschung nicht in allen Sparten der Medicin in gleichem Masse hervortritt. Speciell auf dem Gebiete der Neuropathologie hat sich dieselbe noch keineswegs in dem Masse bemerklich gemacht, als es die Sachlage hier wünschenswerth erscheinen lässt. Dieser Umstand ist in keinem Capitel der Neuropathologie fühlbarer, in keinem das Bedürfniss ätiologischer Aufklärung dringender als in der Lehre von den spontanen Hirnblutungen. Zwar haben uns die letzten Decennien manche schätzbare Arbeit auf diesem Gebiete gebracht, allein dieselben beschäftigten sich fast ausschliesslich mit den nächsten Ursachen des Blutaustrittes im Gehirne, den Veränderungen der Gefässe, welche die Ruptur vorbereiten, ohne uns indess über diesen gewichtigen Punkt die so sehr wünschenswerthe Klarheit zu verschaffen. Betreffs der entfernteren Ursachen dagegen, d. h. der Factoren, welche die fraglichen Veränderungen der Hirngefässe herbeiführen, ist uns seit Jahrzehnten kein wesentlicher Zuwachs an Kenntnissen zu Theil geworden; wir stehen hier in der Hauptsache noch auf dem Boden, welchen die Forschungen in der ersten Hälfte dieses Jahrhunderts bereiteten. Und es ist gewiss nicht Mangel an Beobachtungsgelegenheit, was diesen unerfreulichen Zustand bedingte. Tausende und aber Tausende werden alljährlich in allen Ländern, in welchen die medicinische Forschung blüht, durch das in Rede stehende Uebel dahingerafft, noch grösser aber ist die Menge derjenigen, welche hiedurch in einen Zustand trauriger Invalidität versetzt werden. Und die Betroffenen sind keineswegs lediglich von der Last des Lebens gebeugte Greise, Männer und Frauen in den sogenannten besten Jahren, selbst in. der Blüthezeit des Lebens sind darunter in ansehnlichem Masse vertreten; das Geschick dieser wenigstens ist gewiss in hohem Grade geeignet, das ärztliche Interesse zu erregen.

Die Lücke, welche unsere Kenntnisse von den Ursachen der spontanen Hirnblutung derzeit darbieten, ist zu gross, als dass die Bemühungen eines Einzelnen sie auszufüllen vermöchten. Die Studien, welche ich hiemit der Oeffentlichkeit übergebe, beanspruchen auch nur einen Beitrag in dieser Richtung zu liefern. Die betreffenden Arbeiten wurden in der Hauptsache in dem hiesigen pathologischen Institute durchgeführt. Dem Vorstande dieser Anstalt, Herrn Professor *Dr. Bollinger*, welcher mir Material und die Hilfsmittel seines Institutes in liberalster Weise für die Zwecke dieser Arbeit zur Verfügung stellte und so deren Durchführung ermöglichte, erlaube ich mir auch an dieser Stelle meinen aufrichtigen Dank auszusprechen. Ich bin ferner Herrn Professor *Dr. Kupfer* für die Ueberlassung eines Arbeitsplatzes in der anatomischen Anstalt und Herrn Präparator *Dr. Böhm* für manche freundlichst gewährte Unterstützung verpflichtet.

München, im Juli 1886.

Inhalts-Uebersicht.

Stadien des Processes. Betheiligung der Intima an der Veränderung. Verschiedenheit des Processes von der Hypertrophie der Muscularis kleinster Hirngefässe, von der Amyloid- und Fettentartung. Fibroide und hyaline Degeneration der Muscularis. Weitere eigenartige Veränderungen S. 50—57. Erkrankungen der Adventitia. Kernwucherung, Verfettung der Adventitialkerne. Feinfaserige Verdickung (Hypertrophie). Bevorzugte Localitäten. Beziehungen zur Lymphstauung. Adventitialektasieen; Arten derselben, Adventitialzotten. Hyaline Degeneration der Adventitia S. 57—59.

Anomalieen des Adventitialrauminhaltes. Anhäufung von Fett, Pigment etc. Auftreten eigenthümlicher Zellen. Ansammlung von Fettkörnchenzellen, Rundzellen, Blutkörperchen. Differenzen in dem Auftreten letzterer. Aneurysma dissecans, Formen desselben. Entstehungen desselben durch Continuitätstrennung in Folge partieller Atrophie oder Fettdegeneration der Innenhäute, ohne Continuitätstrennung per diapedesin S. 60—63.

Miliaraneurysmen und diffuse Ektasieen. Allgemeines über Gefässrohrausbauchungen an den intracerebralen Arterien. Erweiterung an Theilungs- oder Astabgangsstellen. Rosenkranzform der Muscularis. Scheinbare Ausbauchungen des Gefässrohres. Miliaraneurysmen S. 64, 65. Grösse der letzteren, Reihenfolge der Fundorte. Gestalt der Mil. an. S. 65, 66. Structurverhältnisse derselben. Miliaraneurysmen ohne Wandveränderung, solche mit Atrophie der Muscularis. Verschiedenes Verhalten der Intima hiebei. Miliaraneurysmen mit granulöser Degeneration der Media und Intima. Miliaraneurysmen mit Fettdegeneration. Verhalten der Intima hiebei. Structurverhältnisse an älteren Miliaraneurysmen mit atheromatösen Wandungen. Verschiedenes Verhalten der Adventitia an den Miliaraneurysmen, Rundzellenanhäufungen. Weitere Veränderungen der Wand der Miliaraneurysmen. Imprägnation mit Blutfarbstoff. Verkalkung des Aneurysma's. Obliteration desselben S. 67—72. Diffuse Ektasie, Definition, Combination mit Miliaraneurysmen. Structurveränderungen der Wandungen hiebei. Unterscheidung von grösseren und kleineren diffusen Ektasieen S. 72, 73.

Kritik der wichtigsten Theorieen über die Genese der Miliaraneurysmen. Eigene Anschauungen über die Entstehung dieser S. 73—75. Erkrankung der Venen und Capillaren; Fettdegeneration, granulöse und fibroide Degeneration der Venen. Hypertrophie und Ektasieen der Adventitia. Aneurysma dissecans venosum. Diffuse und umschriebene Ausbauchungen des Gefässrohres. Fettige, hyaline, granulöse Degeneration der Capillaren, Capillarektasieen S. 75—77.

Differenzen des Gefässbefundes in den einzelnen untersuchten Fällen von Hirnblutung. Verhalten der Gefässe in den Herdwandungen und in dem übrigen Gehirne. Besonderes Verhalten der an der Basis abgehenden Gefässe. Verschiedenheiten in der Häufigkeit des Auftretens und der Ausbreitung der einzelnen Muscularis- und Intimaalterationen. Differenzen in der Häufigkeit der Adventitialektasieen und in der Ausbreitung der Hypertrophie der Adventitia. Schwankungen in dem Vorkommen der Miliar- und dissecirenden Aneurysmen S. 77—81.

Würdigung der Ansicht *Charcot's* und *Bouchard's* betreffs des Verhaltens der Adventitia. *Turner's* entzündliche Erweichung der Gefässwandungen S. 81, 82.

IV. Abschnitt. Ueber den Ausgangspunkt der Blutung 82

Charcot's und *Bouchard's* Ansicht. Begründung derselben S. 82. Gegen dieselbe zu erhebende Einwände S. 83, 84. Eigene Beobachtungen, Nachweis des Blutaustrittes aus nicht aneurysmatischen Gefässen S. 84. Bedeutung der einzelnen Gefässveränderungen für das Zustandekommen von Rupturen S. 85. Betheiligung der Venen an dem Auftreten von Hirnblutungen S. 85, 86.

I. Abschnitt.

Geschichtliche Vorbemerkungen zur Lehre von den Hirnblutungen.

Schon im Mittelalter wurde Bluterguss in das Gehirn als Ursache jenes Symptomencomplexes, den wir noch heute unter der Bezeichnung Apoplexie zusammenfassen, wenigstens von Einzelnen (*Avicenna*[1]) u. A.) anerkannt. Die Vorstellungen, welche man bezüglich der Entstehung dieser Blutung und ihrer Wirkungsweise hegte, waren jedoch in so hohem Masse unklar, dass man ernstlicher Zweifel darüber sich nicht erwehren kann, ob es sich bei der fraglichen Annahme um etwas mehr als theoretische Constructionen handelte, wie sie in jenen Zeiten so vielfach die Beobachtung ersetzen mussten. Mit völliger Bestimmtheit findet sich Gehirnblutung als Ursache von Apoplexie auf Grund autoptischer Wahrnehmungen erst bei zwei Autoren des 16. Jahrhunderts angeführt. *Leonardo Botallo*[2]) sah in zwei Fällen plötzlichen Todes, von welchen der eine einen Militärbeamten (Tribunus aerarius) betraf, die Gehirnventrikel mit Blut angefüllt. *Duret*[3]) erwähnt in seinem

---

[1]) *Avicenna* (citirt bei *Wepfer* hist. apopl. Lugd. Batav. 1734, S. 158) lässt die Apoplexie durch eine Obstruction entstehen, die in den Gehirnventrikeln und den Wegen der Spiritus sentientes et moventes statthat. Diese Obstruction entsteht durch Occlusio oder Repletio. Die Repletio geschieht u. A. auch durch einen Humor sanguineus in ventriculis cerebri subito effusus oder durch Humor phlegmaticus. Vergl. ferner die historischen Erörterungen bei *Morgagni*, de sedibus et causis morborum. Epist. anat. II, Abs. 7 u. 8.

[2]) *L. Botallo*, geb. 1530 zu Asti in Piemont. „Evenit interdum ut quidam qui obmutescunt, nullo alio auxilio quam sanguinis missione releventur. In quibus vas aliquod in cerebro aut in partibus internis' est disruptum. Prioris exemplum vidi in Tribuno aerario. Et in alio qui etiam repente interiit, ventriculis cerebri sanguine refertis." De curatione per sanguinis missionem cap. 11, § 4.

[3]) *Duretus*, Hippocratis Magni Coacae Praenotationes. Paris 1588. S. 366. „Ex iis, quae intra sunt, et intus laedunt, nascitur apoplexia, corruitque animalitas ipsa cum

L ö w e n f e l d , Aetiologie der spontanen Hirnblutungen.   1

berühmten, König Heinrich III. von Frankreich gewidmeten Werke zweier Personen, die nach epileptischen Krämpfen in einen apoplektischen Zustand verfielen, und in deren Gehirne er die Ventrikel mit dahin durchgebrochenem Blute angefüllt fand. Weitere Beobachtungen von Gehirnhämorrhagieen wurden in der Folge von *Chifflet*[1]) (1600) und von *Th. Bartholinus*[2]) (1644) mitgetheilt. In allen diesen Fällen handelte es sich um Bluterguss in die Ventrikel. Es entsprach dies den zu jener Zeit herrschenden Anschauungen, welche in den Hirnventrikeln die Sammel- oder Erzeugungsstätte der Lebensgeister und daher auch den Ausgangspunkt der als Apoplexie bezeichneten Störungen erblickten.

Von deutschen Autoren war *Wepfer*[3]) der erste, der auf Grund von Leichenuntersuchungen Bluterguss innerhalb der Schädelhöhle als eine Ursache der Apoplexie hinstellte und diesen Entstehungsmodus der letzteren mit grösstem Nachdrucke vertrat. *Wepfer* zeigte ferner, dass Blutextravasate auch an anderen Stellen des Gehirns als in den Ventrikeln gefunden werden können. Als Ursache der Apoplexie bei Hirnblutung erklärte er den Druck des Extravasates auf die Marksubstanz und die hiedurch in letzterer herbeigeführte Anämie; als Locus affectus in der Apoplexie betrachtet er demzufolge die Marksubstanz des Gross- und Kleinhirns[4]). Weitere Beobachtungen von Gehirnhämorrhagie wurden in der Folge von *Borelli*[5]), *Lancisi*[6]), *Valsalva*[7]), *Dionis*[8]) u. A.

---

amissione sensus et motus: aut quia spiritus animalis exitu, aut vitalis aditu ad cerebrum prohibetur. Spiritus animalis exitu prohibetur, cum cerebri sinus repleti sunt nimia abundantia pituitae, nigri humoris aut sanguinis. Ac dum replentur, nec dum repleti sunt, symptoma est convulsionis epilepticae, quam excipit resolutio apoplectica; ut ipsi vidimus in Episcopo Nivernensi et in Quaestore Ballomo, quibus vita defunctis inventa est repletio sinuum, a sanguine illuc prorupto.“

[1]) *Jean Ch. Chifflet*, Arzt in Besançon, † 1610; dessen Sohn *Jean-Jaques Ch.* erwähnt: „Joh. Chiffletus pater meus, ut patet ex ipsius observationibus, anno 1600 vidit in D. De Sesseii ex ictu sanguinis ventriculos cerebri sanguine farctos, unde in quatuor horis mortua est.“ J. Ch. Daedalmatum lib. 1, cap. 4.; citirt in *Theoph. Bonnet's* Sepulchretum, herausgegeben von *J. Manget*, Genf 1700. 1. Band, S. 86.

[2]) *Thomas Bartholinus* (1616—1680): „In cadaveris muliebris a. Cl. Vestingio Patavii 1644, nostram in gratiam aperti, ex Apoplexia, illique succedente Paralysi tandem defuncti, aperto cranio repentinae mortis innotuit causa: omnes cerebri ventriculi concreto sanguine turgebant, ut ne guttulam amplius exciperent. Cent. 2, hist. 60, citirt bei *Bonnet* l. c. S. 87.

[3]) *Joh. Jac. Wepfer*, Historiae apoplecticorum 1658. Die mir vorliegende Ausgabe ist vom Jahre 1734 (Lugd. Batav. apud *Georgium Wishoff*).

[4]) *S. Wepfer* l. c. S. 205, 278.

[5]) *Alfonso Borelli* (geb. zu Neapel 1608, † 1679). Cent. 2. Observ. XXXIV, citirt bei *Bonnet* l. c. S. 91.

[6]) *Lancisi*, *Joh. Mar.*, De Subitaneis mortibus libri duo, Genevae 1718, S. 120.

[7]) *Valsalva*, Tractatus de aure humana. 4. Aufl. Herausgegeben von *Morgagni*, Venedig 1740 Caput II, § XIV, S. 29. Vergl. ferner Cap. V, § VIII ibidem.

[8]) *Dionis*, *M.*, Dissertation sur la Mort Subite. Paris 1709. S. 19 u. f.

mitgetheilt, und so gelangte die Gehirnblutung als eine der Ursachen
der Apoplexie allmälich zu allgemeinerer Anerkennung. In eingehender
Weise beschäftigte sich *Morgagni* [1]) sowohl mit den anatomischen Vorgängen
bei der Gehirnblutung als mit deren Ursachen und Wirkungen. Er
erklärte die Bildungsweise der apoplektischen Höhlen und warnt vor
der Verwechslung dieser mit Aneurysmen. Er wies ferner darauf hin,
dass je nach dem Ausgangspunkte der Blutung und der grösseren oder
geringeren Zerstörung der Wandungen der Blutherd abgeschlossen bleibe,
oder ein Durchbruch des Extravasats in die Ventrikel oder nach aussen
an die Oberfläche des Gehirns erfolge. Die grössere Häufigkeit von
Hämorrhagieen in das Corp. striatum, den Thalam opt. und die Umgebung beider entging *Morgagni* ebenfalls nicht; er äusserte bezüglich
dieses Umstandes die Vermuthung, dass der Grund hiefür in dem Bau
des Gehirnes oder der Vertheilung seiner Gefässe zu suchen sein möge [2]).
Die Bahn anatomischer Forschung, die *Morgagni* mit Erfolg betreten
hatte, wurde indess in den folgenden Decennien des vorigen Jahrhunderts
nicht weiter verfolgt. Man begnügte sich zumeist wieder mit Spekulationen
über die Natur des Schlagflusses, ohne sich um den bereits vorhandenen
Fond von Beobachtungen viel zu kümmern. Erst zu Ende des letzten
und Anfang dieses Jahrhunderts fing man mit erneutem Eifer an, die
anatomischen Vorgänge im Gehirne bei Hämorrhagieen zu studiren.
So wurde die Umwandlung des Extravasats und die Bildung der sogenannten apoplektischen Cysten namentlich von einzelnen französischen
Autoren *Marandel* [3]), *Riobé* [4]), *Rochoux* [5]) und *Moulin* [6]) mit grosser Sorgfalt
verfolgt. In England beschäftigte sich *Cheyne* [7]) ebenfalls eingehend mit
den Veränderungen in den Gehirnen Apoplektischer. Er wies das Auftreten mehrfacher Extravasate in verschiedenen Theilen des Gross- und
Kleinhirns bei einem und demselben Kranken nach und erwähnte das
Vorkommen meningealer (i. e. aus den Gefässen der Pia stammender)
Blutergüsse. *Serres* [8]) unterschied die Apoplexieen in 2 Gruppen: Apo-

[1]) *Morgagni*, J. B., De sedibus et causis morborum per anatomen indagatis.
Tomus primus. Venetiis 1761. S. insbes. Epist. III, 9 u. 18.

[2]) *Morgagni* l. c. Epist. III, 18.

[3]) *Marandel*, Dissertation sur les irritations. Paris 1807.

[4]) *Riobé*, Observations propres à resoudre cette question: L'apoplexie, dans la
quelle il se fait un epanchment du sang dans le cerveau, est elle susceptible de guerison?
Diss. inaug. Paris 1814.

[5]) *Rochoux*, Recherches sur l'apoplexie. Paris 1814.

[6]) *Moulin*, Traité de l'apoplexie ou hémorrhagie cérébrale. Deutsch von *Caspari*.
Leipzig 1821.

[7]) *Cheyne*, Cases of apoplexy and lethargy with observations upon the comatose
diseases. London 1812.

[8]) *Serres*, Nouvelle division des apoplexies. Annuaire médico-chirurgical des
hôpitaux et hospices civils de Paris ou recueil des mémoires et observations par les
médécins et chirurgiens de ces établissements. Paris 1819. p. 246—364.

plexia cerebralis und Apoplexia meningea, fasste aber unter letzterer Bezeichnung keineswegs lediglich meningeale Blutergüsse, sondern noch verschiedene andere Erkrankungen der Hirnhäute (auch solche ohne Extravasat) zusammen. Grösseres Verdienst als durch diese alsbald verworfene Eintheilung erwarb sich *Serres*, indem er auf die Verschiedenheit der Symptome je nach dem Sitze des Blutextravasats hinwies und so den local-diagnostischen Untersuchungen die Bahn eröffnete. *Abercrombie*[1]) sprach sich bezüglich der Quelle des Blutaustrittes dahin aus, dass derselbe in dem einen Falle durch unmittelbare Zerreissung eines bedeutenden Gefässes ohne vorhergegangene Störung des Kreislaufes zu Stande komme, im anderen Falle dagegen das Resultat eines „apoplektischen Zustandes" (einer Kreislaufstörung im Gehirne) sei, ähnlich wie Blutspeien durch gehemmten Kreislauf in den Lungen entstehe. Im ersteren Falle handle es sich immer um grosse, im letzteren oft (doch nicht immer) um sehr kleine Blutmengen, beide Momente könnten übrigens bei einem und demselben Individuum gegeben sein. *Abercrombie* erwähnt ferner, dass es meist vergebens sei, den Riss in einzelnen Gefässen suchen zu wollen; im Allgemeinen müsse durch die Zerreissung der Hirnmasse eine grosse Anzahl von Gefässen geöffnet werden, daher der Anschein, als ob der Blutaustritt aus mehreren Gefässen auf einmal stattgehabt hätte. Die secundäre Vermehrung des Extravasates durch die Wirkung des anwachsenden Blutergusses auf die umgebende Hirnmasse und die in dieser verlaufenden Gefässe wurde auch von *Rokitansky*[2]) betont. In den letzten Decennien hat die Ausbildung der Lehre von der Pachymening. int. häm., die genauere Bekanntschaft mit den Vorgängen bei der sogenannten rothen Erweichung, endlich die Würdigung der Beziehungen der Hirnblutung zu verschiedenen anderen Gehirnerkrankungen (Tumoren, Encephalitis etc.) und gewissen Allgemeinkrankheiten (Scorbut, Leukämie, Pyämie etc.) allmälich zur Aussonderung jener Form von Gehirnhämorrhagie geführt, die wir heutzutage als spontane ϰατ᾽ ἐχοχήν bezeichnen und gewiss mit Recht als eine eigenartige Krankheit betrachten. Mit der Pathogenese und Aetiologie dieser Form werden wir uns im Folgenden zu beschäftigen haben.

---

[1]) *Abercrombie*, Ueber die Krankheiten des Gehirns und des Rückenmarkes. Deutsch von *De Blois*. Bonn 1821. S. 155, 157 u. f.

[2]) *Rokitansky*, Lehrbuch der pathologischen Anatomie. 3. Aufl. 2. Band, S. 450. 1856.

II. Abschnitt.

Die Aetiologie der spontanen Hirnblutungen.

Historisches,

insbesondere über die Gefässveränderungen im Gehirne.

Während die Erscheinungen der Apoplexie (i. e. des apoplektischen Insultes) bereits den Alten bekannt waren, erlangte man, wie wir aus dem Vorstehenden ersehen, verhältnissmässig spät darüber Gewissheit, dass Blutaustritt im Gehirne eine Ursache der Apoplexie bildet. Forschen wir nun in der überaus reichen Literatur über Apoplexie vom 17. bis in die ersten Decennien dieses Jahrhunderts, auf welche Ursachen man die Bildung von Blutextravasaten im Gehirne zurückführte, so begegnen wir einer eigenthümlichen Wahrnehmung. Von einer nüchternen Kritik gemachter Erfahrungen, einem Weiterbauen auf dem Boden bereits gesicherter Thatsachen ist bei den wenigsten Autoren die Rede. Wohl finden sich bei Einzelnen werthvolle Beobachtungen mitgetheilt, diesen wurde jedoch keine allgemeinere Berücksichtigung gewidmet; das Hauptgewicht wurde vielmehr zumeist auf Momente gelegt, deren Existenz lediglich in der pathologischen Phantasie jener Zeiten fusste, oder die nur in einem äusseren, zufälligen Connexe zu den Hirnblutungen standen. Ausserdem wurde vielfach die Aetiologie der Hirnblutungen mit der anderer Erkrankungen zusammengemengt, die ebenfalls den Symptomencomplex der Apoplexie (oder auch nur plötzlichen Tod) herbeizuführen vermögen. Angeschuldigt, Gehirnhämorrhagieen zu verursachen, wurden vor Allem [1]): Blutanhäufungen und Blutstockungen im Gehirne; diese sollten bei der allgemein betonten Dünnwandigkeit der Gehirngefässe genügen, um Blutaustritte herbeizuführen. In ähnlicher Weise sollten unterdrückte blutige Ausscheidungen (Hämorrhoidalflüsse, Menstruation, Nasenbluten), selbst Vernachlässigung gewohnter Aderlässe wirksam werden. Eine grosse Rolle spielten ferner gewisse Materien im Blute, scharfe Säfte, Schärfen, vor Allem die sogenannte atra bilis (gallichte Kakochymie). Diese sollten die Blutgefässe anätzen und auf dem Wege der Erosion endlich zum Blutaustritt führen. Zurückgetretene

---

[1]) Vergl. u. A.: *Wepfer*, Hist. apoplect. Lugd. Batav. 1784. S. 481 u. f. — *Tissot*, Epistolae medico-practicae. Herausgegeben von *Baldinger.* 1771. S. 140 u. f. — *J. Hasler*, Abhandlung von den verschiedenen Arten und Ursachen der Schlagflüsse. Landshut 1787. S. 9 u. f. — *Bethke*, Ueber Schlagflüsse und Lähmungen etc. Ofen 1799. S. 40 u. f. — *Josef Frank*, Die Nervenkrankheiten. Deutsch von *Voigt*. Leipzig 1843. S. 305. — *J. H. Beck*, Ueber den ursprünglichen Hirnmangel und über die Pathologie und Therapie des Gehirnblutflusses. Nürnberg 1826. S. 106 u. f.

Ausschläge, Beseitigung habitueller Fussschweisse, Heilung alter Geschwüre, Metastasen von Podagra wurden nicht minder als häufige Ursachen der Apoplexia sanguinea anerkannt. Aehnliche Bedeutung wurde Schädel- und Gehirnerkrankungen (Kopfverletzungen, Geschwülsten vom Schädel ausgehend und im Gehirne u. s. w.) sowie einer Reihe von Umständen zugeschrieben, die geeignet sind, Gehirnhyperämie zu erzeugen (heftige Körperanstrengungen, Geburtsact, Erbrechen, Husten, Coitus, Schlafen mit niederhängendem Kopfe, Einwirkung der Sonnenhitze auf den Kopf, unvorsichtiger Gebrauch von Bädern etc. · etc.). Ueberladung des Magens, habituelle Verstopfung (sogenannter Infarct der ersten Wege), sehr reichliche Aufnahme nahrhafter Speisen und übermässiger Genuss von alkoholischen Getränken waren fernere Momente, welche man für die Verursachung von Gehirnhämorrhagieen in Anspruch nahm, dessgleichen eine mehr sitzende Lebensweise, geistige Anstrengungen und heftige Gemüthsbewegungen. Gewisse Witterungsverhältnisse sollten das epidemische Auftreten von Hirnblutungen begünstigen. Der Einfluss des höheren Alters wurde allgemein anerkannt, auch eine erbliche Anlage wenigtens von Vielen zugestanden. Endlich wurde gewissen Eigenthümlichkeiten des Körperbaues und des allgemeinen Ernährungszustandes eine weitgehende ätiologische Bedeutung zugeschrieben. Hier kommt zunächst der sogenannte Habitus apoplecticus in Betracht, als dessen Hauptmerkmale ein grosser Kopf, kurzer Hals, breiter Thorax und wohl entwickelte Muskulatur galten. Diesem Habitus wurde eine solche Wichtigkeit beigelegt, dass man sich zu der Lehre verstieg [1]: „Hinc qui collum breve habent, plerumque ab Apoplexia moriuntur, nisi forte Peste pereant" und noch *Richelmy* [2]) zu Anfang dieses Jahrhunderts erklärte, dass da, wo der Habitus apoplecticus fehle, der Schlagfluss kein blutiger sei. Die Plethora, welche nach demselben Autor das arterielle Blut aufregt, während sie den Rückfluss des venösen hindert, und die Fettleibigkeit wurden von Vielen als Momente von ähnlich wichtiger ätiologischer Bedeutung, wie der Hab. apopl. erklärt [3]), namentlich aber das Zusammentreffen beider, des Hab. apopl. und der Plethora, als gefährlich erachtet.

Die meisten der hier angeführten Momente behaupteten sich in der Aetiologie der Apoplexia sanguinea bis nahezu gegen Ende der 1. Hälfte unseres Jahrhunderts [4]). Es fehlte jedoch schon im vorigen

---

[1]) Praxis medica sive commentarium in aphorismos *Hermanni Boerhave* de cognoscendis et curandis morbis pars IV. London 1738. S. 294 (u. f.).

[2]) *Richelmy*, Versuch einer Abhandlung über die Apoplexie, ihre Natur, Pathologie und Hygiene. Deutsch von *Gräfe*. Berlin 1821. S. 24.

[3]) Von nicht wenigen Autoren wurde Fettleibigkeit und zwar insbesondere ein wohl entwickelter Fettbauch als Theilerscheinung des Habitus apoplecticus betrachtet.

[4]) So finden sich z. B. noch bei *Canstatt* (Handbuch der medicinischen Klinik. 3. Band. Erlangen 1843. S. 54): Plötzliche Unterdrückung von Blutflüssen, Fuss-

Jahrhunderte nicht an einzelnen Autoren, welche es vorzogen, statt den allgemein acceptirten Lehren beizutreten, sich bezüglich der Verursachung der Gehirnhämorrhagie eigene Theorieen zurecht zu legen. So wurde z. B. von *Le Cat*[1]) das Blutextravasat im Gehirne nicht als Ursache, sondern als Wirkung des Schlagflusses erklärt. Dasselbe sollte dadurch zu Stande kommen, dass die Dura mater und die an der Basis des Gehirns befindlichen Gefässe in einen Krampfzustand gerathen (convulsivisch bewegt oder starr gemacht werden), wodurch eine Berstung der schwächsten Gefässe herbeigeführt werde. Einer ähnlichen Anschauung huldigte *Weikard*[2]). Dieser Autor bespöttelt die Vorstellung, dass der blutige Schlagfluss von Blutergiessung im Gehirne herrühren solle. Derselbe wird nach ihm durch eine „apoplektische Materie" verursacht, welche das Gehirn befällt, dieses, sowie die Gehirngefässe langsam aufätzt und durch ihre Schärfe das Gehirn in convulsivische Erschütterung (Apoplexie) versetzt. Die fragliche Materie ist arthritischer oder ähnlicher Natur, da die zum Schlagflusse Disponirten dieselben seien, die auch zur Gicht Anlage haben. Auch *Burdach*[3]), der die Theorien *Le Cat's* und *Weikard's* mit grosser Schärfe bekämpft, hält dafür, dass die Ergiessung von Blut (oder Lymphe) im Gehirne keineswegs immer als die Ursache der Apoplexie, sondern in den meisten Fällen als eine Wirkung und ein Symptom derselben anzusehen sei[4]). Die Apoplexie entsteht nämlich nach *Burdach* entweder durch Collaps des Gehirns (Zusammensinken desselben) oder Compression durch eine Flüssigkeit oder einen festen Körper. Der Collaps führt aber leicht zu Congestion und Blutaustritt und zwar auf folgendem Wege[5]): „Wenn das Gehirn „in sich zusammensinkt, so entsteht ein leerer Raum zwischen seinen „Häuten, dadurch wird nun die Luft hier verdünnt, und das Blut wird „wie von einem Schröpfkopfe in die feinsten Gefässenden gezogen, wo „dann leicht eine Ergiessung stattfinden kann." So führt der Collaps nach *Burdach* auch zur Compression. Blutaustritt im Gehirne kann aber ohne vorhergehenden Collaps erfolgen, wenn bei vorhandener allgemeiner oder specieller Prädisposition Umstände einwirken, welche den Andrang des Blutes zum Kopfe verstärken oder dessen Rückfluss verhindern. Die Ideen *Weikard's* und *Burdach's* finden wir später in anatomischem Gewande bei *Rochoux, Durand-Fardel* u. A. wieder vor. An die

---

schweissen, Versäumniss von Gewohnheitsaderlässen, Anurie, Zuheilen chronischer Geschwüre, exanthematische Metastasen u. s. w. als häufige Mitursachen von Gehirnhämorrhagieen angeführt.

[1]) Le Cat, citirt bei *Weikard*, Vermischte medicinische Schriften. 1. Stück. Frankfurt a. M. 1772. S. 91.

[2]) *Weikard* l. c. S. 87 u. f.

[3]) K. Fr. Burdach, Die Lehre vom Schlagflusse, seiner Natur, Erkenntniss, Verhütung und Heilart. Leipzig 1806. S. 40.

[4]) *Burdach* l. c. S. 38.

[5]) *Burdach* l. c. S. 37.

Stelle der apoplektischen Materie *Weikard's*, die Hirn- und Gefässe anätzt, tritt bei *Rochoux* [1]) das ramollissement hémorrhagipare, ein nicht näher definirter Erweichungsvorgang, der den Blutaustritt, resp. die Gefässzerreissung vorbereitet, in dem er die Gefässe des stützenden Widerstandes ihrer Umgebung beraubt, *Durand-Fardel* setzt an die Stelle des ramollissement hémorrhagipare die interstitielle Atrophie, die auf einer latent sich entwickelnden interstitiellen Rareficirung des Nervenmarkes beruhen soll, und sieht in dieser, wenn er es auch nicht direkt zugibt, einen die Gehirnhämorrhagie vorbereitenden Process [2]). Bei Anderen versieht die Rolle des Collapses im *Burdach'*schen Sinne die Gehirnatrophie, die in Folge des horror vacui innerhalb der Schädelhöhle zu verstärktem Blutzuflusse und endlich zur Gefässzerreissung führen soll. Letztere Annahmen wurden indess sämmtlich bereits mehrfach und so gründlich widerlegt (von *Romberg*[3]), *Eulenburg*[4]), *Hasse*[5]), *Nothnagel*[6]) u. A.), dass hier eine weitere Berücksichtigung derselben nicht mehr geboten erscheint.

Durch die meisten der im Vorstehenden erwähnten Theorien zieht sich wie ein rother Faden eine Annahme, die bis in die vierziger Jahre unseres Jahrhunderts bei der grossen Mehrzahl der Aerzte keinerlei Zweifel begegnete und vielfach als etwas durch Thatsachen völlig Gesichertes erachtet wurde: die Möglichkeit einer Zerreissung gesunder Hirngefässe unter Einwirkung verschiedener (nicht traumatischer) Einflüsse. Der Gedanke dagegen, dass bei Hirnblutungen die Beschaffenheit der Gefässe eine abnorme und desshalb an der Entstehung des Extravasates betheiligt sein könne, dieser Gedanke, der jetzt die Pathologen der Hirnblutung beherrscht, brach sich nur sehr allmälich Bahn. Indess hat es selbst schon im 17. Jahrhundert nicht an Autoren gefehlt, welche Veränderungen des intracraniellen Gefässapparates (abgesehen von der Erosio in Folge von Schärfen im Blute oder anstatt solcher) als gewichtiges prädisponirendes Moment für Gehirnhämorrhagie anerkannten. Schon *Wepfer* betonte die grössere Brüchigkeit der Gehirngefässe bei Greisen, „quorum arteriae ut aliae spermaticae partes sicciores sunt"[7]), und erblickte hierin einen die Entstehung von Gehirnblutungen begünstigenden Umstand. Die erste Beobachtung von Erkrankung des intracerebralen Gefässapparates wurde von *Johann Conrad*

---

[1]) *Rochoux*, Recherches sur l'apoplexie. Paris 1814. 2. Aufl. Paris 1833.

[2]) *Durand-Fardel*, Handbuch der Krankheiten des Greisenalters. Deutsch von *Ullmann*. Würzburg 1858. S. 369 u. f.

[3]) *Romberg*, Archiv f. medic. Erfahrung. 1819. S. 556.

[4]) *Eulenburg*, Virchow's Archiv. 24. Band, 3. u. 4. Heft. 1862. S. 334.

[5]) *Hasse*, Krankheiten des Nervensystems. 2. Aufl. 1869. S. 415.

[6]) *Nothnagel*, v. Ziemssen's Handbuch. 11. Band, 1. Hälfte. 2. Aufl. 1878. S. 66.

[7]) *Wepfer* l. c. S. 218.

Brunner [1]) mitgetheilt und betrifft eine Frau, die wiederholten Gehirnblutungen erlag. Hier fand *Brunner* und zwar in der Marksubstanz des Gehirnes selbst „Arteriolas aegritudine seu aneurysmate affectas", und es wird beigefügt, dass dieser Umstand den Blutaustritt leicht verständlich mache, soferne eben das Blut „per loca maxime debililia cruperit". Auch die Verknöcherung der grossen intracraniellen Gefässe wurde schon frühe beobachtet. *Stephanus Blancardus* [2]) fand die rechte Carotis verknöchert und fast undurchgängig, die rechte Vertebralis dafür um das Dreifache vergrössert, *Willis* [3]) bei einem Schwindsüchtigen die rechte Carotis und Vertebralis knöchern und ganz verschlossen. *Burserius* [4]) zählte die Verknöcherungen der Halsarterien zu denjenigen Ursachen der Apoplexie, von denen man nicht bestimmt behaupten könne, dass sie allein Schlaganfälle verursachen. In eingehender Weise beschäftigte sich *Morgagni* [5]) mit den Veränderungen der Gehirnarterien bei Apoplexia sanguinea. *Morgagni* nimmt als Ursache des Blutaustrittes im Gehirne Ruptur der Hirngefässe in Folge Erweiterung derselben, wobei deren Dünnwandigkeit ein begünstigendes Moment bilden soll, ferner Erosion an, unter welcher Bezeichnung er verschiedene Gefässerkrankungen zusammenfasst. „Habent enim" fügt er erläuternd bei, „ut caetera, ita et cerebri vasa non unius modi vitia, idque in majusculis nonnunquam evidens est" etc. Des Näheren beschreibt er die fettige Degeneration der Arterien in einem Falle von Hirnhämorrhagie bei einer dem Trunke ergebenen Frau [6]). „Cum cerebrum invertissem, arteriae illius truncus in quem confluunt Vertebrales, maculam exhibuit albam, ellypticam, modicam, quam perscrutatus, inveni, nonquale ossificationis, ut putabam, initium esse frequentius solet, sed quid mollius in ipsis quidem arteriae parietibus, magis autem interioribus; quam quam neque introrsum, neque extrorsum ullo modo prominebat". Ferner erwähnt er Ossification von Gehirnarterien und betont deren nachtheilige Einwirkung auf die Circulation im Gehirne. „Deinde in pluribus apoplecticis senibus cerebri vasorum tunicas reapse offendi non uno in loco ab osseis innatis frustulis rigidas, praesertim Carotidum quae ad latera Sellae Equinae tantopere se inflectunt" (Epistola III, 22) [7]).

Eine noch viel bedeutendere Rolle wurde Gefässerkrankungen in

[1]) *J. C. Brunner*, citirt in Bonnet's Sepulchretum (Genf 1700). 1. Band, S. 140.

[2]) *Stephanus Blancardus*, citirt in *Wepfer's* Histor. apoplect. S. 660.

[3]) *Willis*, De anim. Brut. p. 2, cap. 8.

[4]) *Burserius*, angeführt bei *Bethke* l. c. S. 141.

[5]) *Morgagni*, De sedibus et causis morborum tomus primus. Venet. 1761.

[6]) l. c. Epist. III, 6.

[7]) *Morgagni* beschreibt übrigens noch verschiedene andere Veränderungen an Gehirngefässen, knorplige Verdickungen, Verhärtung der Wandungen u. s. w.

der Pathogenese der Hirnblutungen von *Matthew Baillie*[1]) zuerkannt. „Ist Blut innerhalb der Höhle des Schädels ergossen, wo keine äussere Verletzung eintrat", bemerkt *Baillie*, „so findet man das Gefässsystem des Gehirns fast allemal krank. Es ist sehr gewöhnlich, bei Untersuchung des Hirns in bejahrten Personen die Stämme der inneren Drosselarterien zur Seite des Sattels sehr krank zu finden, und diese Krankheit erstreckt sich häufig mehr oder weniger in die kleinen Aeste, Die Krankheit besteht in einer knöchernen oder erdigen Materie, welche zwischen die Häute der Arterien abgesetzt wird und wodurch sie zum Theil ihre Zusammenziehbarkeit und Ausdehnbarkeit sowohl als ihre Festigkeit verlieren. Die nämliche Art kränklicher Struktur findet man gleichfalls in der Basilararterie und ihren Aesten. Die Gefässe des Hirns sind unter solchen Umständen weit mehr der Berstung als im gesunden Zustande unterworfen. Ist Blut in ungewöhnlicher Menge angesammelt, oder erfolgt der Kreislauf des Blutes mit ungewöhnlicher Lebhaftigkeit, so sind sie diesem Zufalle ausgesetzt, und demgemäss geschehen häufig Berstungen in einem von diesen Zuständen. Wären die inneren Drosselarterien und die Basilararterien dieser beschriebenen krankhaften Veränderung von Struktur nicht unterworfen, so würden Blutergiessungen innerhalb der Höhle des Schädels ohne vorgängige äussere Verletzung sehr selten sein." Einer ähnlichen Auffassung wie *Baillie* huldigte bezüglich der Genese der spontanen Gehirnblutungen dessen Landsmann *Hodgson*[2]), welcher die atheromatösen Veränderungen der Arterien in treffender Weise schildert. Er behauptete, selten einen nicht von zufälliger Gewaltthätigkeit entspringenden Schlagfluss beobachtet zu haben, in welchem sich nicht jene krankhafte Ausartung der Gefässe des Hirns gefunden hätte. Ferner betont er die Gleichartigkeit der Veränderungen in den Wandungen der Hirnarterien mit jenen, die an anderen Stellen des Gefässsystems zur Bildung von Aneurysmen führen. *Serres*[3]) beobachtete mehrfach Aneurysmen der grossen Basalgefässe als Ausgangspunkt intracranieller Blutungen und machte auf die Entzündung der inneren Haut der Hirnarterien und Venen als auf einen für die Entstehung von Hirnblutung wichtigen Umstand aufmerksam. Die Ansichten *Baillie*'s und *Hodgson*'s wurden von *Romberg*[4]) als zu weitgehend bekämpft. *Romberg* bemerkt, dass in den Arterien zwar zuweilen durch Ablagerung erdiger Materie Verschwärung und in deren Folge Bluterguss erfolgen könne, allein diesen seltenen Vorgang zur allgemeinen

---

[1]) *Matthew Baillie*, Anatomie des krankhaften Baues von einigen der wichtigsten Theile im menschlichen Körper. Aus dem Englischen mit Zusätzen von *S. Th. Sömmering*. Berlin 1794. S. 260 u. f.

[2]) *Hodgson*, *Josef*, Von den Krankheiten der Arterien und Venen. Aus dem Englischen von *Koberwein*. Hannover 1817. S. 47.

[3]) *Serres* l. c.

[4]) *Romberg*, Archiv f. medic. Erfahrung von Horn. 1823. S. 425, 426.

Ursache der Gehirnblutungen machen zu wollen, wie *Baillie* und *Hodgson* es thaten, sei unzulässig und zwar aus dem Grunde, weil einerseits Hirnhämorrhagieen bei ganz gesunden Arterien vorkämen, andererseits Verknöcherung der Arterien ohne Hirnhämorrhagie getroffen werde. *Abercrombie* [1]), der sich im Anschlusse an die *Monroe-Kellie*'sche Lehre von der Unveränderlichkeit der Blutmenge im geschlossenen Schädel gegen die Annahme eines vermehrten Blutandranges gegen den Kopf als einer Ursache des Schlagflusses aussprach, betonte andererseits das häufige Vorkommen von Erkrankungen der Gehirngefässe (Verknöcherung und jene erdige Zerbrechlichkeit, die nach *Scarpa* zum Aneurysma führt) und sah in diesen eine direkte Ursache für die Entstehung von Hirnhämorrhagieen, insbesonders in jenen Fällen, in welchen es sich um. Ruptur grösserer Gefässe handelt. Auch *Marshall Hall* [2]) erwähnt, dass bei Hirnhämorrhagie die an der kranken Stelle befindlichen Arterien häufig verändert, mit steiniger oder knochenartiger Masse besetzt oder auch aneurysmatisch sind. *Durand-Fardel* dagegen glaubte eine Beziehung zwischen Hirnblutung und Erkrankung der Gehirnarterien in Abrede stellen zu dürfen. Er äusserte sich in diesem Sinne schon in seinem preisgekrönten Werke über Hirnerweichung [3]), ebenso aber auch in seinem geraume Zeit später erschienenen Handbuche der Krankheiten des Greisenalters [4]), obwohl manche inzwischen veröffentlichte Beobachtungen geeignet gewesen wären, ihn in seinen Ansichten wankend zu machen. Die Beobachtungen, auf welche *Durand-Fardel* seine Ansicht basirte, werden wir an anderer Stelle kennen lernen.

Eine mächtige Stütze gewann die Anschauung, dass Erkrankungen der Hirngefässe ein gewichtiges prädisponirendes Moment für die Entstehung von Hirnblutungen bilden, durch die Arbeiten *Rokitansky's*. Die Veränderungen der Intima der Arterien (die Verdickung, Cactilaginescenz, Verknöcherung derselben etc.) waren schon früher Gegenstand zahlreicher Beobachtungen gewesen. Bezüglich dieser äusserte *Rokitansky*, noch unter dem Einfluss der Krasenlehre stehend, bekanntlich die später völlig wieder aufgegebene Anschauung, dass sie nicht das Produkt einer Entzündung, sondern eine endogene Production aus der Blutmasse und zwar zumeist aus dem Fibrin der arteriösen Blutmasse bilde, und eine eigenthümliche Blutkrase voraussetze. *Rokitansky* verfolgte dagegen zuerst die pathologischen Vorgänge an den äusseren Gefässhäuten, welche die Intimaveränderungen begleiten. Er beschrieb Alterationen der Ringfaserhaut, die er auf fettiger Entartung beruhend

[1]) *Abercrombie* l. c. S. 156.
[2]) *Marshall Hall*, Von den Krankheiten des Nervensystems. Deutsch von *J. Wallach.* Leipzig 1842. S. 333.
[3]) *Durand-Fardel*, Gekrönte Abhandlung über die Hirnerweichung. Deutsch von *Eisenmann.* Leipzig 1844 S. 345.
[4]) l. c. S. 221 und 295.

erkannte und in Analogie mit der Fettmetamorphose des Muskelfleisches
brachte [1]), sowie chronische Entzündungsvorgänge an der Zellscheide
und betonte die Bedeutung dieser Affectionen für die Entwicklung der
Aneurysmen. Die in Rede stehenden Veränderungen der Arterienwandungen constatirte er auch bei Apoplektikern: „Sehr häufig erweisen sich neben Apoplexie die Arterien an Verknöcherung und athero-
matösem Processe, an Fettsucht und Morschsein ihrer Ringfaserhaut
erkrankt. Insbesondere sind hiemit auch die Arterienstämme innerhalb
der Schädelhöhle in einem Zustande von Verdickung, Rigescenz, Verknöcherung und Brüchigkeit ihrer Häute, von Erweiterung (zumal in
Form eines Aneurysma cirsoideum) und von ihnen lässt sich um so
mehr auf einen ähnlichen Zustand der feineren Arterien, ja selbst der
Capillarität innerhalb des Gehirnes schliessen, als sich in der That bisweilen die ersteren verknöchert vorfinden, und das Gehirn gleichsam
wie von steifen Drähten durchzogen erscheint [2].“ Als nähere Bedingungen der Gehirnblutung bezeichnet *Rokitansky* im Allgemeinen Hyperä-
mieen, übermässig kräftige Herzaction (Hypertrophie des Herzens) und
Gefässkrankheit. Als ein Moment von grosser Wichtigkeit für Herbeiführung von Hyperämie wird der senile Gehirnschwund bezeichnet
(dessen Folge Hyperaemia ex vacuo) und aus dessen Zusammentreffen
mit Brüchigkeit der Gefässe die grosse Häufigkeit der Apoplexien im
Greisenalter erklärt. Die leichte Zerreisslichkeit der Gefässwandung erscheint *Rokitansky* jedoch als ein noth wendiges Moment, und
zwar insbesondere desshalb, weil so häufig die beträchtlichsten Hyperä-
mieen, namentlich mechanischer Natur, keine Hämorrhagie zu Stande
bringen [3]). Ganz auf dem Boden der Lehren *Rokitansky's* fusst *Dietl* [4]).
Gefässbrüchigkeit bezeichnet er als das „erste und Hauptmoment“,
Hyperämie und Hypertrophie des Aortenventrikels als die ferneren ver-
anlassenden Momente (Gelegenheitsursachen) der Apoplexie. Die Brüchigkeit der Gefässe lässt aber verschiedene Grade zu. Je geringer dieselbe,
desto grösser muss die Blutanhäufung oder Hyperämie in den Gehirngefässen sein, um Zerreissung dieser zu bewirken. Unter den Momenten,
welche die Hyperämie in den Gehirngefässen herbeiführen, spielt der
Hirnschwund (der senile sowohl als der durch sonstige Ursachen bedingte) in Folge des dadurch angeblich hervorgerufenen Vacuums in der
Schädelhöhle keine geringe Rolle. Auch *Leubuscher* [5])bezeichnet alsnächste
Ursache der Gefässruptur bei Gehirnblutung: Leichtere Zerreisslichkeit

[1]) *Rokitansky*, Handbuch der speciellen pathologischen Anatomie. Wien 1844.
1. Band. S. 542, 543.
[2]) *Rokitansky* l. c. S. 799.
[3]) *Rokitansky* l. c. S. 800, 801.
[4]) *Dietl*, Anatomische Klinik der Gehirnkrankheiten. Wien 1846. S. 275 u. f.
[5]) *Leubuscher*, Die Pathologie und Therapie der Gehirnkrankheiten. Berlin
1854. S. 218.

der Gefässwandung, Aufhebung ihrer normalen Elasticität und Contractilität. Diese Veränderung kann nach *Leubuscher* durch verschiedene pathologische Prozesse herbeigeführt werden. Man kann sagen, dass seit dieser Zeit die Erkrankungen der Gehirngefässe als nothwendiges prädisponirendes Moment für die spontane Gehirnhämorrhagie in Deutschland wenigstens allgemeine Anerkennung gefunden hat.

Die Zerreissung, welche den Blutaustritt bedingt, betrifft bei der spontanen Gehirnblutung nach der herrschenden Annahme die feineren und feinsten Gehirnarterien. Die Erkrankung dieser Gefässe hatte man bis in die vierziger Jahre wesentlich aus der Gegenwart der bekannten atheromatösen Veränderungen an den grossen Basalgefässen gefolgert, indem man annahm, dass ähnliche Alterationen an den kleineren intracerebralen Gefässen vorhanden sein müssten; gelegentliche Beobachtungen, wie die von *Rokitansky* erwähnte Verknöcherung (oder Verkalkung) der feineren Gehirngefässe, mussten dieser Annahme eine gewisse Stütze verleihen. Eingehendere Untersuchungen über das Verhalten des intracerebralen Gefässapparates überhaupt und speciell bei Gehirnhämorrhagie wurden dagegen bis in die genannte Zeit unterlassen. Diesem Mangel versuchten in den nächstfolgenden Jahren eine Anzahl von Beobachtern abzuhelfen. Fettablagerung in Gestalt von Fettkörnchen und Fettkörnchenzellen in dem Raume zwischen Adventitia und Muscularis wurden bereits von *Bennet*[1]) und *Bruch*[2]) gesehen. Mit der Deutung, welche genannte Autoren diesem Factum gaben, können wir uns hier nicht befassen. *Kölliker* und *Hasse*[3]) glaubten bei gemeinschaftlicher Untersuchung zweier Fälle von ausgebreiteter atheromatöser Entartung der Hirnarterien dieselbe (die Atheromatose) bis in die Capillaren deutlich verfolgen zu können. „Es fanden sich in den feinsten, feineren und gröberen Gefässen eine Menge kleinerer, unregelmässiger, rundlicher Anhäufungen von äusserst kleinen Körnchen (nicht über 0,002''' Durchmesser), welche, wie wir uns genau überzeugten, in den Wandungen der Gefässe ihren Sitz hatten und durchaus nicht mit den in denselben befindlichen Kernen verwechselt werden konnten." Auch hier handelt es sich offenbar lediglich um Fettansammlung an der Adventitia. Diesem Befund kommt jedoch, wenigstens soweit mässige Fettmengen an der Arterienadventitia in Frage sind, nach den Ergebnissen der eingehenden Untersuchungen *Obersteiner's*[4]), womit meine eigenen an zahlreichen Gehirnen gemachten

---

[1]) *Hughes Bennet*, Pathological and historical researches on inflammation of the nervous centres. Edinb. med. and surgic. Juorn. Vol. LVIII, p. 364, vol. LIX, p. 321. *Bennet* fasste die Fettablagerung als ausserhalb des Gefässes befindlich auf.

[2]) *Bruch*, Ueber Entzündungskugeln. Zeitschr. f. ration. Medicin. 4. Band. S. 21. 1846.

[3]) *Hasse*, Ueber die Verschliessung der Hirnarterien als nächste Ursache einer Form der Hirnerweichung. Zeitschr. f. ration. Med. 4. Band. S. 110. 1846.

[4]) *Obersteiner*, Wien. med. Jahrb. Jahrgang 1877, 2. Heft. S. 244 u. f.

Wahrnehmungen völlig übereinstimmen, irgend eine pathologische Bedeutung nicht zu, soferne sich Fett in grösserer oder geringer Menge
an der Adventitia der Arterien (und Venen) in jedem Gehirne bei entsprechendem Nachsuchen constatiren lässt.

Der Erste, welcher neben der Fettansammlung an der Adventitia
auch fettige Degeneration der Arterienmuscularis und der Mittelschichte
der Venen im Gehirne zweifellos beobachtete, ist *Paget*[1]. Es geht dies
sowohl aus dessen Mittheilungen, wie den beigefügten allerdings etwas
primitiven Zeichnungen hervor. *Paget* wies die in Rede stehende Affection
der Hirngefässe der grossen Klasse der „fettigen Degenerationen" zu.
Bei dem geringsten Grade derselben finden sich nach *Paget* nur feine
Fettkörnchen unregelmässig an der Innenfläche der Adventitia (beneath
the outer surface) zerstreut. Macht die Degeneration Fortschritte, so
treten nach *Paget* Veränderungen in der Structur und nicht selten auch
in der Gestalt der afficirten Blutgefässe auf. Die hauptsächliche Struktur-
veränderung scheint in einem allmälichen Schwinden der entwickelteren
eigenthümlichen Gewebe (structures) der Gefässe zu bestehen; dabei
gehen schliesslich die verschiedenen Kerne oder Fasern mit einander
verloren[2]. Als Hauptsitz der Fettablagerung bezeichnet *Paget* in den
Arterien die Muscularis, in den Venen die letzterer entsprechende Mittelschichte. Von Gestaltveränderungen der Gefässe werden u. A. partielle
Erweiterungen erwähnt, ob es sich hiebei jedoch um Ausbuchtung des
eigentlichen Gefässrohres oder nur um Adventitialektasieen handelte,
ist nicht zu entscheiden. *Paget* beobachtete die von ihm beschriebene
„fettige Degeneration" der feineren Hirngefässe in sehr hohem Grade
entwickelt in 3 Fällen von Hirnhämorrhagie, in geringerem Grade in
dem Gehirne eines 51jährigen Mannes, der an Harnverhaltung starb,
in dem eines 45jährigen epileptischen Weibes und in weiteren derartigen
Fällen, so dass er glaubt, dass dieselbe einen häufigen Befund bei Personen, welche die Mitteljahre überschritten haben, bilden wird. Er
betont zugleich die nachtheiligen Folgen, welche die fortgeschrittenen
Stadien der Erkrankung für die Widerstandsfähigkeit der Gefässe nach
sich ziehen müssen. „It cannot but be, that this affection should con-
stitute a predisposition to apoplexy, whether occurring in its simplest
form or in connection with cerebral softening."

Wie wir aus Vorstehendem ersehen, wurde auch von *Paget* die
Fettansammlung an der Adventitia irrthümlich als ein gewisser Grad
von Fettdegeneration der Gehirngefässe oder als diese mitbildend aufgefasst. Das Gleiche geschah in der Folge Seitens einer Anzahl von
Beobachtern, die sich mit den pathologischen Veränderungen der Hirn-

---

[1] *Paget*, London medical Gazette. Febr. 8, 1850. S. 229 u. f.

[2] In einer der beigegebenen Zeichnungen ist auch stellenweise Mangel der
Querstreifung erkenntlich.

gefässe beschäftigten, zunächst von *Wedl*[1]), welcher in seinem Werke die Fettansammlung im Adventitialraume von Gehirngefässen sehr hübsch abbildet, aber von einer Degeneration der Muscularis dabei nichts Bestimmtes wahrnehmen lässt; auch *Wedl* glaubt, dass „diese Degeneration der Gefässwände im Causalnexus mit den erfolgenden Blutungen stehe." Dessgleichen von *Moosherr*[2]), der auf *Virchow*'s Veranlassung mit *Brummerstädt* 28 Fälle untersuchte, die an den verschiedensten Leiden verstorbene Individuen jeden Alters betrafen, und in sämmtlichen die vermeintliche fettige Entartung in grösserem oder geringerem Masse entwickelt vorfand. Es ist zu verwundern, dass diese Constanz des Befundes keine Bedenken bezüglich des supponirten pathologischen Charakters desselben hervorrief. Jedenfalls war das, was *Moosherr* sah, nach seiner eigenen Schilderung zu schliessen, zum grössten Theile Fettanhäufung in der Adventitia. Von *Todd*[3]) wurde ebenfalls das in Rede stehende Verhalten der kleinen Gehirngefässe in den Gehirnen von Apoplektikern mehrfach beobachtet; dieser Autor glaubt dasselbe, wie es schon *Külliker* und *Hasse* gethan hatten, in Connex mit der atheromatösen Entartung bringen zu dürfen.

Den vielfachen irrthümlichen, bis in die Gegenwart sich fortfristenden Anschauungen über die „Fettdegeneration der Gehirngefässe" gegenüber halte ich es für nicht überflüssig, hier einige Bemerkungen über diese Affection einzuschalten. Die Fettansammlung an der Adventitia, genauer im Adventitialraume der kleinen Gehirnarterien, namentlich in Gestalt von Fettkörnchenzellen, kann unter Umständen so bedeutend sein, dass man dieselbe als pathologisch ansprechen kann und muss. Ein Vergleich zahlreicher Gefässpräparate aus gesunden Gehirnen mit solchen, die z. B. einem Erweichungsherde entstammen, ergibt, dass hier Differenzen in der Anhäufung des Fettes (speciell der Fettkörnchenzellen) bestehen, die man nicht als innerhalb der Grenzen des Normalen sich bewegend ansehen kann. Damit will ich keineswegs sagen, und meine eigenen Beobachtungen lehren dies auch zur Genüge, dass Gefässe mit sehr beträchtlicher Fettansammlung an der Adventitia nicht auch in gesunden Gehirnen vorkommen[4]). Aehnliches gilt auch

---

[1]) *Wedl*, Grundzüge der pathologischen Histologie. Wien 1854. S. 175, 176.

[2]) *Moosherr*, Ueber das pathologische Verhalten der kleineren Hirngefässe. Inaug.-Dissertation. Würzburg 1854.

[3]) *Todd*, Clinical lectures on paralysis, disease of the brain and other affections of the nervous system. London 1854.

[4]) Für die Entscheidung, ob wir es mit einer normalen oder pathologischen Fettanhäufung im Adventitialraume zu thun haben, ist nach meinen Wahrnehmungen nicht das Verhalten des vereinzelten Gefässes, sondern der Mehrzahl der Gefässe einer Gehirnregion oder des Gehirns überhaupt massgebend. Vereinzelte Arterien selbst mit sehr beträchtlicher Fettansammlung mögen als ein noch innerhalb des Normalen vorkommender Befund erachtet werden. Wo aber sämmtliche oder der grösste Theil der

von zweifellos pathologischen Veränderungen der Gehirngefässe. Allein
diese Fettansammlung, selbst wenn sie noch so hochgradig ist, als eine
Fettdegeneration der Gefässe oder eine Verfettung der Adventitia an-
zusprechen, halte ich nicht für zulässig, selbst wenn eine Betheiligung
der Adventitialkerne an der Fettbildung, wie sie *Obersteiner* annimmt
und auch mir nach zahlreichen Beobachtungen sehr wahrscheinlich ist,
statthat. Die Membran der Adventitia, das Hauptconstituens derselben,
welcher gegenüber die Kerne nur einen untergeordneten Formbestandtheil
bilden, erfährt nämlich zwar mancherlei pathologische Veränderungen,
aber eine fettige Umwandlung derselben ist weder von mir noch von
Anderen je beobachtet worden, von einer Fettdegeneration derselben
zu sprechen, hat daher keine Berechtigung. Anders verhält es sich
mit der Fettentwicklung in der Muscularis der intracerebralen Arterien.
Dieser liegt immer eine regressive Ernährungsstörung zu Grunde, welche
in den Muskelfasern vor sich geht; sie ist daher auch immer ein patho-
logisches Vorkommniss. An dieser Auffassung kann die Thatsache
nichts ändern, dass Fettdegeneration der Muscularis keineswegs lediglich bei Gehirnkranken, sondern auch bei Individuen gefunden wird,
deren Gehirne sonstige Veränderungen nicht aufweisen, und intra vitam
keinerlei Funktionsstörung zeigten. *Obersteiner* fand Fettdegeneration
der Muscularis unter ·91 untersuchten Fällen 10 mal und zwar 5mal bei
Gehirnkranken und 5 mal bei Individuen mit gesundem Gehirne (genauer
5 mal bei 42 erwachsenen Individuen ohne Gehirnerkrankung, bei 9
untersuchten Kindern dagegen in keinem Falle). Ich beobachtete die
fragliche Veränderung der Muscularis ebenfalls keineswegs selten bei
Individuen, die an keiner Gehirnerkrankung gelitten hatten, namentlich
bei solchen höheren Alters, und ich bin daher geneigt, in dem Senium
ein prädisponirendes Moment für die Entwicklung derselben zu erblicken.
Höhere Grade dieser Degeneration oder grössere Verbreitung derselben
bei nicht gehirnkranken jüngeren Individuen sind nach meinen Wahrnehmungen jedenfalls seltene Vorkommnisse. An der Intima kommen
ebenfalls einfache Verfettungsprozesse vor; dieselben scheinen sich jedoch
nur neben der Muscularis-Degeneration, nicht isolirt zu entwickeln. Ich
kann nach dem eben Dargelegten nur der Ansicht *Obersteiner's* beipflichten, dass die Bezeichnung „Fettdegeneration der Gehirngefässse" nur
da gebraucht werden sollte, wo eine Degeneration der Muscularis vorliegt. Auf die Beziehungen dieser Veränderung zur Gehirnhämorrhagie
werden wir an späterer Stelle zu sprechen kommen.

Von den weiteren Veränderungen, welche die kleinen Gehirngefässe
erfahren, bildeten die verschiedenen Formen der Erweiterung ebenfalls seit

---

Arterien einer Hirnregion beträchtliche Anhäufungen von Fett in Form von Körnchenzellen, Tröpfchen, Kügelchen oder Körnchen aufweisen, liegt bestimmt ein patho-
logischer Vorgaug vor.

den 40er Jahren den Gegenstand vielfältiger Untersuchungen. Von *Hasse* und *Külliker*[1]) wurden Ektasieen von meist kugliger oder birnförmiger Gestalt an einer im Zustande der rothen Erweichung befindlichen Hirnpartie entdeckt an Gefässen, die sie für Capillaren hielten, die jedoch nach einer nachträglichen Berichtigung *Külliker's*[2]) z. Th. wenigstens den Venen zugehörten. Aehnliche Gebilde sahen diese Beobachter bei Tauben, bei welchen sie eine traumatische Gehirnentzündung erzeugten; sie glaubten dieselben mit acuten entzündlichen Vorgängen in Zusammenhang bringen zu dürfen. *Hasse* fand die fraglichen Gefässektasieen später noch in einem Falle von Meningitis cerebro-spinalis in der entzündeten Hirnoberfläche unter der Pia; *Külliker*[3]), welcher dieselben ebenfalls später noch mehrfach in Gehirnen antraf, die er allein und zusammen mit *Rinecker* untersuchte, erklärte auf Grund seiner späteren Erfahrungen die Beziehung dieser Ektasieen zu Entzündungsprozessen für fraglich, deren akutes Auftreten dagegen für zweifellos. Seine Erfahrungen schienen ihm auf eine Entstehung derselben aus mechanischen Ursachen und eine enge Verbindung mit der sogenannten Apoplexia capillaris hinzudeuten. Des Weiteren wurden die in Rede stehenden Erweiterungen von Capillaren und kleinsten Venen von *Paget*[4]) in einem Falle von acuter Gehirnerweichung, ferner von *Virchow*[5]) beobachtet. Letzterer Autor · betont die völlige Intaktheit des Gehirngewebes in der Umgebung der erweiterten Gefässe in einem von ihm beobachteten Falle, sowie das nicht seltene Vorkommen derselben an den verschiedensten Gehirnpunkten unter Verhältnissen, wo fast immer die Wahrscheinlichkeit einer langsamen, wenn auch nicht rein mechanisch, aus blosser Stauung zu erklärenden Entstehung vorhanden ist. In einer späteren Mittheilung[6]) äussert *Virchow* die Ansicht, dass die fraglichen Ektasieen wahrscheinlich von längerem Bestande, vielleicht selbst angeboren sind, und bringt dieselben in Analogie mit den Naevi's der äusseren Haut. *Schröder van der Kolk*[7]) brachte die Capillaraneurysmen insoferne in Beziehung zur Epilepsie, als er von der Entwicklung derselben in der Medulla oblongata in Folge der durch die Anfälle herbeigeführten Hyperämie in diesem Theile die Schwer- beziehungsweise Unheilbarkeit der Erkrankung abhängig glaubte. *Meynert* und *Heschl* beschäftigten sich

---

[1]) *Hasse* und *Külliker*, Einige Beobachtungen über die Capillargefässe in entzündeten Theilen. Zeitschr. f. ration. Med. 4. Band. S. 1 u. f. 1846.

[2]) *Külliker*, Zeitschr. f. wissensch. Zoologie. 1. Band. 1849. S. 262.

[3]) *Külliker*, Zeitschr. f. wissensch. Zoologie. 1. c.

[4]) *Paget* l. c.

[5]) *Virchow*, Ueber die Erweiterung kleinerer Gefässe, Virchow's Archiv, 3. Band. S. 440. 1851.

[6]) *Virchow's* Arch. 30. Band. S. 272. 1864.

[7]) *Schröder van der Kolk*, Over het figuere zamenstel en de werking van het verlengde ruggemerg. Amsterd. 1858.

ebenfalls mit den in Rede stehenden Ektasieen. *Heschl*[1]) beobachtete dieselben 11 mal unter 16 Fällen im Pons und nur 1 mal unter 16 Fällen bei einem Individuum unter 40 Jahren; er hält dieselben daher und in Anbetracht der völligen Integretät der umgebenden Hirnsubstanz für eine der gewöhnlichen Altersveränderungen[2]). *Arndt*[3]) unterscheidet an den Gehirncapillaren 3 Formen ampullärer Ektasie: 1. Complette ampulläre Ektasie, bei welcher Capillarrohr und Adventitia ausgebuchtet sind. 2. Eine Form mit Ausstülpung lediglich der Adventitia. 3. Eine Form, welche die Mitte zwischen den beiden vorigen hält, bei welcher beide Häute sich gewissermassen selbstständig hervorwölben und ungleichmässig sich erweitern. Gegen die Annahme *Heschl's* und für die congenitale Natur der Capillaraneurysmen tritt wieder *Eichler*[4]) ein und zwar auf Grund des Umstandes, dass er dieselben und ebenso *Heller* mehrfach bei ganz jungen Kindern beobachtete. Ich habe die hier in Frage stehenden Capillarektasieen ebenfalls mehrfach zu beobachten Gelegenheit gehabt. Am häufigsten begegnete ich denselben an Präparaten von der Pia der Ponsgegend, wo sich dieselben vereinzelt neben massenhaften hyalin degenerirten Capillaren fanden. Irgend welche weitere pathologische Bedeutung kann nach meinen Wahrnehmungen diesen Ektasieen kaum zukommen.

Als A n e u r y s m a s p u r i u m beschrieben *Kölliker*[5]) und *Pestalozzi* Erweiterungen der kleinsten Hirnarterien bei Apoplektikern, die durch Blutergüsse unter die abgehobene Adventitia zu Stande kommen. Nach *Kölliker* sollten dieselben die regelmässigen Vorläufer und Begleiter der gewöhnlichen und der capillären Apoplexieen sein und die Ruptur derselben je nachdem grössere oder kleinere, viele oder wenige Gefässe betroffen sind, zu grossen oder kleinen, selbst zu sogenannten capillären Apoplexieen führen. *Pestalozzi*[6]), welcher auf *Kölliker's* Veranlassung eine eingehendere Untersuchung über die fragliche Form von Gefässerweiterung anstellte, fand dieselben 5 mal bei Apoplektikern und zwar nur an Arterien von 0,009—0,25 Linie Durchmesser, dagegen nie an Capillaren und Venen. Die Gefässe, an welchen die Erweiterungen beobachtet wurden, verliefen entweder in dem apoplektischen Herde selbst oder an Stellen rother oder weisser Erweichung[7]). Weder *Kölliker* und

---

[1]) *Heschl*, Wien. med. Wochenschr. Nr. 71 u. Nr. 72. 1865.

[2]) Was *Heschl* übrigens im Fall VI sah, sind zweifellos Miliaraneurysmen. Es heisst dort: „Kleine Arterien im Pons zu mohnsamen- bis hirsekorngrossen Aneurysmen erweitert." Dabei apoplektische Narben im Corp. str. und ein frischer Blutherd im Pons.

[3]) *Arndt*, Virch. Arch. 51. Band. S. 513.

[4]) *Eichler*, Virch. Arch. f. klin. Med. 22. Band. 1. Heft. S 10. 1878.

[5]) *Kölliker*, Zeitschr. f. wissenschaftl. Zoologie 1. c. S. 264.

[6]) *Pestalozzi*, Ueber Aneurysmata spuria der kleinen Gehirnarterien und ihren Zusammenhang mit Apoplexie. Diss. inaug. Würzburg 1849.

[7]) Es muss hier bemerkt werden, dass *Pestalozzi* auch Aneurysmata spuria an Gefässen wahrnahm, die seiner Beschreibung nach lediglich Anhäufungen von Fett-

Pestalozzi, noch *Virchow* [1]), welcher die in Rede stehenden Gefässausbauchungen als dissecirende Ektasie wegen ihrer Uebereinstimmung mit
dem Aneurysma dissecans der grossen Arterien bezeichnete, waren im
Stande, den Riss in der Innen- und Mittelhaut nachzuweisen, durch
welchen das Blut unter die Adventitia gelangen soll. *Moosherr* [2]) erwähnt des Vorkommens von dissecirenden Ektasieen auch an Venen
und glaubt, dass dieselben in naher Beziehung zur Fettdegeneration der
Gefässe stehen, soferne letztere ein begünstigendes Moment für die Ruptur
der inneren und mittleren Haut bildet. Nach *Eichler* [3]) sind die dissecirenden Aneurysmen einfache Hämatome der Gefässwand und als solche
Folge, nie Ursache einer Hämorrhagie, er gesteht jedoch zu, dass
auch die zarte Adventitia durch den Andrang des Blutes noch bersten
und so eine Hirnblutung entstehen kann. Nach *Rindfleisch* [4]) tritt bei
Psychosen die punktirte Hämorrhagie meist in der Form des Aneurysma
dissecans kleinster Venen auf.

Eine erheblich grössere Bedeutung für die Pathogenese der Gehirnblutung als alle die vorstehend besprochenen haben jene Gefässveränderungen erlangt, die von *Charcot* und *Bouchard* als miliare Aneurysmen
(anévrysmes miliaires) bezeichnet wurden. Diese Gebilde wurden bereits
von *Cruveilhier* [5]) in einem Falle von Gehirnhämorrhagie gefunden, deren
Bedeutung jedoch nicht erkannt. Neben einer Menge miliarer dunkel-
rother Extravasate sah *Cruveilhier* an der Oberfläche des Gehirns und
in der Substanz desselben noch verschiedenfarbige (braune, gelbbraune)
kleine Knötchen, Sandkörnern ähnlich. Die Abbildung, welche *Cruveilhier*
seiner Beschreibung beifügt, beseitigt jeden Zweifel, dass das von *Cruveilhier*
Beobachtete miliare Aneurysmen waren. *Virchow* [6]) schilderte dieselben
Gebilde als ampulläre Ektasieen (im Anschlusse an die von *Cruveilhier*
gebrauchte Bezeichnung anévrysme sous l'aspect d'ampoules). Er beobachtete dieselben in der Pia bejahrter Personen, namentlich in den
Fortsätzen derselben zwischen den Hirnwindungen und erklärte, dass
man in diesen Bildungen höchstens eine Anlage zur blutigen Apoplexie
sehen könnte. Bezüglich ihrer Structur äusserte sich *Virchow* folgendermassen. An frischen Bildungen war weder an den zu- und abführenden Gefässen, noch an den Aneurysmen selbst eine Structurveränderung
erkennbar; alle Häute nahmen an der Erweiterung Theil (also Aneurys-

---

körnchenzellen und Pigmentmassen im Adventialraume aufwiesen und bei auffallendem
Lichte eine weisse Färbung zeigten. Es erklärt sich dies daraus, dass *Pestalozzi* die
erwähnten Formbestandtheile als Umwandlungsproducte des in den Adventialraum ergossenen Blutes betrachtet.

[1]) *Virchow*, Virch. Arch. 3. Band. S. 444, 1851.
[2]) *Moosherr*, l. c. S. 15 u. 34.
[3]) *Eichler*, l. c. S. 4.
[4]) *Rindfleisch*, Lehrb. der pathol. Gewebelehre. 5. Aufl. 1878. S. 602.
[5]) *Cruveilhier*, Anatomie pathologique du corps humain. 33. livraison. p. 5.
[6]) *Virchow*, Virch. Arch. 3. Band. S. 442 u. f. 1851.

mata vera totalia) und nach Essigsäurebehandlung erschienen die der Media angehörigen Kerne so deutlich, wie man sie nur irgendwo sieht. „Allein von diesem ursprünglichen Zustande an konnte man alle möglichen Stadien der Atrophie der Ringfaserhaut beobachten." Neben diesen frischen und durchaus permeablen, dem blossen Auge als feine rothe Körnchen erkennbaren Aneurysmen fanden sich constant ältere vor, welche im Gegensatze zu jenen als vollkommen undurchsichtige, weisse Körner auftraten. Unter dem Mikroscop sah man an diesen Stellen eine feinkörnige, das Licht stark brechende Substanz in mehr oder weniger grosser Menge angehäuft, die sich theils innerhalb des Kanales zu befinden schien, obwohl sie nie beweglich war, theils und meist innerhalb der Häute sich abgelagert hatte. Es waren Fettaggregatkugeln und fettige Emulsion, das Produkt der Metamorphose der Gefässhäute selbst und vielleicht anderer zwischen Adventitia und Gefäss eingelagerter Elemente."

Bristowe[1]) theilte in der Pathological Society in London einen Fall mit, in welchem sich neben Atheromatose der Basalarterien und einer kleinen apoplektischen Cyste im rechten Streifenhügel in der linken Kleinhirnhemisphäre zufällig ein Aneurysma von der doppelten Grösse eines Weizenkornes fand, dessen Wandung Verdickung durch atheromatöse und kalkige Auflagerung zeigte. Ein geborstenes miliares Aneurysma in einem hämorrhagischen Herde im Gehirne wurde zuerst von *Gull*[2]) gefunden und als Ursache der Blutung in Anspruch genommen. In der Wand eines frischen Blutherdes entdeckte dieser Beobachter ein birnförmiges Aneurysma von der Grösse eines geschrumpften Getreidekorns, das einen länglichen Riss an seiner Peripherie zeigte. *Bastian*[3]) berichtete ebenfalls in der Path. Soc. in London über die Auffindung von miliaren Aneurysmen in 2 Fällen von Hirnhämorrhagie, bei welchem Anlasse *Schulhoff*[4]) erwähnte, dass er solche Gebilde bereits 1856 in einem Falle vorgefunden habe. Auch *Heschl* sah diese Gebilde, wie erwähnt, in einem Falle von Hirnhämorrhagie, trennte dieselben jedoch nicht von den Capillaraneurysmen. *Paulicki*[5]) (Hamburg) fand in einem Falle von Hirnblutung neben mehrfachen Aneurysmen der grossen Hirngefässe, von welchen eines geborsten war, an zahlreichen Stellen die Hirnsubstanz von punktförmigen, dunkelblauen Gebilden durchsetzt, die sich bei Betrachtung mit schwacher Vergrösserung als spindel-, kugel- oder sanduhrförmigen Erweiterungen kleiner Gefässe erwiesen. Die Wandungen der Ektasieen zeigten eine

[1]) *Bristowe*, Transact. of the pathol. Soc. of London. Vol. X. 1859. S. 5. (Mittheil. vom 7. Dez. 1858.)

[2]) *Gull*, Guy's Hosp. Reports 3. Serie. T. v. p. 281. 1859.

[3]) *Bastian*, Medical Times and Gazette, 18. Mai 1867. S. 537.

[4]) *Schulhoff* ebenda.

[5]) *Paulicki*, Mehrfache kleinere Aneurysmate an der Basilararterie des Gehirnes und der Hirnsubstanz. Deutsche Klinik. 1867. S. 449.

fibrilläre Grundsubstanz mit eingestreuten Spindelzellen. Eine innere
Epithelialauskleidung war nicht mit Sicherheit nachzuweisen; ebensowenig liess sich die Gegenwart muskulöser Elemente in der Wand der
Aneurysmen feststellen. Die allgemeine Aufmerksamkeit wurde jedoch
erst durch die Arbeit von *Charcot* und *Bouchard*[1]) auf die fraglichen
Gebilde gelenkt. *Charcot* und *Bouchard* bezeichneten zunächst nur die
senile Hirnblutung als von Ruptur miliarer Aneurysmen abhängig. Als
sie jedoch später die M. a. auch bei Hämorrhagieen Erwachsener und
junger Leute fanden, hielten sie sich für berechtigt zu sagen: „L'hémorrhagie cérébrale resulte de la rupture d'anévrysmes miliaires, que la
veritable lésion hémorrhagipare, c'est la production de ces anévrysmes".
Sie gestehen jedoch die allgemein anerkannten Ausnahmen zu (die
traumatische Gehirnblutung, die Blutungen bei Gehirnerweichung u. s. w.).
Gegen die Annahme, dass die M. a. nur eine zufällige Begleiterscheinung
(pure coincidence) bei Hirnblutungen bilden, führen sie an: 1. dass
man, wenn man sich die Mühe nimmt, danach zu suchen, dieselben
constant in der Wandung f r i s c h e r Herde und zwar geborsten findet,
gefüllt mit einem Klumpen, der in Zusammenhang mit dem Bluterguss
steht[2]). 2. Dass man sie bei jüngeren Individuen (Personen, die · nicht
im Greisenalter stehen) nur bei an Hirnhämorrhagieen Verstorbenen
antrifft, und dass dieselben auch bei Greisen nur selten bei solchen vorkommen, die keine Blutung erlitten. 3. Dass die Frequenz der M. A.
in den einzelnen Altersklassen der Frequenz der Gehirnhämorrhagie in
denselben entspricht. Zum Belege hiefür verweisen sie auf die Zahlen
von *Rouchoux* und *Durand-Fardel.*

Was nun die Genese der M. a. anbelangt, so behaupten *Charcot*
und *Bouchard*, dass dieselben durch eine Arteritis zu Stande kommen,
die sich nicht bloss an den mit M. a. behafteten Arteriolen, sondern
ausgebreitet über das ganze Gebiet der kleinen intracerebralen Arterien
findet und zuweilen von einer Art Atrophie der Wandungen der grossen
Gefässe an der Basis und der Meningen begleitet ist. Zum Verständnisse der Details des arteritischen Processes, welchen *Charcot* und
Bouchard schildern, ist eine Berücksichtigung des Umstandes nothwendig,
dass diese Autoren an den Gehirngefässen neben Intima und Muscularis
eine Adventitia und nach aussen von dieser noch eine Lymphscheide
annehmen. Die beträchtlichsten Veränderungen sitzen nach *Charcot*
und *Bouchard* an den äussersten Theilen des Gefässes; von diesen
schreitet der Prozess nach innen fort; derselbe charakterisirt sich daher als Periarteritis. Hiebei kann die Lymphscheide nur einen gestreiften, welligen Zustand darbieten, der an das Aussehen eines Bündels

---

[1]) *Charcot* u. *Bouchard*, Nouvelles recherches sur la pathogenie de l'hémorrhagie
cérébrale. Arch. de Physiol. norm. et pathol. 1868.

[2]) Inwieweit diese Behauptung mit den von ihnen mitgetheilten Thatsachen über-
einstimmt, werden wir an späterer Stelle sehen.

subcutanen Zellgewebes erinnert. Zu gleicher Zeit und zwar am häufigsten ausserhalb des welligen Gebietes zeigt die Scheide eine Wucherung von Kernen ähnlich denen der Neuroglia.. An den Hauptstämmchen kann die Adventitia in 2 verschiedenen Zuständen sich präsentiren. Zuweilen findet sich nur eine einfache Verdickung, die mitunter dieser Membran einen Umfang gleich dem Caliber des Gefässes verleiht. Dabei ist die Substanz derselben längsgestreift nach Art eines Bindegewebsbündels und schliesst gestreckte Bindegewebskörperchen ein. Die unterliegenden Häute sind dann schwerer zu studiren. Zuweilen, und dies ist am Häufigsten der Fall, besteht die Veränderung der Adventitia nur in einer Vermehrung der Bindegewebskerne ohne Verdickung und ohne das gestreifte Aussehen. Eine ähnliche Kernwucherung kann man auch an der Oberfläche der feineren Arterien beobachten. Neben dieser Veränderung der äussersten Theile beobachtet man eine Alteration der Muscularis, zuweilen allgemein, zuweilen auf gewisse Punkte beschränkt. Diese besteht in einer einfachen Atrophie (Auseinanderrücken der Querstreifen, z. Th. völliges Schwinden derselben) und scheint nicht primärer Natur, sondern von der geschilderten Periarteritis abhängig zu sein. Man findet nämlich oft die Veränderung auf Lymphscheide und Adventitia beschränkt, die Muscularis dabei intact, andrerseits aber an den Stellen, an welchen die Muskelelemente in grösserer Anzahl oder gänzlich fehlen, auch die Periarteritis am Intensivsten entwickelt. „Si l'adventice n'est pas épaissie et fibreuse, le vaisseau se dilate d'une façon ampullaire au niveau des points ou l'atrophie de la tunique musculaire est notable, c'est là l'origine des anévrysmes miliaires." Atheromatöse Processe sind dagegen an der Entwicklung der Miliaraneurysmen, wie *Charcot* und *Bouchard* besonders betonen, nicht betheiligt. Die Intima der erkrankten Gefässe zeigt nur Kernwucherung, aber in viel geringerem Grade als die Adventitia und die Lymphscheide; dieselbe kann sogar ganz fehlen. Die Periarteritis fanden *Charcot* und *Bouchard* immer in verschiedenen Graden zugleich mit Miliaraneurysmen in Fällen von Hirnhämorrhagie, ferner immer in Gehirnen ohne Hämorrhagie, aber mit Mil. an., endlich in einzelnen Fällen bei Individuen ohne Hirnblutung und ohne Mil. an.; diese Personen waren nach *Charcot* und *Bouchard* zu Hirnhämorrhagieen disponirt. Die Wandung der Mil. an. wird nach den genannten Autoren nur von der Adventitia und der Intima, welche sich berühren, gebildet; die Muscularis fehlt völlig. Intima und Adventitia verschmelzen miteinander; die Lymphscheide kann unabhängig bleiben, verschmilzt aber auch zuweilen mit den anderen die Wand des Aneurysma's bildenden Häuten. Das Mil. an. kann mit Lymphkörperchen, amorpher Masse etc. angefüllt werden und in Folge von Unterbrechung des Blutstromes auch obliteriren.

Ueber die angewandten Untersuchungsmethoden lassen *Charcot* und *Bouchard* nichts verlauten, ein Umstand, der die Beurtheilung ihrer

Angaben einigermassen erschwert. Die beigegebenen Abbildungen mikroscopischer Präparate lassen auch hinsichtlich der Klarheit des Details Manches zu wünschen übrig. Ein Jahr später, 1869, veröffentlichte *Weiss*[1]) in einer unter *Zenker*'s Leitung geschriebenen Dissertation einen Fall von Gehirnblutung mit zahlreichen Miliaraneurysmen. Bezüglich des Baues und der Genese dieser letzteren schliesst er sich offenbar unter dem Eindrucke der *Charcot*- und *Bouchard*'schen Arbeit den Ansichten dieser Autoren an, mit Ausnahme eines Punktes. Er will wie diese periarteritische Veränderungen (Verdickung der Adventitia und Lymphscheide etc.), ferner einfache Atrophie der Muscularis, an den Aneurysmen selbst gänzliches Fehlen der Muscularis, dagegen an der Intima der nicht erweiterten Stellen eine Vermehrung der Endothelzellen durch Theilung, an den Ausbuchtungen selbst eine der Adventitia dicht anliegende, feinnetzige, stark glimmerartig glänzende Schicht (also atheromatöse Veränderungen) beobachtet haben. Er glaubt daher, dass in seinem Falle die Entstehung der Aneurysmen durch die Endarteritis verursacht oder wenigstens begünstigt wurde, will im Uebrigen jedoch *Charcot* und *Bouchard* keinerlei Opposition machen. *Weiss* erklärt des Weiteren die Behauptung von *Charcot* und *Bouchard*, dass alle (spontanen) Hirnhämorrhagieen auf Berstung miliarer Aneurysmen zurückzuführen seien, für zu weit gegriffen und will namentlich die ätiologische Beziehung der Aneurysmata dissecantia zur Hirnblutung aufrecht erhalten. *Zenker*[2]) berichtete dagegen auf der Naturforscherversammlung 1872, dass er an den Mil. an. constant Veränderungen der Intima gefunden habe, die der Sklerose der grösseren Gefässe entsprechen. Er hält die Atheromatose daher für Ursache der Aneurysmenbildung. Bezüglich der übrigen Details schliesst er sich *Charcot* und *Bouchard* an. *Roth*[3]) ist dagegen der Ansicht, dass bei der Bildung der Mil. an. weder eine Peri- noch eine Endarteritis das Primäre und Wesentliche bildet. Er schliesst sich nach seinen Untersuchungen der Ansicht *Virchow*'s an, nach welcher die Veränderung der Muscularis das constante und wesentliche Element bei der Aneurysmenbildung ist. Der Bildung der circumscripten Aneurysmen geht nach *Roth* ein Stadium der diffusen cylindrischen Erweiterung mit entsprechender Zunahme der Arterienwand (Hypertrophie und Dilatation) voraus. Diese Gefässerweiterung ist häufig aber nicht nothwendig mit atheromatösen Veränderungen der Intima verbunden. Auf diesem Stadium bleibt der Process stehen oder es beginnt innerhalb der hypertrophischen und dilatirten Partie die Entwicklung von circumscripten Aneurysmen durch Rückbildung der Muscularis. In

---

[1]) *Weiss*, Zur Pathogenese der Gehirnhämorrhagie. Inaug.-Diss. Erlangen 1869.

[2]) *Zenker*, Tageblatt der 45. Versammlung deutscher Naturforscher und Aerzte in Leipzig 1872. S. 159, 160.

[3]) *Roth*, Schweizerisches Correspondenzblatt 1874. S. 145.

einigen Fällen fand *Roth*, dass der Schwund der Muscularis durch Amyloiddegeneration derselben eingeleitet wird. Einzelne oder in kleinen Gruppen beisammenliegende Muskelfasern erscheinen verdickt und wie glasig, oder man beobachtet diesen Zustand über grössere Strecken eines Gefässchens verbreitet. Bei Jod- und Schwefelsäure - Zusatz tritt mitunter die bekannte Reaction (Violett oder Blau), mitunter aber nur ein schmutziges Rothbraun auf. Das Aneurysma weist anfänglich noch alle 3 Häute auf, mit zunehmender Erweiterung schwindet die entartete Muscularis zuerst fleckweise, dann völlig. Erst in dieser Periode setzt nun die Verdickung der Intima oder der Adventitia oder beider zugleich (Endoperiarteritis) gewissermassen als ein den Schwund der Media compensirende Hypertrophie ein. Uebrigens gesteht *Roth*, dass er diese einige Male beobachtete Entwicklung der Aneurysmen nicht für alle Fälle gültig erachte.

Einen eigenthümlichen Standpunkt nimmt *Hammond*[1]) hinsichtlich der Pathogenese der Hirnblutungen ein. Er hält entgegen der gegenwärtig allgemein acceptirten Anschauung es für vollkommen möglich, dass auch ein Gehirngefäss, dessen Wandungen nicht im Geringsten erkrankt sind, in Folge erhöhten Blutdruckes oder Erkrankung des perivasculären Gewebes bersten kann; gesteht jedoch zu, dass in der Majorität der Fälle die Structur des geborstenen Gefässes sich verändert zeigt. Er gibt demzufolge auch nur für die Mehrzahl der Fälle spontaner Gehirnblutung eine Entstehung durch Zerreissen miliarer Aneurysmen zu (abgesehen natürlich von den Ausnahmen, die *Charcot* und *Bouchard* selbst statuiren). Als Beweis für seine Annahme, dass nicht alle Fälle von spontaner Hirnhämorrhagie auf Mil. an. sich zurückführen lassen, führt er eine Beobachtung von Hirnblutung an, in welcher trotz sorgfältigen Suchens in allen Theilen des Gehirns kein einziges Miliaraneurysma entdeckt wurde. Indess geht aus der beigefügten Abbildung des Gefässes, dessen Bersten nach *Hammond*'s Vermuthung allein oder mit anderen Gefässen das Extravasat verursacht hatte, hervor, dass *Hammond* den Begriff des Mil. an. offenbar zu enge fasst; das abgebildete Gefäss zeigt nämlich mehrfache wohl ausgesprochene, einseitige Hervorbauchungen der Gefässwand.

In eingehender Weise beschäftigte sich *Eichler*[2]) mit den Miliaraneurysmen. Auch dieser Autor lässt über seine Untersuchungsmethode nichts verlauten, doch erhellt soviel aus seinen Mittheilungen, dass er seine Untersuchung jedenfalls z. Th. an gehärteten Präparaten anstellte. *Eichler* beschreibt zunächst den Bau der Hirnarterien; er unterscheidet

---

[1]) *Hammond*, Treatise on the diseases of the nervous system. 6. Aufl. London 1876. S. 90 u. f.

[2]) *Eichler*, Zur Pathogenese der Gehirnhämorrhagie. D. Arch. f. klin. Med. 22. Band. 1. Heft, S. 1 u. f.

an diesen nur eine Intima, Muscularis und Externa (Adventitia). Er betont, dass man, um die Genese der Mil. an. zu verfolgen, Gefässe untersuchen müsse, welche die ersten Andeutungen der Aneurysmenbildung erkennen lassen. An einem solchen Gefässe kann man nach *Eichler* bis ziemlich direkt an die beginnende Ausbuchtung durchaus nichts Abnormes entdecken. Nähert man sich dem Aneurysma, so fällt zunächst eine Vermehrung und fettiger Zerfall der Gefässendothelien, sowie eine eben merkliche Verdickung der diese nach aussen begrenzende Schicht (Membrana elastica) auf. An dem Aneurysma selbst sind sämmtliche Schichten der Arterienwandung erhalten (Aneurysma verum totale daher). Die Muskelfasern folgen hiebei einfach dem durch die Ausweitung des Gefässes bedingten mechanischen Zuge, ein fettiger Zerfall derselben tritt hiebei nicht ein (doch glaubt er in einzelnen Fällen solchen gesehen zu haben, hält hiebei jedoch eine Täuschung für möglich). Die wichtigsten Veränderungen zeigt dagegen constant die Intima. Diese springt in dem Aneurysma als stark verdickter, glänzender, gelblicher Buckel hervor, der theils ganz homogen, theils aus feineren und gröberen Lamellen mit sparsam eingestreuten Zellen zusammengesetzt und nach dem Lumen zu von dem stark gewucherten Endothel und hängen gebliebenen weissen Blutkörperchen bedeckt ist. Wie diese Verdickung der Intima entsteht, vermag *Eichler* nicht mit Sicherheit anzugeben. Er glaubt jedoch, dass dieselbe von einer Wucherung kleiner cubischer, leicht gekörnter Zellen nach aussen von der Endothelschicht herrührt. Ein Theil derselben soll fettig zu Grunde gehen, andere Spindelform annehmen und zu den mehr homogenen Massen verschmelzen, welche die Intimaverdickung bilden. Ueber die Abstammung der fraglichen kleinen Zellen hat *Eichler* nichts ermittelt. Die erwähnten Veränderungen der Intima betrachtet nun *Eichler* als Ursache der Aneurysmenbildung. Um diese Annahme noch überzeugender zu machen, führt er Folgendes an: War die Veränderung der Intima nur an einer Seite des Gefässes, so war auch nur diese ausgebuchtet, war die Wand gleichmässig ergriffen, so zeigte das Aneurysma Spindelform, war die Erkrankung an einer Seite stärker als an der anderen, so war auch die Ausbuchtung an jener Stelle am Stärksten. *Eichler* übersieht hiebei nur einen Umstand. Er bemerkt an späterer Stelle, dass die geschilderte beträchtliche Intimaverdickung nur bei den kleineren Aneurysmen sich findet; bei den grösseren dagegen ist nicht bloss die Dünne der Wandung überhaupt, sondern auch speciell die viel geringere Entwicklung der Intima auffallend. Wie sich diese Thatsache mit den oben erwähnten Umständen vereinbaren lässt, darum kümmert sich *Eichler* nicht weiter. Er folgert vielmehr hieraus, „dass die Neubildung der Intima, wenn sie auch die Erweiterung des Gefässes nicht hindern kann, doch wenn sie recht rasch entsteht und stark genug ist, einer allzu grossen Erweiterung entgegenarbeitet". Die

Verdickung der Intima soll also zugleich die Erweiterung des Gefässes, die Bildung des Aneurysma's verursachen und auch hemmen. Das zweite Stadium in der Entwicklung der Aneurysmen charakterisirt sich nach *Eichler* durch enorme Wucherung der Intima, allmäliche Atrophie der Muscularis und Wucherungsprozesse zwischen dieser und der Externa. An der Intima überwiegt vorerst noch die Neubildung über die regressive Metamorphose; dieselbe stellt schliesslich eine stark glänzende, homogene, gelbliche Platte dar, an der von Endothelbekleidung nichts mehr nachweisbar ist. Des Weiteren kann nun die Intimaneubildung verkalken oder fettig zerfallen; letzteres ist das Häufigere. Die Zerfallsproducte können das Aneurysma und das zugehörige Gefäss verstopfen. Mit der Vergrösserung des Aneurysma's geht eine allmäliche, aber einfache (nicht fettige) Atrophie der Muscularis Hand in Hand; doch verbleiben wenigstens an den Polen der Aneurysmen noch immer Spuren derselben, an dem zu- und abführenden Gefässe ist sie dagegen wohl erhalten; erst in einem noch späteren Stadium setzt sich die Atrophie der Muscularis auch eine Strecke weit auf das Gefäss fort. Die geringsten Veränderungen erfährt die Externa. An dieser macht sich eine Bindegewebswucherung bemerklich, insbesonders an den Polen des Aneurysmas, die von in dem Adventitialraume durch Stauung (namentlich in dem Winkel, den das Gefäss mit dem Aneurysma bildet) sich ansammelnden Lymphzellen ausgehen soll. *Charcot* und *Bouchard* gegenüber, die den Zusammenhang der Miliaraneurysmenbildung mit der Arteriosklerose leugnen, weil sie die Basalarterien öfters frei hievon fanden, betont *Eichler,* dass die Basalgefässe sowohl als die intracerebralen Arterien allein an Atheromatose erkranken können. Er führt des Weiteren an, dass er nie an den intracerebralen Arterien Atherom gefunden habe, ausser bei gleichzeitigem Vorhandensein von Miliaraneurysmen, und dass hier constant den atheromatösen Stellen eine Ausbuchtung des Gefässes entsprochen habe (hält aber hiebei Zufall für nicht ausgeschlossen). Von den Schlusssätzen, in welchen *Eichler* die Resultate seiner Arbeit zusammenfasst, will ich nur noch einige herausheben: 1. die primäre idiopathische Hirnhämorrhagie verdankt ihre Entstehung dem Bersten miliarer Aneurysmen der kleinen Hirnarterien. (Irgend ein Beweis für diese Behauptung findet sich jedoch in *Eichler*'s Arbeit durchaus nicht). 2. Die Mil. an. verdanken ihre Entstehung einer chronischen Endarteritis, welche mit der Arteriosklerose identisch ist. 3. Die Mil. an. sind wie die Arteriosklerose vorwiegend eine Alterskrankheit.

In dem gleichen Jahre wie *Eichler* veröffentlichte *Arndt*[1]) eine Arbeit „Aus einem apoplektischen Gehirne." Nach *Arndt* ist die Bildung der Mil. an. an den Gehirngefässen das Resultat einer Gefässerkrankung,

---

[1]) *Arndt*, Virch. Archiv. 72. Band. 4. Heft, S. 449 u f.

„wie es scheint sui generis". „Die Muscularis relaxirt, leistet keinen
gehörigen Widerstand mehr dem andringenden Blutstrom, und dieser
weitet sie daher je länger je mehr aus." Ein atheromatöser Process
scheint die Aneurysmenbildung nach *Arndt* jedenfalls nicht nothwen-
digerweise zu bewirken. Wenigstens konnte er in dem veröffentlichten
Falle an den kleineren und kleinsten Arterien von atheromatöser Entartung nichts auffinden. Was die Erkrankung betrifft, die zur Aneurysmenbildung führt, so scheint dieselbe *Arndt* in einer primären
Atrophie der Gefässe, insbesondere der Muscularis zu bestehen, die sich
zunächst nur in Functionsschwäche und daraus entspringender Wider-
standsunfähigkeit gegen den andringenden Blutstrom äussert und erst
später durch ein mehr minder deutliches Schwinden der Muskelelemente
kundgibt. Des Weiteren betont *Arndt* die Nothwendigkeit hereditärer
Anlage für die Entwicklung der Ektasieen der Gehirngefässe, auf welchen
Punkt wir an späterer Stelle zurückkommen werden. Wieder einen
anderen Standpunkt nimmt *Rindfleisch*[1]) in der in demselben Jahre
(1878) veröffentlichten 5. Aufl. seines Lehrbuches der pathologischen
Gewebelehre ein. Nach *Rindfleisch* wird durch fettige Usur jener mittel-
feinen Zweige der Arteria fossae Sylvii, welche sich durch die Sub-
stantia perfarata lateralis zum Streifenhügel hinbegeben, die grosse
Mehrzahl der massigen Hämorrhagieen vorbereitet. Diese fettige Usur
ist mit Sklerose der grossen Basalgefässe verbunden. Die Miliaraneurysmen dagegen nimmt *Rindfleisch* nur für die Verursachung punktirter
Hämorrhagieen (Capillarblutungen) in Anspruch. Bezüglich der Structur
dieser Aneurysmen äussert sich *Rindfleisch* folgendermassen: „Die Gefässe (nach *Rindfleisch* die arteriellen Uebergangsgefässe) sind in weite,
schlaffe, dünnwandige Schläuche verwandelt; von den histologischen
Elementartheilen der Wand und deren Anordnung in drei Schichten
ist kaum noch eine Andeutung vorhanden. Statt der inneren und
mittleren Haut bemerkt man eine nicht eben grosse Zahl platter Kerne,
welche durch Duplicität der Kernkörperchen und die bekannten Einkerbungen und Einschnürungen auf einen stattfindenden Theilungs-
vorgang schliessen lassen." *Turner*[2]) untersuchte in drei Fällen von
Hirnblutung die Arteria fossae Sylvii mit ihren Verzweigungen. Nur
in dem ersten der drei Fälle fand sich eine Mehrzahl von Mil. an. an
den untersuchten Gefässzweigen, in den beiden übrigen dagegen nur
je eines, daneben in der dritten Beobachtung mehrere diffuse Erweiterungen von Gefässabschnitten. *Turner* beschreibt ausser fibröser Verdickung auch eine „Infiltration" der Arterien-Adventitia mit Rundzellen,

---

[1]) *Rindfleisch*, Lehrb. der pathol. Gewebelehre. 5. Aufl. 1878. S. 177.

[2]) *Turner F. Charleword*, Arteries of the brain from cases of cerebral hemor-
rhage, Transactions of the Pathological Society of London. Volume XXXIII. London
1882. S. 96.

wodurch eine erhebliche Anschwellung derselben herbeigeführt werden
soll. Letztere Veränderung (nicht die fibröse Verdickung) der Adventitia bezeichnet er als Periarteritis [1]). Diese (i. e. die Rundzellenanhäufung)
zeigt verschiedene Grade der Entwicklung und findet sich zumeist an
Theilungsstellen von Gefässen oder Abgangsstellen kleiner Aeste. Daneben fand *Turner* Veränderungen der inneren Häute, in der Media
Verringerung und stellenweise völliges Verschwinden der Muskelkerne,
an der Intima eine Vermehrung der Kerne und Schwellung. Er glaubt,
dass für diese Veränderungen die Bezeichnung Arteritis entsprechender
sei als Periarteritis. Gestützt auf das Ergebniss der Untersuchung
„mehrerer Gefässe" mit atheromatöser Degeneration glaubt *Turner* sich
der Ansicht *Charcot's* und *Bouchard's* anschliessen zu müssen, dass die
Bildung der Mil. an. nicht von dieser Veränderung abhängt [2]). Von
dreizehn untersuchten Aneurysmen fanden sich zwei an atheromatösen
Gefässen. In keinem dieser beiden Aneurysmen war ein Anzeichen von
atheromatöser Zerstörung der verdickten Intima nachweisbar. Andererseits liess sich an den Gefässen, welche die beträchtlichste Atheromatose zeigten, kein Aneurysma wahrnehmen. *Turner* hält es ferner trotz
der Gegenwart von Mil. an. in allen drei Fällen für möglich und zum
Theil (für die letzte Beobachtung) sogar für wahrscheinlich, dass die
Blutung in denselben nicht durch Zerreissung von Mil. an., sondern aus
(nicht erweiterten) Gefässen mit entzündlich erweichten Wandungen
(Rundzelleninfiltration der Adventitia etc.) erfolgte. *Obersteiner* [3]) bemerkt bei Besprechung der atheromatös-fettigen Entartung der Intima
der Gehirngefässe, dass er in nahezu allen Fällen von Gehirnblutung in
der Lage war, diese Veränderung der Intima zu finden und besonders
deutlich in der Nachbarschaft des hämorrhagischen Herdes. Er hegt
nicht den geringsten Zweifel, dass sehr viele Gehirnblutungen auf diese
pathologischen Veränderungen der Gefässe zurückzuführen sind und insbesonders darauf, dass die atheromatösen Massen von der Intima sich
loslösen und Emboli in den kleineren Zweigen bilden.

Nach *Marchand* [4]) lassen sich die Mil. an. der kleinsten Gehirnarterien „unzweifelhaft" auf primäre Veränderungen der Intima zurück-

---

[1]) „Both the arterioles upon which the aneurysms above described occur, are
affected throughout with periarteritis, though in varying degrees in different parts. At
all parts there is free dissemination of leucocytes in the outer coat of the vessels, with
a clustering of them in small groups. But over certain portions there is much more
infiltration with leucocytes, by which the adventitious coat is much swelled." (l. c.
S. 98).

[2]) *Turner* lässt die Mil. an. durch die erwähnte „Arteritis" entstehen, ohne sich
des Näheru über den Modus ihre Genese zu äussern.

[3]) *Obersteiner*, The cerebral bloodvessels in health and disease. Brain. Oct. 1884.
S. 306.

[4]) *Marchand*, Eulenburg's Realencyklopädie. Art. Eudarteritis. 4. Band. S. 566.

führen. Dieselben finden sich namentlich in den grossen Ganglien und bilden hier die häufigste Ursache der Hirnblutung. Ihre Structur schildert *Marchand* folgendermassen:

„Die Verdickung der Gefässwand, welche in der Bildung einer structurlosen Masse besteht, wölbt sich stark nach aussen vor, greift auch auf die Adventitia über (wenn eine solche vorhanden) und stellt somit eine Art Periarteritis nodosa dar. Das Lumen des Gefässes betheiligt sich anfangs bei der Ausbuchtung, doch wird dasselbe, abgesehen von der stark verdickten Wand noch beeinträchtigt durch Thromben und Anhäufung farbloser Blutkörperchen, welche zur Verdickung der Wand beitragen. In der letzteren finden sich vielfach spaltförmige Räume, welche rothe Blutkörperchen enthalten; der ganzen Masse kommt eine gewisse Brüchigkeit zu, welche leicht zu Rupturen, besonders an der Grenze des Knötchens führt."

Birch-Hirschfeld[1]) äussert sich bezüglich der Mil. an. im Gehirne dahin, dass die Genese dieser Aneurysmen jedenfalls keine andere ist, als diejenige der grösseren Aneurysmen, bei welchen der Hauptnachdruck auf die Erkrankung der Muscularis zu legen ist; dass diese Mesartariitis oft gleichzeitig mit Endarteritis, aber auch unabhängig von derselben vorkommt, hält *Birch-Hirschfeld* für nicht zweifelhaft. *Ziegler*[2]) bemerkt dagegen, dass nach seinen Untersuchungen die Angaben von *Charcot* nur für einen Theil der Fälle von spontaner Hirn- und Rückenmarksblutung gelten. „Die Aneurysmenbildung geht der Gefässzerreissung nicht immer voran." Was die Entstehung der Aneurysmen betrifft, so glaubt *Ziegler* mit *Zenker* und *Eichler* hervorheben zu müssen, dass auch die atheromatöse Entartung der Arterien die Gefässerweiterung veranlassen kann. Aber auch primäre Degenerationen der Muscularis, wie sie *Roth* beschrieben hat, können nach *Ziegler* die alleinige Ursache der Erweiterung der Gefässe bilden. Nur handelt es sich dabei nicht um Amyloiddegeneration, wie *Roth* annimmt, sondern um einfachen Schwund, sowie fettige und hyaline Degeneration, welche charakteristische Jodreaktion nicht gibt. Die von *Charcot* beschriebenen Zellanhäufungen und fibrösen Verdickungen in den Bindegewebsscheiden der Gefässe sind nach *Ziegler* sicher z. Th. secundäre Veränderungen.

Mit den Mil. an. der Hirnarterien beschäftigte sich endlich auch *Kromayer*[3]), der Stücke eines in Alkohol gehärteten Paralytikergehirnes untersuchte und auf Grund der an diesem Materiale gemachten Beo-

---

[1]) *Birch-Hirschfeld*, Lehrb. der pathol. Anatomie. 2. Aufl. 2. Band. S. 222. 1884.

[2]) *Ziegler*, Lehrb. der allg. u. spec. pathol. Anatomie. 4. Aufl. S. 534. 1886; ferner 3. Aufl. S. 597.

[3]) *Kromayer*, Ueber miliare Aneurysmen und colloide Degeneration im Gehirne. Inaug.-Diss. Bonn 1885.

bachtungen sich zu Schlüssen über die Genese der Mil. an. berechtigt
glaubt. Seine Ansicht geht dahin, dass die Mil. an. der kleinen Hirnarterien
nur durch Veränderungen der Muscularis hervorgerufen werden können.
Von diesen beobachtete er eine Degeneration, die er als colloid bezeichnet, ferner Atrophie; letzteren Vorgang betrachtet er als secundär
und abhängig von Veränderungen der Adventitia, einer Periarteritis, die
von aussen nach innen fortschreiten soll.[1])

Der Vollständigkeit wegen muss hier noch der von *Ponfik*[2]) nach-
gewiesenen embolischen Aneurysmen gedacht werden. Es handelt sich
dabei um die Einkeilung von atheromatösen Trümmern, die von den
Herzklappen losgerissen wurden, in kleineren Gehirngefässen. Hiebei
kommt es nicht zu völligem Verschlusse des Gefässes, wohl aber zu
einer Durchtrennung der Intima und Media, die je nach der Beschaffenheit (Härte) des Embolus langsamer oder rascher erfolgt; hiedurch ist
die Möglichkeit eines Blutaustrittes gegeben; bei reichlichem Ergusse
tritt eine ausgedehnte hämorrhagische Infiltration der Umgebung ein,
gewöhnlich kommt es jedoch nur zu einer Blutung in den Adventitialraum, also zur Bildung eines Aneurysma dissecans, dessen Bersten dann
wieder eine Hämorrhagie verursachen kann.

Die im Obigen besprochenen Gefässveränderungen betreffen ausschliesslich Fälle, die als spontane Hirnblutung κατ᾽ ἐξοχήν (im engeren
Sinne) zu betrachten sind. Zu den spontanen Hirnblutungen (im
weiteren Sinne) lässt sich jedoch noch eine Reihe von Hirnhämorrhagieen zählen, die im Vergleiche zu der ersteren Gruppe eine sehr
untergeordnete Rolle spielen. Es sind dies die Blutungen, welche mitunter bei gewissen Allgemeinaffectionen, vor Allem bei den mit inten-
siven Veränderungen des Blutes einhergehenden Erkrankungen, Scorbut,
Purpura, Leukämie, progressiver periciöser Anämie, ferner bei gewissen
Infectionskrankheiten, Typhus, hämorrhagischen Pocken, Puerperalfieber,
Pyämie etc. beobachtet worden sind. Auch bei diesen Blutungen ist man
genöthigt, Veränderungen der Gefässe anzunehmen. Ich beabsichtige
ein näheres Eingehen auf diese Fälle nicht, da die Pathogenese derselben
noch zu sehr weiteren Studiums bedarf, und mir ein grösseres eigenes
Material auf diesem Gebiete nicht zu Gebote steht. Doch werde ich
die Beobachtungen, die ich in einem hieher gehörigen Falle zu machen
Gelegenheit hatte, an späterer Stelle in Kürze anführen.

Wie wir aus dem im Vorstehenden Dargelegten ersehen, stehen
sich bezüglich der Pathogenese der spontanen Hirnblutungen im engeren
Sinne derzeit wesentlich 2 Anschauungen gegenüber:

---

[1]) Die betreffenden Veränderungen der Adventitia bestehen nach *Kromayer* in
Verdickung dieser Membran und Vermehrung der zelligen Elemente in derselben; betreffs letzterer konnte *Kromeyer* zu keiner Gewissheit darüber gelangen, ob eine Pro-
liferation der Adventitialkerne oder eine vermehrte Anhäufung von Rundzellen vorliegt.

[2]) *Ponfik*, Virch. Archiv. 58. Band. S. 528. 1873.

Nach den Einen (*Charcot* und *Bouchard*, *Eichler*, wie es scheint auch *Roth* und *Arndt*) kommt die Blutung nur durch Bersten von Mil. an. zu Stande. Nach den Anderen (*Weiss, Hammond, Rindfleisch, Turner, Ziegler*, vielleicht auch *Obersteiner*) kann die Hämorrhagie auch anderen Ursprungs sein, i. e. aus nicht aneurysmatisch erweiterten, aber sonst erkrankten Gefässen erfolgen. [1]) Bezüglich der Genese der Mil. an. stehen sich ebenfalls mehrere Ansichten gegenüber. Die ausschliessliche Entstehung derselben durch endarteritische Processe vertreten *Zenker, Eichler* und *Marchand*; die theilweise Verursachung auf diesem Wege *Weiss* und *Ziegler*.

Charcot und *Bouchard*, dessgleichen *Turner* leugnen dagegen jede causale Beziehung der Mil. an. zu atheromatösen Veränderungen und bringen dieselben mit einer eigenthümlichen Arteritis (resp. Periarteritis) in Zusammenhang. Diese soll nach *Charcot* und *Bouchard* secundär eine Atrophie der Muscularis herbeiführen, welche die Bildung der Mil. an. zunächst bedingt. Eine ähnliche Anschauung vertritt theilweise auch *Kromeyer*. Dagegen erachten *Roth*, *Arndt* und *Birch-Hirschfeld* eine primäre Erkrankung der Muscularis in allen Fällen als das Wesentliche für die Genese der Mil. an., was *Ziegler* hinwiederum nur für einen Theil dieser Gebilde annimmt. *Rindfleisch* endlich macht die Entstehung der Mil. an. von eigenthümlichen Wucherungsprocessen abhängig.

Nach dem eben Dargelegten kann es wohl nicht als Uebertreibung aufgefasst werden, wenn ich sage, dass über die nächste Ursache der spontanen Hirnblutung, die dieselbe bedingende Veränderung der Hirngefässe, bis in die jüngste Zeit eine Unklarheit und Zerfahrenheit der Ansichten bestand, welche mit der Wichtigkeit des Gegenstandes in höchst auffälliger Weise contrastirte. So bedarf es wohl auch keiner besonderen Rechtfertigung, wenn ich eine erneute Prüfung des Gegenstandes an der Hand eines grösseren Materiales unternahm.

---

[1]) Nur bezüglich *Hammond's* ist hier eine Ausnahme zu statuiren; vergl. S. 24.

III. Abschnitt.

Untersuchungen über das Verhalten des intracerebralen Gefässapparates bei spontanen Hirnblutungen

(im engeren Sinne).

Bevor ich an die Mittheilung der Ergebnisse meiner Untersuchungen über das im Titel angeführte Thema gehe, halte ich es für nöthig, zunächst einige Bemerkungen über das verwendete Material und die Methoden, deren ich mich bei meinen bezüglichen Arbeiten bediente, vorauszuschicken. Bei der Differenz der Befunde, die, wie wir sahen, derzeit vorliegen und zum Theile von bewährten Forschern herrühren, konnte ich a priori schon darüber nicht in Zweifel sein, dass nur von einer möglichst eingehenden und möglichst umfassenden Untersuchung eine Klärung des Sachverhaltes sich erwarten lasse. Ich habe daher, wenn auch mein Augenmerk in erster Linie Gehirnen mit Blutherden zugewendet war, mich dennoch keineswegs auf die Untersuchung solcher beschränkt. Theils um die in letzteren nachweisbaren Gefässveränderungen weiter zu verfolgen, theils um die verschiedenen Modificationen des normalen Zustandes der Gehirngefässe eingehend zu studiren, habe ich einer grossen Anzahl — mindestens 90 — von Gehirnen von Individuen, die an den verschiedensten Krankheiten starben, das Verhalten der Gefässe in grösserem oder geringerem Umfange untersucht. Hiebei wurde besondere Aufmerksamkeit den Fällen zugewendet, in welchen ähnliche Gefässveränderungen wie bei den Apoplektikern vorauszusetzen waren, vor Allem Gehirnen mit Erweichungsherden, deren ich 11 während des Verlaufes meiner Untersuchungen mir verschaffen konnte; ferner Gehirnen sehr bejahrter Personen und mit hochgradiger Atheromatose der Basalgefässe, von welchen letzteren mir eine noch erheblich grössere Zahl zu Gebote stand. Ich habe ferner auch an einer grossen Anzahl von Thierhirnen die Beschaffenheit der Gefässe studirt.

Die Anzahl der von mir untersuchten apoplektischen Gehirne — i. e. Fälle von spontaner Hirnblutung im engeren Sinne — beträgt 17. Diese Zahl umfasst nahezu das gesammte Material an apoplektischen Gehirnen, welches während eines Zeitraumes von etwa 20 Monaten die zwei grossen städtischen Krankenhäuser dahier dem pathologischen Institute zuführten; nur zwei der Gehirne stammten von in Privatbehandlung verstorbenen Personen, deren Section Herr Professor *Bollinger* vorgenommen hatte. Aus räumlichen Gründen muss ich mich begnügen, das Wichtigste von den Sectionsergebnissen der betreffenden Fälle in tabellarischer Form hier anzuführen.

Name, Stand, Alter.	Sitz des Blutherdes.	Lungen-Erkrankungen.	Herz- und Gefäss-Erkrankungen.	Nieren-Erkrankungen.	Leber- u. Darm-Erkrankungen.	Sonstige Bemerkungen.
1. Kurz, Anna, Köchin, 56 J.	Wolschnussgrosser Bluterguss im linken Hinterhauptslappen, Durchbrechung der Hirnrinde und Pia, flacher Bluterguss über die ganze Convexität der l. Hemisphäre.	Croupöse Pneumonie, alte Spitzencirrhose.	Hypertrophie beider Ventrikel, bes. des linken.		Altes Ulcus rotund. ventriculi. Perforation eines Darmgeschwüres mitBildung eines Jaucheherdes (abgekapselt) in der Gegend des Douglas'schen Raumes.	
2. Fischer, Maria, Zugeherin, 64 J.	Bluterguss in der r. Grosshirnhemisph. mit Zerstörung des grösseren Theiles des Corp. striat. u. Thalam. optic. und Durchbruch in den Seitenventrikel.	Bronchitis purul.	Hypertrophie des l. Herzens, Fleck.Tribung der Intima der Brust- und Bauchaorta.	Granularatrophie der Nieren.	Mucosa des Darms geschwellt, kleine Hämorrhagieen. Im Magen blutiger Inhalt.	
3. Hopfenwieser, Helene, 65 J., Krankenhaus München r. d. I.	Blutherd in dem r. Grosshirnlappen, vorzugsweise das Mark des Scheitellappens einnehmend, nach vorne bis in den Stirnlappen sich erstreckend und medial die basalen Ganglien z. Th. zerstörend. Der Herd scheint in 2 Schüben entstanden.					
4. Vettermann, Anna, Wäscherin, 74 J.	Aelterer, nahezu hühnereigrosser apoplekt. Herd im l. Grosshirnlappen, den äusseren Theil der Basis des Seitenventrikels einnehmend (Linsenkern u. Caps. int. hauptsächlich zerstörend).	Beginnende Pneumonie beider Unterlappen, Emphysem des l. Oberlappens.	Mässige Atheromatose der Aorta.			Anasarca der r. Unterextremität.
5. v. H., 64 J., Beamtenstochter, Privatsection	Im r. Grosshirnlappen ein nahezu wellschnussgrosser, frischer Blutherd, Theile des Linsenkerns, Nucl. caudat. und der Caps. int. zerstörend. Aelterer, kirschengrosser apopl. Herd im r. Occipitallappen.	Lungenbrand, Schluckpneumonie.	Atrophie d. Herzens, mässige Arteriosklerose.	Atrophische Narbenniere links.	Leber erheblich verkleinert, Gallensteine.	Myofibroma uteri.

	Gehirn	Lungen	Herz	Nieren	Organe
6. Sauerer, Mathias, Zimmermann, 47 J.	Hühnereigrosser, frischer apoplekt. Herd in der r. Grosshirnhemisph., den grösseren Theil der Basalganglien zerstörend.	Hypostat. Pneumonie und Peribronchitis caseosa.		Nieren atrophisch.	Fettleber?
7. Fries, Georg, 76 J. Krankenhaus r/I.	Aelterer apoplekt. Herd im linken Corp. striatum.	Lungengangrän?	Cor adipos. Hypertrophie u. Dilatation des Herzens. Endocarditis valvul. calcul. Atheromatose.	Staungs-	Organe.
8. Ziegler, Maria, Aufseherswittwe, 65 J.	Frischer apoplekt. Herd im r. Kleinhirnlappen mit Fortsetzung in die Kleinhirnschenkel und Umgebung. Aeltere apopl Herde in verschiedenen Hirnregionen (l. corp. striat. etc.).	Pleuro-Pneumonie beiderseits.	Cor adiposum mit Atrophie d. Muskels. Pericarditis haemorrhagica mit Bluterguss in den Herzbeutel.	Geringe Atrophie der Nieren.	Atrophie der Leber, Periplenitis. Narbenmilz.
9. J. A., Kunstmaler, ca. 65—70 J.	Im linken Corp. striat. kleinerer älterer apoplekt. Herd. In der Mitte des Pons ein Erweichungsherd.	Pneumonie (graue Hepatisation) im l. Unterlappen, r. leichtes Emphysem.	Myodegeneratio cordis. Dilatation der Herzhöhlen.	Nierensteine, Blasensteine. In der r. Niere ein etwa bohnengrosser Infarct.	Ausgebreiteter Carbunkel hinter dem r. Ohre, eitr. Infiltration der Muskeln der r. Halsseite.
10. Schmutz, Peter, ehem. Büttchergehilfe, 61 J.	Aelterer, kleiner apoplekt. Herd im r. Schwanzkern.	Emphysem d. Lungen, Bronchitis purul.	Cor adipos. Dilatat. u. Hypertrophie bei der Ventrikel, Pericardit. adhaes.	Rechtsseitige Schrumpfniere.	In der Magen- u. Darmschleimhaut stellenweise kleine Hämorrhagieen. Perisplenitis calcul.
11. Jenewein, Barb., ehem. Kleidermacherin, 82 J.	Kleiner, älterer apoplekt. Herd im rechten Linsenkern.	Croupöse Pleuro-Pneumonie, rechts Emphysem, Oberflächencirrhose.	Atrophie d. Herzens. Atherom. Geschwür im Arcus Aortae, allgem. Atheromatose.	Anaemie u. Atrophie der Nieren.	Lebercirrhose. Chron. Magenkatarrh.
12. Schmid, Anton, Hafnergehilfe, 51 J.	In dem r. Grosshirnlappen ein nicht mehr ganz frischer, etwa hühnereigrosser Blutherd, hauptsächlich in der Markmasse des Scheitellappens sitzend; ein kleinerer Herd	Hypostat. Pneumonie des r. Unterlappens, fibrinöse Pleuritis, rechts Lungen-Emphysem.	Beträchtl. Hypertrophie des l. Ventrikels (Muskel brüchig).	Granularatrophie beider Nieren.	Leber etwas verkleinert.

Anstreicher, 44 J.	hirnlappen vom Hinterhaupts- bis zum Stirnlappen sich erstreckend mit partieller Zerstörung der basalen Ganglien und Durchbruch in den l. Seitenventrikel.	Hypostase u. Infiltration des r. Unterlappens, Emphysem.	latation des l. Ventrikels.	beider Nieren.	Ulcus rotund. ventriculi.
14. Schlumprecht, A., Pfründner, 58 J.	Multiple ältere Cysten, wahrscheinlich theilweise hämorrhagischen Ursprunges (mit gelb - röthlich pigmentirten Wandungen) und frische Erweichungsherde in der Inselgegend beiderseits und im l. Scheitellappen.	Spitzentuberculose rechts (Grosse Caverne).	Chron. fibr. pericarditis.		
15. Rueff, Thomas, ehem. Friseur, 69 J., Krankenhaus r.l.	Multiple kleine apoplektische Narben im l. Linsenkern und am Boden des r. Vorderhorns.		Myo-		
16. Fr. X. Sch., Rentier, 67 J., Privatsection.	Frischer, fast gänseeigrosser apoplekt. Herd des r. Grosshirnlappens, vorzugsweise im Marklager des Scheitellappens sitzend.	Geheilte Spitzencirrhose. Beginnende Bronchopneumonie.	Cor adipos. Sklerose der Coronargefässe u. Bauchaorta.	Senile Atrophie der Nieren.	Mässige chron. Gastritis. Bedeutende Fettanhäufung im Unterleibe.
17. Schranner, Simon, Maurer, 49 J., Krankenhaus r.l.	Frischer, über gänseeigrosser apoplekt. Herd in dem l. Grosshirnlappen, von dem Stirnlappen bis in die Gegend des Hinterhorns sich erstreckend mit Zerstörung des grössten Theiles der Basalganglien,		autochtoner Thrombus auf der Mitralis.		

Anmerkung. Sämmtliche Fälle, bezüglich deren Provenienz nichts Specielles bemerkt ist, stammen aus dem Krankenhause München l/I.

3*

Um einen möglichst vollständigen Einblick in das Verhalten des
cerebralen Gefässapparates zu gewinnen, wurden nahezu in jedem der
angeführten Fälle von Hirnblutung mehrere Hunderte frische Präparate
von Hirngefässen und zwar die den Wandungen des apoplektischen
Herdes entnommenen gesondert von den anderen Gehirntheilen entstammenden, sowie eine Anzahl von Piastückchen mikroskopisch untersucht. In der grösseren Anzahl der Fälle wurde die Prüfung auf frische
Präparate beschränkt und nur in der Minderzahl daneben auch gehärteten Gehirnstücken Präparate entnommen. Die Vorzüge, welche
die Hirngefässe in frischem Zustande den gehärteten gegenüber für
die Untersuchung darbieten, sind so bedeutend und für jeden, der mit
diesem Gegenstande einigermassen vertraut ist, in die Augen fallend,
dass mein Verfahren keiner weiteren Erklärung bedarf. [1]) Die frischen
Gefässpräparate wurden z. Th. unmittelbar dem Gehirne durch Zerzupfen
entnommen, z. Th. aus Gehirnstücken isolirt, die 24—48 Stunden zur
Maceration in eine sehr verdünnte Lösung von doppeltchromsaurem Kali
eingelegt waren. Eine grosse Anzahl von Gefässpräparaten verschaffte
ich mir durch das folgende, höchst einfache Verfahren, zu dem ich
aus später ersichtlichen Gründen speciell veranlasst war. Präparirt
man die Gefässe des *Willis*'schen Cirkels an der Basis des Gehirns ab
und bemüht sich hiebei von den an der Basis, unter rechtem Winkel
abgehenden Aesten, namentlich den in die Substantiae perforatae eintretenden möglichst viele durch sanften Zug herauszuziehen, so gewahrt
man an den unter Wasser gebrachten Gefässen eine geradezu über-
raschende Fülle kleiner und kleinster Aeste. Diese erweisen sich bei
mikroskopischer Untersuchung zum grössten Theile mit allen ihren
Ramificationen bis in die Capillaren erhalten. Auf diese Weise kann
man sich durch einfaches Abschneiden eine beliebige Anzahl von Ge-
hirnarterien-Präparaten verschaffen. Gehärteten Gehirnstücken habe
ich theils durch die üblichen Schnittmethoden, theils durch Zerzupfung [2]),
Präparate entnommen.

---

[1]) Ich stehe hier mit dieser Anschauung keineswegs vereinzelt. Ein in diesem
Punkte gewiss competenter Beobachter, *Obersteiner*, äussert sich in seiner jüngsten
Arbeit über die Blutgefässe des Gehirns in gesundem und krankem Zustande (The cerebral blood-vessels in health and disease. Brain, Oktober 1884. S. 290), folgendermassen: „Die beste Darstellung der Structur der kleineren Gehirngefässe erhält man,
wenn man dieselben in frischem Zustande und mit Benützung von möglichst wenigen
chemischen Reagentien untersucht. Ich habe es mir zur Regel gemacht, in jedem Falle,
in welchem es sich um ein erkranktes Gehirn handelt, soweit die kleinen Gefässe in
Betracht kommen, das Organ in frischem Zustande zu untersuchen; denn wenn einmal
Härtung eingetreten ist, lässt sich nicht viel mehr erkennen.

[2]) Die Zerzupfung gehärteter Gehirnstücke zur Isolirung von Gefässen beschränkte
sich wesentlich auf Theile von Herdwandungen; eine schnittfähige Consistenz nehmen
diese meist selbst bei sehr langem Verweilen in Härtungsflüssigkeiten nicht an, während
ihre Morschheit das Zerzupfen sehr erleichtert.

Was die weitere Behandlung der Gefässe betrifft, so wurden die frischen Präparate meistentheils zunächst für kurze Zeit in eine sehr schwache Essigsäurelösung (3 Tropfen auf 30 Gramm Wasser) gebracht und sodann gefärbt, jedoch auch eine grosse Anzahl von Gefässen ungefärbt untersucht. Von Färbemitteln habe ich die meisten der derzeit gebräuchlichen in Anwendung gezogen (Carmin, Lithioncarmin, Picrocarmin, Säurefuchsin, Magentaroth, Saffranin, Anilin und Methylenblau, Malachitgrün, Haematoxylin und Eosin-Haematoxylin, Gentianaviolette, Dahlia und endlich Bismarkbraun). Von diesen allen erwiesen sich mir als besonders brauchbar: Methylenblau, Picrocarmin, Haematoxylin, namentlich aber Bismarkbraun. Die Vorzüge, welche letzteres in der von mir gebrauchten Concentration (0,1 zu 30) darbietet (sehr scharfe Kerntinction, genügende und haltbare Färbung in wenigen Augenblicken, keine Ueberfärbung bei stundenlangem Verweilen des Präparates in der Farblösung), sind erheblich genug, um eine nachdrückliche Empfehlung dieses Mittels für frische Gehirngefässe zu rechtfertigen. Als Einschlussmittel verwendete ich für frische Präparate nur destillirtes Wasser, da ich wie *Obersteiner* mich sattsam davon überzeugen konnte, dass die übrigen derzeit gebräuchlichen Einschlussmittel (Glycerin, Canadabalsam etc. etc.) hier ohne Nachtheile nicht verwerthbar sind.

Die Herstellung von Dauerpräparaten [1]) wurde durch Ueberziehen des Deckglasrandes mit Canadabalsam, Damarharzlösung oder Bernsteinlack bewirkt. Die gehärteten Schnitt- und Zupfpräparate wurden mit Haematoxylin oder Picrocarmin gefärbt und in gewöhnlicher Weise eingebettet. Endlich wurde von einer Anzahl gehärteter isolirter Gefässe zu besonderen Zwecken Querschnittserien angefertigt. Die Angaben, die im Nachstehenden über das Verhalten von Gehirngefässen gemacht werden, beziehen sich, soweit nicht ausdrücklich anders bemerkt ist, lediglich auf frische Präparate, die in vorstehend angegebener Weise behandelt wurden.

Wenn irgendwo, so ist bei den Hirngefässen eine genaue Kenntniss der normalen Structurverhältnisse für die richtige Beurtheilung von Veränderungen nöthig. Ich habe desshalb, obwohl bereits eine stattliche Anzahl von Arbeiten über den feineren Bau der Hirngefässe, speciell der Hirnarterien vorliegt, mir dennoch, wie bereits angedeutet

---

[1]) Dass sich derartige Präparate lange Zeit ohne merkliche Veränderung erhalten können, unterliegt nach meinen, wie nach *Obersteiner*'s Erfahrungen keinem Zweifel. Ich besitze eine Anzahl solcher Präparate, die derzeit bereits über $1\frac{1}{2}$ Jahre alt sind. Indess kann ich nicht verschweigen, dass ein Verderben dieser Präparate namentlich in den ersten Wochen leicht eintritt und zwar gewöhnlich dadurch, dass ein Theil des Umrandungsmediums (Canadabalsam etc.) unter das Deckglas eindringt und sich mit dem Wasser vermengt. Ist dagegen die Einfassung des Deckglases bereits erstarrt, so ist die Conservirung des Präparates so gut wie gesichert.

wurde, die Mühe eines selbstständigen Studiums dieses Gegenstandes
nicht erspart, und die Anschauungen, welche ich hiebei über die Structur
der Hirnarterien gewonnen habe, hier wenigstens in Kürze darzulegen,
scheint mir im Interesse einer zutreffenden Würdigung mancher später
zu besprechenden Thatsache nöthig.

Die innerste Schicht der Gehirnarterie wird von einem zarten
Häutchen gebildet, das aus Endothelzellen besteht. Die Kerne dieser
Zellen sind ausnahmslos in der Längsrichtung des Gefässes angeordnet,
werden schon bei Essigsäureeinwirkung sehr deutlich und färben sich
mit den meisten der von mir versuchten Farbstoffe gut. Ihre Gestalt
wechselt einigermassen mit dem Caliber des Gefässes. An den grösseren
Arterien langgestreckt, der Spindelform sich nähernd, werden sie an
den kleineren Gefässen kürzer und breiter. Sie zeigen im Innern eine
körnige Structur und tragen ungefähr in der Mitte in einer scharf be-
grenzten Vertiefung ein kleines rundes Körperchen, das sich mit Bismarkbraun und Saffranin besonders hübsch färbt. Letzteres fällt des
Oefteren aus seiner Fassung heraus. Das Endothelhäutchen zeigt eine
grosse Neigung sich von seiner Unterlage abzulösen und zusammenzu-
rollen; in letzterem Falle findet man dasselbe zusammengesunken, einem
Strange ähnlich, im Innern des Gefässes. An das Endothelhäutchen
schliesst sich nach aussen eine Lage an, deren Gegenwart dem Gefässe
das längsgestreifte Aussehen verleiht, es ist dies die sogenannte Membrana
fenestrata. Betrachtet man ein freiliegendes Stück dieser Haut an
grösseren Arterien, so erscheint dieselbe als eine derbe, glänzende, mit
zahlreichen, in der Längsrichtung des Gefässes verlaufenden Furchen
(Falten) versehene Membran, die zahlreiche, sehr kleine Oeffnungen
besitzt (daher fenestrata). An Querschnitten gehärteter Gefässe erscheint
die M. fen. in der bekannten Halskrausenform gefaltet, scharf doppelt-
contourirt und an grösseren Gefässen auch von ansehnlicher Dicke. Die
beiden Randpartieen zeigen einen auffallenden Glanz und sondern sich
hiedurch deutlich von der Zwischenlage. Die M. fen. erstreckt sich
nicht bis an die Capillaren. Sie wird an den kleineren Arterien zarter
und verliert sich bei der Annäherung an die Uebergangsgefässe. Auch
diese Schicht lösst sich — jedoch viel seltener als das Endothelhäutchen — von ihrer Unterlage und schiebt sich gegen das Lumen des
Gefässes zusammen. Die nach Aussen an die Membrana fenestrata an-
grenzende Schicht wird von der Muscularis des Gefässes gebildet. Die
Zellen dieser Membran, an den grösseren Arterien in mehrfachen Lagen
angeordnet, an den kleineren Gefässen jedoch nur eine Lage bildend,
verlaufen, im Allgemeinen wenigstens in transversaler Richtung und
verleihen der Arterie das quergestreifte Aussehen. Die einzelnen
Muskelfasern umfassen an den grösseren Gefässen nur einen gewissen
Abschnitt des Gefässrohres und legen sich, ohne sich förmlich zu durch-
flechten, (ähnlich den Stäben eines Korbgeflechtes) aneinander. An

den grösseren Gefässen schmal und langgestreckt, werden sie an den kleineren kürzer und breiter. Das Gleiche gilt von den Muskelkernen. Diese ebenso wie die Muskelfasern zeigen eine körnige Structur in ihrem Innern und färben sich namentlich mit Bismarkbraun und Picrocarmin, Haemotoxylin und Methylenblau sehr hübsch. Während die bisher beschriebenen Schichten der Arterie an den Gefässen gleichen Calibers in der Regel das gleiche Aussehen darbieten, ist dies bei der nächstfolgenden Schichte, der Adventitia, keineswegs der Fall. Die Adventitia ist mit der Aussenfläche der Muscularis, die sie umgibt, nicht verwachsen. Zwischen derselben und der Aussenfläche der Muscularis findet sich vielmehr ein mehr oder minder erheblicher Zwischenraum, der Adventitialraum (ein Lymphraum). Betrachtet man ein isolirtes Stück der Adventitia eines kleineren Gefässes, so präsentirt sich dieselbe als eine sehr zarte, glashelle, structurlose Membran, welche da und dort noch näher zu beschreibende Kerne trägt. Isolirte Stücke der Adventitia von grösseren Gefässen zeigen im Allgemeinen das gleiche Aussehen, nur sind an der Membran stellenweise feine Streifen (Fältchen) bemerklich. Ganz anders präsentirt sich dagegen die Adventitia, wenigstens z. Th., in ihrem nicht isolirten Zustande als Hülle um den Muscularisring des Gefässes. Betrachtet man z. B. ein grösseres Gefäss aus dem Gebiete der Basalganglien, so erscheint nach Aussen von der Muscularis eine Lage, die anscheinend aus 2 Theilen besteht. Der äussere Theil derselben ist zart, glashell und structurlos und zeigt an seinem Rande eine Art rundlicher Zacken. Die innere Abtheilung dagegen ist etwas dunkler und setzt sich anscheinend aus in der Längsrichtung des Gefässes verlaufenden, leicht gewellten, nach aussen zu weiter auseinandergerückten, nach innen zu sich immer dichter aneinander drängenden Bündeln zusammen. Verfolgt man die nach aussen von der Muscularis befindliche Lage weiter aufwärts, so sieht man rascher oder allmäliger zunächst die äussere rundlich gezackte Partie verschwinden, eine Strecke weiter aufwärts verliert sich auch der äussere Theil der längs verlaufenden Bündel, so dass nunmehr ein schmaler Saum längs verlaufender, dicht aneinander gedrängter Bündel die Muscularis nach aussen umgibt, und noch höher oben lässt sich auch von diesem längs gestreiften Saume nichts mehr nachweisen; die Muscularis präsentirt sich hier auf den ersten Blick wie nackt, und es bedarf eines sehr genauen Zusehens, um nach aussen von derselben noch eine feine Contour, die dichtanliegende Adventitialscheide, zu entdecken. Betrachtet man nun die Stellen, an welchen die einzelnen eben erwähnten Partien der Externa sich verlieren, genauer, so sieht man, dass die äussere gezackte Partie ohne jedwede Grenze in die innere anscheinend aus Längsbündeln bestehende und letztere hinwiederum in den völlig glatten, zarten, die Muscularis umgebenden Saum übergeht. Zieht man ferner den Umstand in Betracht, dass an allen den geschilderten Theilen sich da und dort

Kerne eingelagert finden, wie sie an der isolirten Adventitia wahrzunehmen sind, so ergibt sich, dass die verschiedenen ausserhalb der Muscularis vorgefundenen Formationen nur Gestaltungen der Adventitia sind, die durch diverse Faltungen derselben zu Stande kommen. Niemals konnte ich mich, ich muss dies ausdrücklich betonen, bei sorgfältigster Untersuchung und Anwendung starker Vergrösserungen davon überzeugen, dass zwischen der Adventialscheide und Muscularis noch Bindegewebsbündel sich einschieben. Das, was den Anschein einer solchen Zwischenlage bietet und von anderen als solche auch angesprochen wurde, sind lediglich feinste, dichtgedrängte Falten der Adventitia. [1])

Die bereits erwähnten Kerne der Adventitia sind z. Th. spindelförmig, theils von längs-ovaler oder rundlicher Form, meist mit scharfen Contouren versehen und im Innern gekörnt. Sie färben sich mit den meisten der oben erwähnten Färbemittel recht deutlich. Ihre Zahl und Anordnung ist eine sehr wechselnde, bald nur in grösseren Abständen sich findend, dann wiederum in kleinen Häufchen 3—5 zusammenliegend, oder auf grösseren Strecken in grösserer Anzahl und näher aneinanderliegend. Alle diese Verschiedenheiten können sich bei im Uebrigen völlig normalem Verhalten der Adventitia sowohl als der übrigen Arterienhäute finden. In wie weit es sich hiebei schon um Dinge handelt, die in das Bereich des Pathologischen gehören oder an dieses streifen, werden wir an späterer Stelle sehen; hier möchte ich nur noch darauf hinweisen, dass auch die Adventitia der Gehirngefässe gesunder Schlachtthiere z. Th. sehr erheblichen Kernreichthum zeigt. Ganz besonders reich an Kernen erweist sich in der Regel die Adventitia beim Schweine.

An der Innenfläche der Adventitia, beziehungsweise in dem Raume zwischen dieser und der Muscularis (Adventitialraum, *Virchow-Robin*'scher Lymphraum) finden sich als normale Vorkommnisse in grösserer oder geringerer Menge: Fettmassen (Fettkörnchen, Tröpfchen, Fettkörnchenzellen) Pigment, Lymphkörperchen, hie und da auch einzelne Blutkörperchen. Ferner trifft man daselbst mitunter grössere blasenartige Gebilde, die ein oder mehrere kleinere Bläschen (bis zu 10 und darüber) einschliessen. Nach meinen Beobachtungen scheinen die letzteren aus Lymphkörperchen hervorzugehen, die in die Mutterblase einwandern. Nach den Angaben einzelner Autoren (*Obersteiner*, *Eichler*) sollen von der Adventitia Fortsätze ausgehen, welche sich in der Gehirnsubstanz

---

[1]) Auch an der nackten Muscularis, wie man sie zuweilen an abgerissenen Gefässen zu Gesichte bekommt, konnte ich nie von einer Aulagerung von Bindegewebsbündeln an der Aussenseite etwas wahrnehmen; ebensowenig an den sehr häufig zu beobachtenden Gefässstellen, an welchen die Adventitia ausgebaucht, i. e. von der Muscularis erheblich entfernt ist. Das oben Bemerkte gilt auch für die Gefässe der von mir untersuchten Thiergehirne (Schwein, Kalb, Hund, Schaf, Kaninchen etc.).

verlieren, resp. in dieser in Bindegewebskörperchen endigen. Ich konnte solche Forlsätze weder an Zupf- noch an Schnittpräparaten zu Gesicht bekommen. Häufig sah ich dagegen an Zupfpräparaten der Aussenfläche der Adventitia noch Massen anhaften, die sich als aus feinsten Fäserchen und Körnchen bestehend erwiesen, also offenbar dem Gliagewebe angehörten. Auch konnte ich mich von der Existenz eines gesonderten perivasculären (zwischen Adventitia und Hirnmasse befindlichen Lymphraumes (*His*'schen Lymphraumes) nie völlig überzeugen.

Bei Darlegung der Ergebnisse meiner Untersuchungen über das Verhalten des intracerebralen Gefässapparates bei spontaner Hirnblutung (im engeren Sinn) verzichte ich darauf, die in den einzelnen Fällen erhobenen Befunde der Reihe nach anzuführen, weil hiebei vielfache Wiederholungen einzelner Thatsachen unvermeidlich wären. Ich werde vielmehr im Nachstehenden ohne Rüksicht auf die Details der einzelnen Beobachtungen zunächst eine Uebersicht über die Gesammtheit der Veränderungen, welche an den Gefässen der untersuchten Gehirne sich nachweisen liessen, zu geben versuchen und hieran erst einige Bemerkungen über die Beziehungen anschliessen, in welchen sich die Erkrankung der fraglichen Gefässe in den einzelnen Fällen unterscheidet.

Veränderungen der Intima: Endothelschicht und Membrana fenestrata.

Zu den am Häufigsten an der Intima zu beobachtenden Veränderungen zählt die Wucherung der Endothelkerne. Während diese an den normalen Arterien constant an der Längsrichtung des Gefässes in gewissen Abständen angeordnet sich finden, nimmt man bei Erkrankung der Intima häufig an umschriebenen Stellen eine grössere oder kleinere Anzahl von Kernen in einen Haufen zusammengedrängt wahr, an welchem von einer Anordnung in einer bestimmten Richtung nichts erkenntlich ist.

An einzelnen Stellen dieser Anhäufungen zeigt sich bei genauerem Zusehen, dass ein Theil der Kerne nicht nur neben einander gelagert, sondern bereits mit einander verschmolzen ist. Während an der einen Seite der fraglichen Intimastelle die einzelnen Endothelkerne noch deutlich gesondert sind, findet sich an der anderen Seite derselben eine Art Platte, an der noch gewisse Einkerbungen oder feine Streifen und die· Gegenwart der Kernkörperchen die Entstehung aus Endothelkernen erkennen lassen.[1] Neben diesen in Bildung begriffenen Verdickungen (Plaques) der Intima zeigen sich immer offenbar ältere — grössere und dickere —, an denen Spuren eines Hervorgehens aus gewucherten Endothelkernen nicht immer mehr wahrzunehmen sind. Diese Ver-

---

[1] S. Abbild. No. XVIII.

dickungen finden sich in Arterien jeden Kalibers bis zu den Uebergangsgefässen, sind in der Regel stark lichtbrechend und von sehr verschiedener
Grösse und Form (bald langgestreckt, bald rundlich tropfenförmig, bald
bogenförmig einen Abschnitt des Gefässrohres auskleidend u. s. w.).
Während sie an den grösseren Gefässen nur mehr oder minder erheblich in das Lumen prominiren, erreichen sie an den kleineren bisweilen
eine Dicke, dass sie anscheinend das Gefässlumen ganz ausfüllen. Besonders häufig begegnet man denselben an Theilungsstellen der Gefässe
sowie an Orten, von welchen grössere Aeste abgehen. Diese Plaques
können verschiedene Metamorphosen erfahren. Die häufigste Veränderung, welcher dieselben unterliegen, ist fettiger Zerfall. Kleinere Verdickungen dieser Art verwandeln sich in eine feinkörnige Masse, in der
gelegentlich einzelne Fetttröpfchen sich bemerklich machen. An den
grösseren Plaques treten im Innern und am Rande kleinere und grössere
Fetttröpfchen auf, die mehr und mehr zunehmen, sodass die Platte
schliesslich in eine Anzahl Fragmente zerfällt. [1]) Da und dort sieht
man an den Plaques und deren Bruchstücken wohlerhaltene oder in
Verfettung begriffene Rundzellen anhaften.

Neubildung und Zerfall scheinen übrigens an nicht wenigen
Stellen gleichzeitig vor sich zu gehen. Man sieht an einzelnen kleineren
Verdickungen auf der einen Seite fettige Metamorphose, Zerfall in Fettkörnchen, auf der anderen Anhäufung von Endothelkernen. Solche
findet man auch am Rande grösserer Intimaverdickungen. Von denselben gehen dann mitunter Züge von Endothelkernen aus, die nach
verschiedenen Richtungen hin verlaufen. [2]) An den kleineren Plaques
gewahrt man ferner, wenn man das Mikroskop derart einstellt, dass die
Endothellage gut sichtbar wird, dass die Endothelkerne bis nahe an die
Verdickung heran kommen und z. Th. dieser auch auflagern. [3]) Die
Verdickung wird also von der Endothelschicht noch bedeckt. An
grösseren und älteren Plaques ist dagegen von einer Ueberlagerung von
Endothelkernen zumeist nichts wahrzunehmen; die Endothelschicht ist
hier in der Verdickung offenbar gänzlich aufgegangen. Diese Plaques
können ferner verkalken. Auch in diesem Zustande zeigen dieselben
einen gewissen Glanz und sind desshalb von den in Verfettung begriffenen Verdickungen nicht immer leicht zu unterscheiden.

Neben den eben besprochenen umschriebenen Intimaverdickungen
finden sich in der Regel auch diffuse über grössere oder kleinere Gefässabschnitte sich erstreckende. Man sieht da und dort an den Rändern
der Gefässe leicht wellig verlaufende oder in sehr spitzen Winkeln sich
schneidende, schmälere und breitere, meist glänzende Fasern, die stellen-

---

[1]) Vergl. Abbild. No. X.
[2]) S. Abbild. No. X.
[3]) Vergl. Fig. No. XVIII.

weise in breitere und mehr homogene, stark lichtbrechende und z. Th. etwas gewundene Massen übergehen.[1]) Solche Verdickungen setzen sich namentlich von Plaques aus nach beiden Richtungen hin über grössere Gefässstrecken fort und bekunden durch diesen Zusammenhang die Gleichartigkeit ihrer Abstammung. Diese verräth sich auch noch durch einen anderen Umstand: dicht am inneren Rande der feinstreifigen oder mehr homogenen Massen gewahrt man nicht selten in Längsrichtung angeordnete Reihen auffallend schmaler Endothelkerne, von den Plaques andererseits ziehen zuweilen Längszüge spindelförmiger Kerne oder einzelne Fasern (Falten?), in deren Verlauf in gewissen Abständen schmale Endothelkerne eingeschlossen sind, gegen die fraglichen Verdickungen hin.

Um die hier in Frage stehenden Veränderungen der Intima weiter zu verfolgen und namentlich die Betheiligung der Membrana fenestrata an denselben festzustellen, wurden von einer Anzahl gehärteter Gefässe mit Intimaverdickungen Schnittserien angefertigt. Die Verhältnisse, welche das Studium dieser aufdeckte, wollen wir sogleich an einem concreten Falle erläutern, in dem wir uns zur Betrachtung des in Fig. No. XV dargestellten Schnittes wenden. Die Intima zeigt sich hier in ihrem ganzen Umfange, doch an verschiedenen Stellen in sehr ungleichem Maasse verdickt. Während sie an etwa einem Drittel der Gefässwand nur eine sehr geringfügige Verbreiterung zeigt, schwillt sie von hier ausgehend allmälig derart an, dass sich die Dicke der Gefässwand um über das Vierfache vermehrt. Betrachtet man die Intima genauer, so sieht man, dass dieselbe allenthalben aus 2 Lagen besteht, einer inneren und einer äusseren; beide sind stellenweise durch einen Spalt (Folge der Härtung) getrennt. Die innere Lage wird überall ausschliesslich von der Membrana fenestrata gebildet, die zum grossen Theile wenigstens in annähernd normaler Breite, nur mit etwas aufgequollenen Rändern erscheint und sich zumeist auch vollkommen deutlich von der Muscularis abgrenzt; nur an einzelnen Stellen erweist sich der Abstand zwischen der äusseren und inneren Contour der M. fen. deutlich verbreitert, der äussere Rand derselben erheblicher aufgequollen, der Zwischenraum zwischen den beiden Rändern von einer homogenen, zum Theil Kerne einschliessenden Masse angefüllt. Die innere Partie der Intimaverdickung zeigt sich da, wo dieselbe am Schmälsten ist, lediglich aus einer geringen Anzahl von Fasern bestehend, die theilweise Kerne einschliessen; dieser Lage sitzen nach innen gegen das Lumen zu stellenweise sehr blasse an ihrem freien Rande zumeist abgerundete, ziemlich scharf contourirte Gebilde auf, die z. Th. auch glänzende Körnchen einschliessen. Diese Gebilde verflachen sich stellenweise und deren Ausläufer gehen in die faserige Masse ihrer Unterlage über. Es

---

[1]) Vergl. Abbild. No. XVIII.

handelt sich hier offenbar um Querschnitte von Endothelkernen. Da wo die Intimaverdickung erheblicher wird, entwickelt sich nach aussen von der erwähnten Faserlage eine allmälig an Breite zunehmende, mehr homogene Masse, welche eine erhebliche Anzahl ziemlich kurzer und breiter Kerne, z. Th. aber auch glänzende Körnchen (Endothel-kernkörperchen) umschliesst. Während diese äussere Masse mehr und mehr anschwillt, verbreitet sich auch die innere faserige Partie an-scheinend durch Einlagerung einer mehr homogenen Masse und bewahrt schliesslich ihren streifigen Charakter nur an den beiden Rändern, wo-selbst dieselbe noch von ziemlich zahlreichen, mehr länglichen Kernen durchsetzt erscheint. Die äussere homogene Masse zeigt an mehreren Stellen deutliche Lücken. Die Muscularis erweist sich von sehr ver-schiedener Dicke an den verschiedenen Partieen der Gefässwand. Da wo die Intimaverdickung den grössten Umfang erreicht, ist dieselbe auf einen schmalen Saum reduzirt; sie gewinnt alsdann, während die In-timaverdickung abnimmt, wieder an Breite, um dann neuerdings und zwar entsprechend der schmalsten Stelle der Intima sich sehr erheblich zu reduciren und dann abermals wiederum an Breite zuzunehmen. Stellen-weise zeigt die Muscularis und zwar namentlich da, wo sie sehr erheb-lich geschwunden erscheint, statt des streifigen einen mehr feinkörnigen Charakter, ihre Kerne erscheinen alsdann auch verkürzt und unregel-mässig gestaltet. Die Adventitia scheint stellenweise ganz zu fehlen; da wo dieselbe völlig deutlich ist, erweist sie sich zumeist als ein zarter Saum, der von der Muscularis durch einen Zwischenraum geschieden ist und dem an der Aussenseite da und dort Massen von Körnchen und Fäserchen anhaften.

Die im Vorstehenden skizzirte Structur zeigt die Intimaverdickung keineswegs überall. Häufig präsentirt dieselbe auf dem Querschnitte zum grossen Theile einen areolären Bau; sie wird von einem Netzwerk von Fasern durchzogen, deren Zwischenräume mit homogener feinkör-niger Masse ausgefüllt sind. In anderen Fällen und zwar namentlich da, wo die Intima auf dem Querschnitte allenthalben die gleiche Dicke zeigt, erweist sich die Verdickung gänzlich oder theilweise aus breiten, gequollenen und glänzenden Bändern bestehend, welche z. Th. unter Schlängelungen ähnlich denen der Membrana fenestrata rings um das Lumen verlaufen. [1]) Es gewinnt alsdann den Anschein, als ob die Memb. fenest. eine Vervielfältigung erfahren habe. Stellenweise finden sich auch Massen, ähnlich den bereits beschriebenen homogenen, feinkörnigen, die jedoch eine feine Längsstreifung, z. Th. daneben noch eine concen-trische Streifung zeigen. Im Allgemeinen lässt sich sagen, dass da, wo die Intimaverdickung eine sehr beträchtliche Entwicklung aufweist, die homogene, feinkörnige Beschaffenheit vorherrscht, an den Stellen da-

---

[1]) S. Abbild. No. XI.

gegen, an welchen nur geringere Verdickungen vorhanden sind, oder
die Intima auf dem ganzen Querschnitt in gleicher Breite erscheint,
die faserige Structur prädominirt. Im Innern der feinkörnig homogenen,
sowie der areolären Massen finden sich häufig dichte Ansammlungen
von Kernen (Endothelkernen) und Körnchen (Endothelkernkörperchen),
in anderen Fällen sind diese Gebilde nur sparsam eingestreut.[1]) Namentlich an Stellen, an welchen die Verdickung gegen das Lumen zu oder
überhaupt eine faserige Structur zeigt, sieht man derselben Querschnitte
von Endothelkernen öfters nach dem Lumen zu aufsitzen.

Das Verhalten der M. fen. wechselt in den einzelnen Fällen sehr
erheblich. Dass dieselbe selbst bei sehr beträchtlicher Verdickung der
Intima zum Mindesten zum grossen Theile in annährend normaler Breite
erscheinen, sohin an der Bildung der Intimaverdickung nur einen sehr
geringfügigen Antheil nehmen kann, haben wir bereits gesehen. In
anderen Fällen erfährt die Membran, ohne von ihrer scharfen Abgrenzung von dem Reste der Intima etwas einzubüssen, eine beträchtliche
Dickenzunahme, so dass unter Umständen ihr Antheil an der Intimaverdickung sogar erheblicher sein kann als der der Endothellage. Die
Verbreiterung erfolgt hier hauptsächlich durch Einlagerung einer feinkörnig homogenen Masse mit eingestreuten Kernen oder einer feinstreifigen Substanz. Zumeist ist jedoch von der Memb. fenes. nur die
äussere Contour deutlich erhalten, die innere dagegen entweder gänzlich oder streckenweise verschwunden oder wenigstens nicht genau unterscheidbar.[2]) Die M. fen. geht hier also ohne bestimmte Grenze in den
Rest der Intima über, ihr Antheil an der Verdickung ist daher von
dem der Endothellage nicht zu sondern. Häufig erscheint der äussere
Rand der M. fen. gequollen und beträchtlich verbreitert; das gleiche
Schicksal erfährt mitunter auch der innere Rand. Die beiden Randzonen
können auch zu einer einzigen breiten, glänzenden Masse veschmelzen,
aus welcher, resp. aus deren Gebiet heraus sich zuweilen nach Innen
zu, glasartig glänzende, gequollene Massen entwickeln, welche mehr
oder minder in das Lumen prominiren. An vielen Stellen zeigen die
geschilderten Verdickungen deutliche Zeichen regressiver Metamorphose.
Man findet im Innern der feinkörnig homogenen sowohl, als der areolären Massen (hie und da auf der M. fen.) bald sparsam eingestreute
feinste Fettkörnchen, bald kleine Aggregate solcher, welche z. Th., wie
an successiven Schnitten deutlich zu verfolgen ist, allmälig zu grossen
Fettkörnchenhaufen anwachsen, so dass also das gegeben ist, was man
an grösseren Gefässen einen atheromatösen Abscess heisst.[3]) Diese An-

---

[1]) S. Abbild. No. XIV.

[2]) S. Abbild. No. XI, XIII, XIV.

[3]) S. Abbild. No. XIII u. XIV.

sammlungen beobachtet man namentlich in der Tiefe der Verdickungen gegen die Muscularis zu, bei sehr dicken Plaques auch in mehr oberflächlichen Lagen. Auch die äussere Randzone der M. fen. unterliegt zuweilen dem Schicksal fettigen Zerfalls. Der äussere Rand der Intima wird alsdann von einer vielfach sich schlängelnden Linie von Fettkörnchen gebildet. Häufig zeigen sich in den Verdickungen kleinere oder -grössere Lücken; indem solche in Intima-Partieen auftreten, welche beträchtlich in das Lumen prominiren, gewinnt es mitunter den Anschein, als ob ein doppeltes Lumen vorhanden wäre.[1] Das Verhalten der Muscularis den geschilderten Intimaveränderungen gegenüber ist ein sehr verschiedenes. Mitunter sieht man die immer mehr anschwellende Intima mehr und mehr gegen die Adventitia vorrücken, während zu gleicher Zeit die Muscularis sich entsprechend reducirt, bis schliesslich die äussere Contour der M. fen. ganz an die Adventitia heranrückt und endlich mit derselben verschmilzt.[2] Das Lumen des Gefässes nimmt bei diesem mehr und mehr gegen die Peripherie zu gerichteten Wachsthum der Intima eine ganz excentrische Lage ein. Die Muscularis erweist sich jedoch nicht überall, wo beträchtliche Intimaverdickungen bestehen, entsprechend verringert; sie zeigt sich vielmehr mitunter an Stellen mit erheblicher Verdickung besser erhalten, als an solchen mit geringerer Verdickung der Intima. An manchen Stellen zeigt sich statt einfacher Atrophie deutliche Fettdegeneration der Muscularis, vereinzelt bekunden auch Fasern eine auffallende Verbreiterung und ein gequollenes Aussehen (beginnende granulöse Degeneration?). Da wo die Intimaverdickung die erwähnte feinstreifige Beschaffenheit darbietet, lässt sich von derselben das, was von der Muscularis erhalten ist, mitunter keineswegs abgrenzen.

Was nun die Genese der beschriebenen Intimaverdickungen anbelangt, so kann nach dem Vorstehenden wohl kein Zweifel darüber bestehen, dass dieselben nur durch Wucherung, resp. Massenzunahme von Elementen, die der Intimaschicht selbst angehören, zu Stande kommen. So viele frische Präparate und Querschnitte ich auch untersuchte, an keinem einzigen derselben ergab sich ein Anhaltspunkt für die Annahme einer Betheiligung anderartiger Elemente (Rundzellen etc.). Auch die von *Eichler* erwähnten blassen cubischen Zellen fanden sich nirgends. Im Grossen und Ganzen lässt sich ferner sagen, dass die Hauptmasse der Verdickungen dem Gebiete der Endothelschicht angehört. Durch Wucherung der Endothelkerne, welche allmälig untereinander verschmelzen, bilden sich über einander sich lagernde Lamellen, die im weiteren Fortgange des Prozesses sich entweder vollständig oder theilweise in feinkörnige, homogene Massen verwandeln. Beweis hiefür

---

[1] S. Abbild. No. XIV.
[2] S. Abbild. No. XIII.

ist die Einlagerung von Endothelkernen in den Verlauf der Fasern, welche wir in Abbildung Nr. XV sehen, ferner die Einlagerung von vereinzelten Endothel-Kernen und (Endothel)-Kernkörperchen in die homogenen, feinkörnigen und die areolären Massen, endlich die Ansammlung von Endothelkernen an einzelnen Stellen im Innern der Verdickungen. Hier handelt es sich offenbar um Elemente, die in der Transformation zurückgeblieben sind.[1]) Minder deutlich ist der Vorgang, durch welchen die Memb. fenes. ihre Verdickung erfährt. Hiebei handelt es sich wohl z. Th. um eine Art Hyperplasie, wenigstens spricht hiefür das Verhalten der Randzonen; z. Th. mag aber auch die Verdickung durch Hineinwucherung von Endothelkernen zu Stande kommen; hierauf deutet der Umstand hin, dass sich an Stellen der Memb. fenest. mit beginnender Verdickung Kerne sich finden, welche den in der Endothellage eingelagerten gleichen. Dass schliesslich die in der Rede stehenden Verdickungen der Intima von den vasa vasorum unabhängig sind, ergibt nicht bloss das Studium derselben an succesiven Querschnitten in deutlichster Weise, sondern auch der Umstand, dass dieselben sich auch an Gefässen finden, welche keine vasa vasorum besitzen.[2])

Ueber die Bezeichnung, welche dem im Vorstehenden geschilderten Processe zu geben ist, dürfte kaum ein Zweifel obwalten. Es handelt sich hier offenbar um Veränderungen, welche den an den grossen Arterien als Endarteritis deformans (Arteriosklerose, Atheromatose) bekannten entsprechen, und so werden wir diese Bezeichnung für dieselben adoptiren dürfen, ohne übrigens hiemit eine völlige Uebereinstimmung mit den Alterationen an den grösseren Gefässen zu statuiren. In neuerer Zeit wurde bekanntlich von mancher Seite eine Trennung der Endarteritis deformans von der von *Heubner* als luetische Erkrankung der Hirnarterien, später von *Friedländer* als Endarteritis obliterans bezeichneten Affection verworfen[3]), während Andere wieder auffällige

---

[1]) Der Umstand, dass die in die feinkörnige Masse eingelagerten Kerne, wie in Abbildung No. XV ersichtlich ist, sich von den in den Verlauf der Fasern eingeschlossenen Kernen durch Kürze und unregelmässige Gestalt unterscheiden, dürfte dahin zu deuten sein, dass letztere Kerne sich in einem fortgeschritteneren Stadium der Umwandlung befinden. Dass diese Kerne allmälig vollständig in die erwähnte feinkörnige Masse übergehen, erhellt auch aus der Gegenwart vereinzelter Endothelkörperchen in der fraglichen Masse. Ich muss hier noch beifügen, dass an den Anhäufungen von Endothelkernen diese z. Th. deutlich mit den Kernkörperchen versehen waren, so dass über deren Identität kein Zweifel obwalten konnte.

[2]) Diese Thatsache wurde bereits von *Orth* der Behauptung *Kösters* gegenüber, dass nur an Arterien mit Vasa nutritia sich die Endarteritis deformans finden soll, betont. Ich bin in der Lage auf Grund vielfältiger eigener Beobachtungen *Orth*'s Angabe in dieser Beziehung zu bestätigen. (Vergl. *Orth*, Lehrb. der speciellen pathol. Anatomie, 1. Lieferung. Berlin 1883. S. 222.)

[3]) Vergl. u. A. *Litten*'s Bemerkungen in der Discussion über *Rumpf*'s Vortrag auf dem diesjährigen Congresse für innere Medicin zu Wiesbaden: „Ueber syphilitische

Unterschiede zwischen beiden in Frage stehenden Processen statuiren zu können glauben.[1])

Nach meinen eigenen Beobachtungen kann ich, wenigstens soweit die intracerebralen Gefässe in Betracht kommen, auf welche sich meine Untersuchungen beschränken, mich nicht für eine Identität der luetischen und der atheromatösen Arterienveränderungen aussprechen. Ich war zwar nicht in der Lage, einen Fall von Hirnblutung auf luetischer Grundlage zu untersuchen, konnte jedoch zum Vergleiche eine Anzahl von Präparaten benützen, die ich der Umgebung eines grossen Hirnsyphiloms[2]) entnommen hatte; auch war Herr Dr. *Rumpf* in Bonn so gütig, mir eine Anzahl seiner Präparate von Gehirn- und Rückenmarkslues zur Einsicht zuzusenden. An den meisten der betreffenden Gefässe handelte es sich um eine diffuse, vorzugsweise kleinzellige Infiltration der 3 Häute, die mit Verdickung der gesammten Wand einherging. An einzelnen Gefässen beschränkte sich jedoch die Veränderung ganz oder nahezu ganz auf die Intima, welche alsdann eine diffuse, streifige Verdickung aufwies, ähnlich wie bei Atheromatosis. Allein die Streifung der Verdickung zeigte hier nicht ganz den gleichen Charakter wie bei letzterer Affection; dieselbe war etwas feiner und unregelmässig gewellt, ferner fanden sich in die Verdickung bald in grösseren Gruppen, bald mehr vereinzelt Rundzellen und Blutkörperchen eingebettet, während von Endothelkernanhäufungen im Ganzen nur wenig, von einem Zerfall der Verdickung nirgends etwas wahrzunehmen war. Darüber, dass die ersterwähnte Veränderung, die sich nur als syphilitische Arteritis (*Ziegler*) und nicht als Endarteritis bezeichnen lässt, mit der Endarteritis deformans, sowie sich dieser Process an den intracerebralen Gefässen präsentirt, nicht identisch ist, kann wohl nicht der geringste Zweifel bestehen. Allein auch die eben berührte Endarteritis scheint sich dadurch von der Atheromatosis zu unterscheiden, dass hier noch zellige Elemente, welche der Intima ursprünglich nicht angehörten — eingewanderte Elemente — an der Bildung der Verdickung der Innenhaut sich betheiligen, was bei der Atheromatosis nicht der Fall ist.[3])

Die Endothelschicht der Intima unterliegt indess noch anderen Veränderungen. Die Fettdegeneration der Muscularis wird in der Regel von einer Verfettung der Endothelschicht begleitet. Im Anfangsstadium der Musculariserkrankung sieht man allerdings gewöhnlich die Endothel-

---

Erkrankungen des Gefässsystems". Ref. in der Münchener med. Wochenschr. Nr. 17. S. 366. 1886.

[1]) S. *Baumgarten*, Virch. Arch. 76. Band. 2. Heft. S. 282 u. f. 1879.

[2]) Das betr. Präparat, der Sammlung des hiesigen pathol. Instituts angehörig, stammt von einer puella publica.

[3]) Man vergl. ferner die Abbildungen bei *Heubner*, die luetische Erkrankung der Hirnarterien, Leipzig 1874, insbes. Tafel I u. II; *Ewald*, Virch. Arch., 71. Band, 4. Heft, Fig. 12, Tafel XX; *Thoma*, Virch. Arch., 71. Band, 2. Heft, Tafel X, Fig. 7 bis 13 mit unseren Abbildungen Tafel II, Fig. 10, 11 u. f.

kerne noch wohlerhalten über die Muskelschicht hinziehen. Bei weiter
fortgeschrittener Verfettung in der Media finden sich dagegen gewöhnlich deutliche Veränderungen der Endothelkerne. Diese zeigen zunächst
unregelmässige, 'eckige Contouren, es bröckeln sozusagen Stücke derselben ab; im weiteren Verlaufe des Processes zerfallen sie entweder
in Häufchen feinster Fettkörnchen, oder sie verwandeln sich zunächst
in toto, indem sie sich aufblähen, in ein fetttropfenähnliches Gebilde,
an dem anfänglich noch das Kernkörperchen oder die Vertiefung desselben deutlich wahrnehmbar ist, um schliesslich in eine Mehrzahl von
Fetttröpfchen zu zerfallen.[1])

Die Längsstreifung der Membrana fenestrata ist hiebei wenigstens
an den Rändern des Gefässes meist noch deutlich erhalten, diese Membran
scheint daher der Verfettung entschieden grösseren Widerstand zu leisten
als die Endothelschicht.

Ich muss hier ferner eine Veränderung erwähnen, die in nahen
Beziehungen zu den eben beschriebenen steht. Man findet namentlich
an Gefässen mit Fettdegeneration der Muscularis zuweilen an grösseren
oder kleineren Gefässstrecken keine Andeutung der Endothelschicht
mehr. Dagegen gewahrt man im Innern des Gefässes an angrenzenden
Stellen einen Strang, der in der Längsrichtung des Gefässes verläuft,
und an welchem zumeist neben Fettkörnchen und Fetttröpfchen Mengen
von Endothelkernen sichtbar sind; es handelt sich also offenbar um
die losgelöste, zusammengerollte Endothelschicht, deren Elemente z. Th.
in Verfettung begriffen sind. Dieser centrale Strang erreicht an einzelnen Stellen eine sehr erhebliche Breite und Dicke und erweist sich
alsdann gewöhnlich aus feinen Körnchen und grösseren und kleineren
Fetttropfen bestehend, während von Endothelkernen an demselben nur
sehr wenig mehr wahrzunehmen ist. Hier muss, nach dem Umfange
der Massen zu schliessen, ein Wucherungsvorgang stattgehabt haben,
dem eine Fettmetamorphose folgte. An einzelnen Orten sieht man von
dem centralen Strange Ausläufer gegen Gefässpartieen hinziehen, an
welchen die Endothelschicht deutlich erhalten ist. Es frägt sich hier
natürlich vor Allem, ob wir es bei der vorliegenden Zusammenschieb-
ung der Endothelschicht mit einem noch intra vitam sich abspielen-
den Vorgange oder einer postmortalen, vielleicht durch Wasserein-
wirkung herbeigeführten Alteration zu thun haben. Ich muss gestehen,
dass ich nicht in der Lage bin, diese Frage mit völliger Bestimmtheit
zu entscheiden. Manches scheint mir jedoch dafür zu sprechen, dass
es sich nicht um ein Geschehniss während des Lebens, sondern um
eine postmortale Erscheinung handelt, deren Zustandekommen durch
einen abnormen Zustand der Endothelschichte begünstigt oder bedingt
wurde. Es liegt hier nämlich nicht bloss eine einfache Loslösung und

---

[1]) Vergl. Abbild. No. XVII.

Zusammenrollung des Endothel's, wie man sie auch an normalen Gefässen zuweilen trifft, sondern zugleich eine fetzige Zerreissung dieser Schicht vor.

Die Endothelschicht erfährt ausser der Fettentartung noch mehrere regressive Veränderungen. Sie unterliegt ebenso wie die Muscularis einer eigenthümlichen (granulösen) Degeneration, die wir im Nachfolgenden genauer kennen lernen werden. Ferner bleibt die Intima auch von atrophischen Vorgängen nicht verschont. Man sieht bei fortgeschrittenem Schwunde der Muscularis nicht selten die Endothelkerne stellenweise ausserordentlich verschmälert, offenbar geschrumpft, mitunter in einem solchen Grade, dass von einem Protoplasma nichts mehr wahrzunehmen ist.[1]) Auch die Längsstreifung der Intima kann dabei sehr undeutlich werden [2]).

In einem der von mir untersuchten Fälle liess sich an einer Anzahl von Gefässen eine Verdickung der Membrana fenestrata ohne Endothelveränderung wahrnehmen. Die Längsstreifung des Gefässes trat hier ganz auffällig hervor und zugleich erschienen die Streifen namentlich an den Rändern des Gefässes viel dichter an einander gedrängt als gewöhnlich.

Veränderungen der Muscularis.

Von den Veränderungen, deren Sitz die Muskelfaserschichte der Arterien ist, verdient zunächst die einfache Atrophie Erwähnung. Dieser Vorgang kennzeichnet sich dadurch, dass die Querstreifung des Gefässes, welche den mikroskopischen Ausdruck der Ringmuskelfasern bildet, undeutlicher wird, die Muskelkerne schmäler und geschrumpft erscheinen. Bei höheren Graden dieses Processes verliert sich die Querstreifung an einzelnen Stellen ganz oder zeigt sich nur mehr in schwächster Form angedeutet.[3]) Keineswegs selten findet man die Atrophie der Muscularis neben ausgesprochener Fettdegeneration und von Umständen begleitet, die wenigstens die Muthmassung nahe legen, dass es sich nicht um einen einfachen Schwund handelt. Man gewahrt nämlich zwischen den atrophirenden Fasern da und dort feinste Fettkörnchen eingestreut, so dass immerhin die Möglichkeit vorliegt, dass neben der einfachen Atrophie eine fettige Metamorphose einhergeht, wobei vielleicht die Produkte der letzteren durch Resorption zum Theil verschwinden.

Ein nicht minder wichtiges Vorkommniss bildet jedenfalls die fettige Degeneration der Muscularis. In den Anfangsstadien dieser Veränderung sieht man da und dort zwischen den Muskelfasern und in den Muskelkernen Fettkörnchen auftreten[4]). Mit dem weiteren Fort-

---

[1]) S. Abbild. No. XVI.
[2]) Weiteres über Atrophie der Intima s. S. 63 (Dissec. Aneurysma).
[3]) Vgl. Abbild. Nr. VII u. XVI.
[4]) S. Abbild. No. I.

schreiten des Processes mehren sich die Fettkörnchen, indem solche auch in der Muskelfaser in grösserer Zahl auftreten, daneben erscheinen alsbald auch Fetttröpfchen (umgewandelte Stücke der Muskelfaser), bis schliesslich die Muskelfasern und Kerne in vorzugsweise in Querrichtung angeordnete Aggregate von grösseren und kleineren Fetttröpfchen verwandelt sind [1]). Die Fetttröpfchen fliessen da und dort zusammen und bilden grössere Fetttropfen. An den kleineren Arterien wird ein Theil derselben zusammen mit den von der Intima herrührenden Zerfallsprodukten fortgeschwemmt und häuft sich in den feineren Zweigen und den Uebergangsgefässen an, diese z. Th. völlig verstopfend.

Die Fettdegeneration der Muscularis ist häufig nicht bloss von Verfettung der Endothelschicht, sondern auch von atheromatösen Veränderungen der Intima begleitet. Dieselbe kann in den höchsten Graden bestehen, ohne zu irgend welcher Ausbauchung des Gefässlumens zu führen.

Stärkere Fettdegeneration an der Muscularis gibt sich schon makroskopisch durch Undurchsichtigkeit des Gefässes kund. Bei Färbung mit Methylenblau zeigen derart veränderte Gefässe eine grünliche, bei Anwendung von Haematoxylin eine gelbviolette oder gelbliche Farbe, bei Picrocarminfärbung einen graurothen Ton.

Granulöse Degeneration.

Neben der Fettdegeneration findet sich in einem grossen Theile der apoplektischen Gehirne eine andere Degenerationsform der Muscularis, die ich hier eingehender berücksichtigen muss, da dieselbe bisher bei Apoplektikern noch nicht beobachtet wurde und überhaupt noch sehr wenig gekannt ist. *Obersteiner* ist der einzige Autor, welcher die fragliche Veränderung erwähnt; seine bezüglichen Bemerkungen scheinen jedoch keine weitere Beachtung bisher gefunden zu haben. Nach *Obersteiner* [2]) verhält sich die Sache folgendermassen:

„Es sind immer nur Gruppen von einzelnen wenigen Muskelfasern, „die dieser Erkrankung anheimfallen. In der Substanz der Muskelzelle „entstehen einzelne, selten ganz runde, anfangs farblose Körperchen, „diese nehmen an Menge und Grösse zu, dann verschmelzen sie mit „denen der nächstliegenden Muskelfasern, bis sich endlich ein grob-„körniger, wenig durchsichtiger Herd gebildet hat, welcher entsprechend „der Länge der Muskelfasern, ein mehr oder minder bedeutendes Stück „der Gefässperipherie umfasst und wulstartig über die äusseren Grenzen „der Media hervorragt. Die Kerne der Muskelfasern sind verschwunden, „einige der eben beschriebenen, in den Muskelfasern entstandenen

---

[1]) S. Abbild. No. II.

[2]) *Obersteiner*, Wiener med. Jahrb. 1877. Heft II. S. 265.

„Körner haben sich zu grösseren, quergestellten Körpern vereinigt und eine „gelbliche Färbung angenommen. Allerdings kann dieser Process mit-„unter in der Nähe von solchen Stellen beobachtet werden, an denen „die im Vorigen beschriebene Muskelverfettung eingetreten war. Doch „war es mir auch auf chemischem Wege nicht möglich, die Ueber-„zeugung zu erlangen, dass es sich hier um eine Verfettung handle."

Obersteiner beobachtete die fragliche Veränderung mehrere Male; er bezeichnet dieselbe mit Rücksicht einerseits auf die Volumszunahme der Muskeln, andererseits auf den vorliegenden degenerativen Vorgang als Pseudohypertrophie. Die Zeichnung, welche *Obersteiner* seiner Darstellung beifügt, überzeugt mich mindestens ebenso sehr als letztere, dass die von mir beobachtete, im Nachfolgenden eingehender zu schildernde Veränderung mit der von *Obersteiner* beschriebenen identisch ist.

Nach meinen Beobachtungen tritt die in Rede stehende Erkrankung der Muscularis hinsichtlich ihrer Verbreitung in 3 Formen auf: isolirt, herdweise und diffus. Man findet bald nur vereinzelte Muskelfasern [1]) inmitten intacter oder andersartig veränderter (atrophischer, fettig entarteter), bald Gruppen von Fasern [2]), bestehend aus einer grösseren oder kleineren Anzahl solcher, von der Veränderung ergriffen. Mitunter zeigt aber auch die gesammte Musculatur eines Aestchens [3]) oder selbst eines Stämmchens mit sämmtlichen Zweigen die Degeneration. Diese kann also eine viel grössere Ausdehnung aufweisen, als *Obersteiner* beobachtete.

Das erste Stadium des Processes charakterisirt sich folgendermassen: Die Muskelfaser quillt auf, verbreitert sich und zeigt zugleich ein stärkeres Lichtbrechungsvermögen. Die Verbreiterung ist namentlich an den Muskelfasern kleinerer Gefässe z. Th. eine ganz ausserordentliche, so dass das Vielfache der Breite einer normalen Faser erreicht wird. [4]) Im Innern der veränderten Faser zeigt sich eine äusserst feine Körnung; von einem Muskelkerne ist dagegen nichts mehr zu entdecken. Da und dort treten nun grössere Körnchen oder Körperchen von verschiedener Gestalt im Innern der Faser auf. Die Contour derselben wird auch streckenweise unregelmässig, als hätten sich Stücke von ihr abgelöst. Die Faser wandelt sich nun entweder sofort in ihrem ganzen Umfange in eine grobkörnige Masse um, oder die Umwandlung erfolgt successive, so dass also z. B. eine Hälfte der Faser noch das feinkörnige, starklichtbrechende Aussehen besitzt, während die andere bereits grobgekörnt ist, oder das Mittelstück der Faser noch feingekörnt und glänzend erscheint, während die beiden Endstücke bereits deutlich die grobkörnige

---

[1]) Vergl. Abbild. No. III.
[2]) Vergl. Abbild. No. IV u. V.
[3]) Vergl. Abbild. No. VI.
[4]) Vergl. Abbild. No. IV.

Veränderung darbieten [1]). Mit der Zunahme der gröberen Körner und
der entsprechenden Verringerung der feinkörnigen Substanz in der
Muskelfaser erfährt letztere auch in der Färbung eine Veränderung.
Sie erscheint nunmehr gelblich und zeigt zugleich geringeres Lichtbrechungsvermögen. Bei Färbung mit Bismarkbraun präsentirt sich die grob-
körnig metamorphosirte Faser (Faserpartie) als röthlichgelb, rothbraun
oder einfach braun gefärbt, während die feinkörnige, glasig aufge-
quollene sehr lichtgelb erscheint. An manchen Stellen verschmelzen
die körnigen Massen der einzelnen Fasern und bilden so grössere Herde.
Die Verbreiterung der Muskelfaser gegen den Rand des Gefässes zu,
welchen die sich umbiegende Faser mit ihrem grössten Breitedurch-
messer des Oefteren umgibt, verleiht derselben namentlich an kleineren
Gefässen häufig die Gestalt eines Keiles, dessen Basis dem Rande des
Gefässes entspricht. Im weiteren Fortgange des Processes löst sich von
den dicht aneinander gedrängten körnigen Massen, als welche nunmehr
die Muskelfasern sich präsentiren, ein Theil ab [2]); der Zerfall der Fasern
leitet sich hiemit ein. Ist dieser einigermassen fortgeschritten, so findet
man (bei diffuser oder Herdform der Erkrankung) nur mehr grössere
Bruchstücke degenerirter Fasern neben kleineren und kleinsten Schollen
(Körnermassen und vereinzelten Körnchen) vor. Schliesslich kommt es
zu gänzlichem Untergange der Muscularis. An deren Stelle gewahrt
man nur mehr stellenweise grössere und kleinere Körner und Körnerhaufen, die da und dort durch ihre Anordnung in der Querrichtung
des Gefässes ihren Ursprung aus Muskelfasern documentiren. [3]) Auch
bei dieser Degenerationsform werden die Produkte des Zerfalls der
Muscularis (und der Intima) fortgeschwemmt und die kleineren Aeste
mit denselben vielfach bis zur Verstopfung angefüllt. Die Hauptstadien
des im Vorstehenden geschilderten Processes, die Aufquellung und Verbreiterung der Muskelzellen, die grobkörnige Umwandlung, endlich der
Zerfall derselben finden sich mitunter sämmtlich in einer kleinen Gruppe
von Muskelzellen neben einander vor, so dass über die Aufeinanderfolge und Zusammengehörigkeit der dargelegten Vorgänge kein Zweifel
bestehen kann. Andere Male findet sich an ausgedehnten Gefässstrecken die Muscularis im gleichen Stadium der Veränderung. Dies
ist nach meinen Wahrnehmungen nur bei der diffusen Form der Ausbreitung des Processes der Fall. Bei der isolirten Form und in kleineren
Herden finden sich gewöhnlich verschiedene Stadien neben einander
vertreten. Was schliesslich die Vertheilung der Degeneration an Gefässen verschiedenen Calibers betrifft, so ist zu bemerken, dass die

---

[1]) Vergl. Abbild. No. IV.
[2]) Vergl. Abbild. No. V.
[3]) Vergl. Abbild. No. VI u. XXII—XXIV.

isolirte und die Herdform sich überwiegend an Gefässen grösseren
Calibers, die diffuse Form dagegen an kleinen und kleinsten Gefässen
findet. Die von *Obersteiner* gewählte Bezeichnung Pseudohypertrophie
scheint mir für die hier vorliegende Erkrankungsform der Muscularis
mit Rücksicht auf den schliesslichen Ausgang derselben ungeeignet.
Ich bezeichne den Process, um nichts zu präjudiciren, mich einfach auf
die beobachteten Vorgänge stützend, als g r a n u l ö s e   D e g e n e r a t i o n
d e r   M u s c u l a r i s.

Die Intima bleibt bei dieser Erkrankung der Muscularis keineswegs
ganz unbetheiligt. In den Anfangsstadien des Processes kann man
selbst bei diffuser Ausbreitung desselben häufig die Endothelkerne ganz
intact und die Längsstreifung der Membrana fenestrata ganz deutlich
wahrnehmen. Ist es dagegen bereits zum Zerfall der Muskelfasern in
einiger Ausdehnung gekommen, so zeigt auch die Intima gewöhnlich
Veränderungen. Man gewahrt alsdann, dass die Längsstreifung der
Membrana fenestrata entweder fehlt oder sehr schwach angedeutet ist.
Von den Endothelkernen ist nur sehr vereinzelt ein wohlerhaltenes
Exemplar aufzufinden; an Stelle derselben präsentiren sich zumeist
grössere oder kleinere, in der Längsrichtung des Gefässes sich hinziehende dunkle, aus feinen Körnchen bestehende Massen, welche denen
ähneln, die in der Muscularisschicht zu beobachten sind. An einzelnen
Stellen sieht man deutlich die degenerirten Muskelelemente, i. e. die
diesen entsprechenden Körneraggregate im rechten Winkel (in der
Querrichtung des Gefässes) über diese Massen hinwegziehend[1]). Die
kleineren dieser Körnchenanhäufungen bekunden oft durch ihre Form
und Anordnung ihre Abstammung von Endothelkernen.[2]). Daneben
sieht man zuweilen einzelne schmale, geschrumpfte Endothelkerne. Die
eben erwähnten Körnchenhaufen zerfallen schliesslich ebenso wie die der
Muskelschicht angehörigen und werden z. Th. in die kleineren Aeste
fortgeschwemmt. Die in Rede stehende Veränderung der Intima findet
sich nur bei der diffusen Form der granulösen Degeneration der Muscularis, und umgekehrt combinirt sich letztere nur mit der fraglichen
Intimaveränderung. Dagegen trifft man die isolirte und Herdform der
granulösen Degeneration der Muscularis zuweilen mit Atheromatose
der Intima vergesellschaftet, i. e. man beobachtet bei Atheromatose
der Intima gelegentlich inmitten von atrophischen oder fettig degenerirten
Muskelfasern vereinzelte oder Gruppen von Fasern, welche die Merkmale
der granulösen Degeneration darbieten.[3]) Auch die granulöse Degeneration

---

[1]) Vergl. Abbild. No. VI.

[2]) Die grösseren Massen bestehen jedenfalls z. Th. aus der losgelösten, körnig
degenerirten Endothelschicht.

[3]) Vergl. Abbild. No. X.

kann ausgedehnte Gefässstrecken befallen und zu völligem Untergange
der Muscularis führen, ohne eine Lumensveränderung des Gefässes zu
bedingen, sie verbindet sich jedoch öfters, wie wir sehen werden,
ebenso wie die Fettdegeneration mit der Bildung von Miliaraneurysmen.

Bevor ich zur Besprechung weiterer Veränderungen der Muscularis
übergehe, halte ich es für wünschenswerth, die Frage zu berühren, ob
die hier geschilderte Degeneration nicht etwa identisch sei mit der von
Johnson, *Ewald* u. A. beschriebenen Hypertrophie der Muscularis kleinster
Gehirngefässe. Mir liegt nur die Arbeit *Ewald*'s im Original vor.[1])
Ewald versichert, dass das, was er beobachtete, immer eine einfache
Massenzunahme der Muskelfasern war; von einem molekularen Zerfall
letzterer oder irgend einer anderen Form der Degeneration derselben
konnte er nichts wahrnehmen (bei Ausschluss anderweitiger Veränderungen, wie Atherom, Endarteritis etc.). Wenn auch nach diesen Bemerkungen noch irgend ein Zweifel über die Verschiedenheit der von
Ewald beobachteten Muscularisveränderung und der granulösen Degeneration bestehen könnte, so würde derselbe durch die der Arbeit *Ewald*'s
beigegebenen Zeichnungen beseitigt werden müssen. Ein Vergleich dieser
mit unseren die granulöse Degeneration der Muscularis darstellenden
Abbildungen zeigt wohl zur vollsten Evidenz, dass hier ganz verschiedene
Dinge vorliegen. Man könnte ferner daran denken, dass unsere granulöse Degeneration mit der Amyloiddegeneration der Autoren identisch
sei, zumal *Roth* als letztere Veränderungen der Muscularis bei Apoplektikern beschreibt, die den in den Anfangsstadien der granulösen
Degeneration auftretenden sehr ähneln (Verdickung der Fasern etc.).
Um auch in dieser Richtung mir völlige Klarheit zu verschaffen, prüfte
ich bei einer grösseren Anzahl von Präparaten mit granulöser Degeneration auf die Amyloiddegeneration vermittelst Jod- und Schwefelsäure-
einwirkung[2]). Hiebei ergab sich an keiner einzigen granulös degenerirten Faser eine Blau- oder Rothbraunfärbung, wie sie *Roth* beobachtete.
Die degenerirten Fasern zeigten vielmehr constant die gleiche gelbe
Färbung wie die intacten. Die Annahme, dass es sich bei der fraglichen
Veränderung um Amyloiddegeneration handelt, ist hiemit wohl ausgeschlossen. Endlich habe ich wie *Obersteiner* keinen Anhaltspunkt
dafür gewinnen können, dass ein Verfettungsprocess vorliegt. Ich vermochte an den granulös degenerirten Muskelelementen einer Anzahl
von Gefässen selbst nach längerem Einlegen in Aether irgend eine
Aenderung in Folge dieser Procedur nicht wahrzunehmen.

Die granulöse Degeneration der Muscularis ist — im Grossen und
Ganzen betrachtet — kein seltenes Vorkommniss an den Hirngefässen.

---

[1]) *Ewald*, Ueber die Veränderungen kleiner Gefässe bei Morbus Brigthii. Virch.
Arch. 71. Band. 4. Heft. S. 462; 1877.

[2]) Die Prüfung wurde nach den Angaben *Kyber*'s (Virch. Arch. 81. Band) vorgenommen.

Ich konnte dieselbe, abgesehen von den Fällen mit Hirnblutung, in einer ansehnlichen Zahl von Gehirnen constatiren. Besonders häufig fand ich dieselbe an den Hirngefässen bejahrter Individuen und es scheint mir dieselbe zu denjenigen Veränderungen der Hirnarterien zu zählen, für welche das Senium eine Prädisposition schafft.

Von sonstigen Veränderungen der Muscularis ist zunächst die fibroide oder bindegewebige Degeneration zu erwähnen. Hiebei wandelt sich die Muscularis in eine aus sehr feinen und zum Theil leichtgewellten Längsfasern bestehende Masse um. Intima und Adventitia können hiebei deutlich erhalten sein. Vielfach greift jedoch die fibrilläre Metamorphose auf die genannten Theile über, so dass schliesslich sämmtliche Gefässhäute in eine gleichartige, feinfaserige Masse verwandelt sind; das Lumen des Gefässes geht hiebei häufig ganz verloren oder erfährt eine hochgradige Einengung [1]). Mitunter scheint die fragliche Veränderung ihren Ausgangspunkt von der Adventitia zu nehmen und erst secundär die Media und Intima zu ergreifen. Ich beobachtete wenigstens mehrfach, dass an Gefässstellen, an welchen sich die Adventitia im Zustande der Verdichtung und Umwandlung in fibrilläres Gewebe befand, einzelne der abgehenden Zweige die fibroide Degeneration zeigten.[2]) Die fibrilläre Masse, aus welcher die betreffenden Zweige bestanden, erwies sich hiebei völlig gleichartig derjenigen, die die Adventitia bildete. Ob es sich hiebei übrigens um ächtes Bindegewebe handelt, bin ich ebensowenig wie *Obersteiner* zu entscheiden im Stande. Die Aehnlichkeit der betreffenden Fasermassen mit Bindegewebe ist jedenfalls eine sehr ausgesprochene. Die eben beschriebene Degenerationsform findet sich vorwaltend an kleineren und kleinsten Arterien (und eben solchen Venen). Besonders häufig begegnet man derselben an den Piagefässen, seltener an den Gefässen der Basalganglien und der Marksubstanz der Hemisphären. Eine Veränderung der Muscularis, die sich als hyaline Entartung auffassen lässt, habe ich an apoplektischen Gehirnen selten und nur an Arterien kleinsten Calibers beobachtet. Die Muskelfasern erscheinen hiebei etwas aufgequollen, blass oder gar nicht gefärbt (bei Picrocarmin oder Bismarkbraunfärbung), undeutlich von der ebenfalls aufgequollenen Adventitia abgegrenzt. Die Kerne sind zum Theil verstümmelt, wie abgebrochen, zum Theil mangeln sie völlig. Ich muss hier beifügen, dass, wenn auch die typische fibroide Degeneration sich in ganz auffälliger Weise von der hyalinen Entartung (*Neelsens* u. A.) unterscheidet, dennoch zwischen beiden Gefässerkrankungen mancherlei Uebergangsformen existiren, auf welche näher einzugehen ich mir an dieser Stelle aus räumlichen Gründen versagen muss. Ich will hier nur noch einer von mir mehrfach beobachteten eigenartigen Gefässveränderung gedenken, die den eben genannten Degenerationsformen

---

[1]) Vergl. Abbild. No. VIII a.
[2]) Vergl. Abbild. No. VIII.

offenbar verwandt ist, ohne sich jedoch mit einer derselben vorerst identificiren zu lassen. An Stelle der Muscularis und Intima findet sich hiebei ein stark glänzender Strang, an dem eine z. Th. noch recht deutliche Querstreifung auf die Abstammung von Muskelfasern hinweist. Die Adventitia wird durch eine mattweisse, schwach längsgestrichelte Masse repräsentirt, die in ihren Dimensionen zum Theil der normalen Adventitia entspricht, stellenweise aber ganz enorm anschwillt, so dass sie das Zehnfache und noch mehr des Umfanges des eigentlichen Gefässrohres erreicht. Die mitunter mehrfach hintereinander folgenden Verengerungen und Anschwellungen der Adventitia, welch' letztere zum Theil auch noch secundäre partielle Ausstülpungen zeigen, verleihen dem ganzen Gefässe ein höchst eigenthümliches Aussehen.

Erkrankungen der Adventitia.

Von den drei Gefässhäuten ist die Adventitia diejenige, die relativ am Seltensten ausgesprochene pathologische Veränderungen darbietet. Sie findet sich ausserordentlich oft selbst bei hochgradiger Erkrankung der Media und Intima völlig intact. Unter den verschiedenartigen Veränderungen, welche diese Membran erfährt, bildet die Kernvermehrung an derselben eines der häufigsten Vorkommnisse. Hiebei ist jedoch zu berücksichtigen, dass der Kernreichthum der Adventitia an zweifellos normalen Gefässen ein sehr wechselnder ist und desshalb eine Grenze, woselbst eine pathologische Kernanhäufung beginnt, sich nicht genau ziehen lässt. Ich nehme daher einen pathologischen Kernreichthum der Adventitia (eine Kernwucherung) nur da an, wo es sich um sehr erhebliche Anhäufung dieser Gebilde handelt. Solche kann sowohl diffus über grössere Gefässstrecken sich ausdehnend, als an umschriebenen Stellen vorkommen. Ungemein dichte Anhäufungen der in Rede stehenden Kerne findet man namentlich oft an grösseren Ausbuchtungen der Adventitia (bei geschlängelten Gefässen an den Stellen, an welchen die A. Gefässcurven überbrückt). Hiebei kann die Membran sich im Uebrigen vollkommen normal zeigen. Eine Veränderung, welche die Adventitialkerne nicht ganz selten erfahren, ist die Verfettung. In diesem Sinne deute ich wenigstens die Beobachtung, dass mitunter an grösseren Gefässstrecken (ebenso auch an Adventitialektasieen) nicht ein deutlich erhaltener Adventitialkern aufzufinden ist, dagegen von Strecke zu Strecke an der Adventitia Häufchen von Fetttröpfchen, die in ihrer Grösse und Configuration an Adventitialkerne erinnern, z. T. auch Fragmente von Adventitialkernen zusammen mit Fetttröpfchen sich wahrnehmen lassen. Diese Alteration findet sich namentlich öfters bei intensiver Fettdegeneration der Muscularis.

Häufig, jedoch keineswegs immer, verbindet sich mit der Kernwucherung eine weitere Veränderung der Adventitia, die feinfaserige Verdickung (Hypertrophie) dieser Membran. Der Adventitialsaum an den Rändern des Gefässes erscheint hier verbreitert, die Membran zeigt feine, in der Längsrichtung des Gefässes verlaufende, leichtwellige Streifen und hat an Durchsichtigkeit erheblich verloren, so dass die Wahrnehmung der unterliegenden Schichten erschwert ist. In den fortgeschritteneren Stadien des Processes präsentirt sich die Adventitia in ein ziemlich dickes feinfaseriges Gewebe verwandelt, das schleierartig das Gefässrohr umgibt und die Beobachtung der inneren Gefässhäute fast unmöglich macht. Hiebei ist mitunter von Adventitialkernen nichts mehr zu entdecken.[1] Auch die scharfe Begrenzung an den Rändern des Gefässes geht z. Th. verloren; Fetzen, aus faserigem oder körnigfaserigem Gewebe bestehend, haften der Membran an verschiedenen Stellen an; die veränderte A. verschmilzt, wie es scheint, mit dem Gliagewebe, so dass an Zupfpräparaten Massen des letzteren hängen bleiben. Diese Veränderung vollzieht sich in vielen Fällen nicht völlig gleichmässig an der ganzen Peripherie des Gefässes. Man beobachtet häufig die Adventitia an dem einen Rande der Arterie erheblich mehr verbreitert als an dem anderen, namentlich aber überwiegt oft die Verdickung an gewissen Gefässstellen, z. B. an den Curven bei sich schlängelnden Arterien, ferner in den Astwinkeln an den Abtrittstellen von Zweigen bedeutend die der angrenzenden Partieen. Auch sonst zeigt die Verdickung der Adventitia in ihrer Ausbreitung manches Eigenthümliche. Sie findet sich mitunter an einem Stamme mit sehr zahlreichen Verzweigungen nur an einem einzigen Aestchen vertreten und verschont andererseits wieder unter allen den Aestchen eines Stammes das eine oder andere; sie kann ferner in dem Verlaufe eines Gefässes ziemlich abrupt auftreten und ebenso sich wieder verlieren. Was die Genese der eben besprochenen Veränderung der Adventitia und der Kernwucherung an dieser anbelangt, so scheinen manche Umstände dafür zu sprechen, dass dieselben z. Th. wenigstens mit Stauung der Lymphe im Adventitialraum in einem gewissen Zusammenhange stehen. Die erwähnte Bevorzugung einzelner Localitäten (Astwinkel, Curven bei geschlängelten Gefässen), an welchen die Fortbewegung der Lymphe im Adventitialraum erschwert ist, weist wenigstens auf einen derartigen Connex hin, und dieser wird um so wahrscheinlicher, wenn wir berücksichtigen, dass die Adv. als selbständige Gefässhaut bezüglich ihrer Ernährung im Wesentlichen auf die Lymphe im Adventitialraum angewiesen ist. Eine weitere häufig beobachtete Veränderung der Adventitia ist die Erweiterung (Ektasie) derselben. Diese ist bald diffus und findet sich alsdann namentlich an Gefässen, die gewisse Schlängelungen zeigen; das Gefässrohr erscheint alsdann von einem weiten Sacke umgeben.[2] Oder dieselbe tritt mehr umschrieben in Form einer blasigen

---

[1] Vergl. Abbild. No. VIII.

[2] Mässige Erweiterungen des Adventitialrohres müssen als Vorkommnisse, die noch in das Bereich des Normalen gehören, bezeichnet werden. Als pathologisch können nur beträchtliche Ektasien der Adventitia angesehen werden.

Ausstülpung auf. Bei der diffusen Form zeigt sich mitunter auch das Muscularisrohr auf eine grössere oder kleinere Strecke erweitert. Das Verhalten der Membran an den ektatischen Stellen variirt sehr erheblich. Häufig zeigt sich dieselbe (abgesehen von der Erweiterung) völlig normal; zum Mindesten eben so oft findet sich aber eine ausgesprochene Kernvermehrung an derselben, deren bereits Erwähnung geschah. Sehr selten dagegen ist die ektatische Adventitia auch verdickt, so dass die Wahrnehmung des Adventitialrauminhaltes und der Innenhäute erschwert ist. Mit dieser Verdickung ist gewöhnlich eine Kernvermehrung verbunden. Des Umstandes, dass die bindegewebige Degeneration der Muscularis zuweilen ihren Ausgang von einer Verdickung und feinfaserigen Umwandlung der Adventitia nimmt, wurde bereits Erwähnung gethan. Ebenso, dass andererseits die fibroide Degeneration zuweilen von der Muscularis auf die Adventitia übergreift. Unter gewissen Umständen, nämlich bei Atheromatose der Intima mit Untergang der Muscularis kann es auch zu einer Verschmelzung der Adventitia mit der Intima kommen, wie wir bereits sahen.

Die eben beschriebene feinfibrilläre Verdickung der Adventitia verbindet sich zuweilen mit einem weiteren Wucherungsvorgange. Man sieht die verbreiterte, nach Art eines dichten Schleiers das Muscularisrohr umgebende Adventitia an einer grösseren oder kleineren Strecke mit zahlreichen zotten- oder beerenartigen Auswüchsen besetzt. Aehnliche Gebilde können auch an Gefässen vorkommen, deren Adventitia weder Verdickung noch Erweiterung aufweist; häufiger scheinen jedoch diese Wucherungen aus Adventialektasieen mit oder ohne Verdickung hervorzugehen. Aehnliche Auswüchse an der Adventitia wurden von *Arndt*[1] u. A. beschrieben.

Die in Rede stehenden Adventitialwucherungen können sich mit fibroider Degeneration der Innenhäute verbinden. Die Zahl der Veränderungen, welche die Adventitia in apoplektischen Gehirnen darbietet, ist hiemit indess noch nicht erschöpft. In mehreren Fällen zeigte diese Membran an einzelnen Gefässen vorzugsweise kleineren und kleinsten Calibers ein eigenthümlich glänzendes gequollenes Aussehen ähnlich dem hyalin degenerirter Capillaren. Man konnte auch zuweilen von der solchergestalt veränderten Adv. hyalin entartete Capillaren (vasa vasorum) abtreten sehen, die ohne bestimmte Grenze in die Masse der Adventitia übergingen. Die Muscularis erschien hiebei z. Th. in ähnlicher Weise, wie bereits erwähnt wurde, verändert, z. Th. auch intact oder in fettiger Degeneration begriffen.

---

[1] *Arndt*, Virch. Arch. 72. Bd., S. 453. Auf die Structur dieser Adventitialzotten hier näher einzugehen, muss ich mir aus räumlichen Gründen versagen; ich werde an anderer Stelle auf diese interessanten Bildungen zurückkommen.

- Auch der Inhalt [1]) des adventitiellen Lymphraumes bietet mancherlei Bemerkenswerthes. Ueberwiegend entspricht derselbe allerdings hinsichtlich der Art und Menge seiner Bestandtheile dem, was man in normalen Gefässen vorfindet, allein es kommen auch mancherlei Abweichungen in dieser Beziehung vor. Bei diffusen sowohl als mehr umschriebenen Adventitialerweiterungen ist der Adventitialraum häufig mit Fett- und Pigmentmassen, denen Rundzellen und Pigmentkörperchen in grösserer oder geringerer Zahl beigemengt sind, derart angefüllt, dass die Wahrnehmung des eigentlichen Gefässrohres sehr erschwert ist. Vermengt mit den erwähnten Bestandtheilen, finden sich im Adventitialraume zuweilen noch 2 Arten von Zellen, die z. Th. nur sparsam unter die übrigen Formelemente eingestreut sind, z. Th. aber auch in grösserer Anzahl auftreten. Die eine Zellart entspricht in ihrer Gestaltung rothen Blutkörperchen, d. h. die betreffenden Elemente bestehen aus einer runden Scheibe mit sehr deutlicher centraler Depression, übertreffen jedoch an Grösse normale Blutkörperchen um das Vielfache. Die andere Zellgruppe wird durch ebenfalls runde, etwas glänzende, blassere Elemente gebildet, die entweder völlig homogen erscheinen oder neben einer homogenen lichteren Randpartie ein etwas dunkleres, feinkörniges Centrum (jedoch ohne Depression) zeigen. Die Grösse dieser Elemente beträgt das Mehrfache der gewöhnlich im Adventitialraume sich findenden Rundzellen, doch finden sich auch Uebergangsformen zwischen den Elementen von der erwähnten Dimension bis herab zu normalen Rundzellen. Beide in Rede stehende Zellformen erscheinen z. Th. verstümmelt, mitunter offenbar in Zerfall begriffen, einzelne Exemplare derselben auch mit Fett oder Pigmentkügelchen besetzt. Ich habe in Verfolgung dieser Elemente den Eindruck gewonnen, dass sich die erstgenannte Gruppe von Zellen mindestens theilweise in Pigmentmassen (Kugeln, Schollen [2]) umwandelt, während die Zellen der 2. Art eine Uebergangsstufe in der Metamorphose der Rundzellen zu Fettkörnchenzellen repräsentiren. Letztere Gebilde stellen keineswegs selten das Hauptconstituens des den Adventitialraum ausfüllenden Inhaltes dar. Namentlich in den Wandungen älterer apoplektischer Herde findet sich gewöhnlich eine grössere Anzahl von Arterien, deren Adventitialraum mit Fettkörnchenzellen ähnlich wie bei den Gefässen in Erweichungsherden vollgepfropft ist, so dass auf grössere Gefässstrecken oft die

---

[1]) Als Inhalt des Adventitialraumes betrachte ich Alles, was zwischen Adventitia und Muscularis sich vorfindet, gleichgiltig ob das Betreffende an der Innenfläche der Adventitia abgelagert oder frei im adventitiellen Lymphraum suspendirt ist.

[2]) Es handelt sich hiebei um die von *Obersteiner* beschriebene 4. Art des Pigmentes, das sich an der Adventitia findet. Nach *Obersteiner* soll diese Pigmentart als ein Derivat des ursprünglich an den Gefässen vorhandenen Fettes anzusehen sein (Wien. med. Jahrb. l. c. S. 252); ich kann dieser Anschauung nach meinen Wahrnehmungen für einen Theil des in Rede stehenden Pigmentes wenigstens nicht beitreten.

Wahrnehmung der inneren Gefässhäute ganz unmöglich ist, und das Gefäss schon makroscopisch weisslich und undurchsichtig erscheint. Die Adventitia ist hiebei mitunter an einzelnen Stellen beutel- oder sackartig ausgestülpt, so dass makroskopisch der Anschein einer aneurysmatischen Gefässerweiterung entsteht. Mit den Fettkörnchenzellen finden sich gewöhnlich Rundzellen in geringer Zahl, vereinzelt auch Blutkörperchen vermengt. An einzelnen Stellen der fraglichen Gefässe überwiegen jedoch die Rundzellen über die Fettkörnchenzellen; es kommt, allerdings selten, selbst zu einer fast gänzlichen Verdrängung letzterer durch erstere.

Von diesen Fällen abgesehen, in welchen die Anhäufung von Rundzellen im Adventitialraume wohl auf vermehrte Auswanderung dieser Elemente bezogen werden muss, finden sich Ansammlungen von Rundzellen in grösserer Anzahl im Adventitialraume keineswegs sehr häufig, in einzelnen apoplektischen Gehirnen sogar ausserordentlich spärlich und vorwaltend unter Verhältnissen, welche auf eine Entstehung derselben durch Stauungsvorgänge hinweisen. Die betreffenden Rundzellenanhäufungen werden nämlich zumeist an Astwinkeln, an Gefässcurven, ferner an Stellen, an welchen das Gefässrohr eine aneurysmatische Erweiterung erfährt, angetroffen.[1]

Blutkörperchen bilden keineswegs immer einen untergeordneten Bestandtheil des Adventitialrauminhaltes. Von dem Auftreten vereinzelter da und dort eingestreuter Blutkörperchen finden sich alle Uebergänge bis zur vollständigen Anfüllung des Adventitialraumes mit denselben. Indess sind in einzelnen apoplektischen Gehirnen Blutkörperchen im Adventitialraume nur spärlich vertreten, während in anderen beträchtlichere Anhäufungen dieser Elemente über grössere Gefässstrecken häufige Vorkommnisse bilden und endlich in einer weiteren Anzahl von Fällen auch vollständige Anfüllungen des Adventitialraumes mit Blut z. Th. unter umschriebener oder mehr diffuser Ausstülpung der Adventitia sich finden. In letzterem Falle haben wir ein sogenanntes Aneurysma spurium oder dissecans vor uns. Die Formen dieser dissecirenden An. variiren sehr erheblich. Bald ist die Muscularis auf längere Strecken von einer mässig dicken Lage Blutes und nur partiell umscheidet. Die Adventitia ist hier durch die Blutmasse von der Muscularis abgehoben, zeigt jedoch keinerlei abnorme Ausdehnung. Bald ist das Muscularisrohr an grösseren oder kleineren Strecken allseitig und von so erheblichen Blutmassen umgeben, dass eine Wahrnehmung desselben und der Intima an den betreffenden Stellen nicht mehr möglich ist. Die Adventitia kann hiebei zu kugelartiger Rundung ausgebuchtet sein oder eine mehr eiförmige oder sackartige Ausweitung zeigen. Das eigentliche Gefässrohr nimmt, wie man an Querschnitten sieht, in diesen Fällen

---

[1] Vergl. Abbild. No. XIX, XX, XXI.

keineswegs immer eine centrale Lage in der Ausbauchung ein. Zuweilen endlich zeigt sich die Adventitia nur auf einer Seite des Gefässes beutelartig ausgestülpt. Vielfach finden sich mehrere dissecirende An. an einem und demselben Stämmchen und dessen Verzweigungen. An einem meiner Präparate lassen sich an einem kleinen Stämmchen und dessen Verästelungen bis in die Capillaren wenigstens 50, z. Th. sehr zierliche dissecirende Aneurysmen zählen [1]), einzelne Aestchen weisen diese sogar in mehrfacher Aufeinanderfolge bei völlig gleicher Form auf. Ausser rothen Blutkörperchen findet man bei dissecirenden Aneurysmen im Adventitialraume vereinzelte weisse, z. Th. in verschiedenen Metamorphosen begriffen; ferner Fibrin, welches auf Querschnitten in Form eines zierlich angeordneten Netzes den Adventitialraum durchzieht, endlich Pigmentmassen und andere der sonst im Adventitialraume vorkommenden Formbestandtheile. Was nun die Genese dieser subadventitiellen Blutanhäufungen anbelangt, so kommen dieselben nach der von *Kölliker* und *Pestalozzi* zuerst ausgesprochenen und noch derzeit herrschenden Ansicht dadurch zu Stande, dass Intima und Muscularis zerreissen und das Blut durch die Rissstelle unter die Adventitia austritt, die je nach ihrem Umfange und ihrer Elasticität mehr oder minder weit hervorgestülpt wird. Allein den Riss, der hier vorhanden sein soll, hat noch Niemand gesehen. Auch liegen über die Veränderungen der Gefässwand, die auch hier wohl der Zerreissung — falls eine solche statthat — vorhergehen müssen, keinerlei Beobachtungen vor. Ich konnte ebenfalls eine Rissstelle an den zahlreichen diss. An., die ich zu untersuchen Gelegenheit hatte, nicht auffinden. Dieser Umstand sowie die sehr umschriebene Form, welche die Ergüsse vielfach zeigen, und die keineswegs seltene mehrfache Aufeinanderfolge derselben an einem und demselben Ast in gleicher Form schien mir nicht gerade zu Gunsten dieser Theorie zu sprechen. Um jedoch etwas mehr Klarheit in der Sache zu erlangen, fertigte ich Schnittserien von mehreren gehärteten Präparaten an, deren Untersuchung Folgendes ergab: Eine deutliche Continuitätstrennung der inneren Häute, die mit Sicherheit auf einen vorher bestehenden Riss sich beziehen liess, konnte an keinem Schnitte wahrgenommen werden, dagegen zeigte sich an einzelnen Schnitten eines Präparates (eiförmiges diss. An.), die ungefähr der Mitte der Ausbauchung entsprechen, eine deutliche und sehr beträchtliche Verdünnung einer Partie der inneren Häute. Während in den vorhergehenden Schnitten die Muskelfasern noch einen mehrfachen continuirlichen Ring um die Membrana fenestrata herum bildeten, erschien zunächst die Muscularis an einem Theile

---

[1]) Vergl. Abbild. No. IX.

[2]) Letztere bildeten früher Gegenstand vielfacher Discussion (*Gluge's* Entzündungskugeln etc.).

des Gefässrohres auf eine einzige Faser reducirt und auch diese schwand in den nächsten Schnitten, so dass die Membr. fenest. in einer gewissen Ausdehnung die innere Begrenzung des Adventitialraumes bildete. Indess beschränkte sich die Veränderung hierauf nicht; auch die Membrana fenestrata zeigte in den folgenden Schnitten eine hochgradige Verdünnung, so dass schliesslich das Gefässlumen nur mehr durch einen äusserst feinen Saum von dem Adventitialraume abgegrenzt wurde. Eine deutliche Lücke liess sich jedoch in diesem Saume nicht erkennen. [1]) Diese ganze Veränderung erstreckte sich nur über einen kleinen Theil der Ausbauchung, denn in den nächstfolgenden Schnitten zeigten sich bereits Muscularis und Intima in der alten Stärke wieder. Ausserdem gewahrte man an einzelnen Schnitten weisse und rothe Blutkörperchen inmitten der Muscularis eingelagert. Man überraschte sozusagen diese Gebilde während ihrer Auswanderung in den Adventitialraum. Nach diesen Beobachtungen lässt sich nicht bezweifeln, dass die Gefässveränderung, welche der Bildung dissecirender Aneurysmen zu Grunde liegt, mindestens in einem Theil der Fälle in einem partiellen Schwunde der Muscularis und Intima besteht. Ist dieser weit genug gediehen, so erfolgt an einer Stelle in dem verdünnten Gefässwandabschnitte eine wahrscheinlich nur minimale Continuitätstrennung, durch welche ein gewisses Quantum Blut austritt; durch das Gerinnen dieser Blutmasse wird die entstandene kleine Oeffnung sofort wieder verlegt. Ausserdem habe ich an einzelnen dissecirenden Aneurysmen deutliche Fettdegeneration der Muscularis und Intima beobachtet. Die grösseren kugel- oder sackförmigen dissecirenden Aneurysmen kommen dadurch zu Stande, dass die Blutung in bereits bestehende Adventitialerweiterungen hinein erfolgt, die alsdann durch den Druck des Blutes noch eine gewisse Ausdehnung erfahren mögen. Jedenfalls lässt sich nicht annehmen, dass das austretende Blut allein eine Ausstülpung der Adventitia von solcher Mächtigkeit, wie sie an dissecirenden Aneurysmen z. Th. beobachtet wird, herbeiführen kann, ohne eine Zerreissung dieser zarten Membran zu gleicher Zeit zu bewirken. Ich muss hier beifügen, dass an den von mir durchmusterten Querschnitten irgend eine Verdickung der Adventitia, welche etwa als Ursache ihrer Nichtzerreissung angesehen werden könnte, sich nicht nachweissen liess. Für manche namentlich kleine dissecirende Aneurysmen scheint mir aber auch eine Genese ohne jegliche Continuitätstrennung der Innenhäute, lediglich durch Auswanderung der Blutkörperchen per diapedesin wohl möglich. [2])

---

[1]) Vergl. Abbild. No. XII.

[2]) Dass an den dissecirenden Aneurysmen die Adventitia platzen, und so Blutungen in das Gehirn erfolgen können, unterliegt keinem Zweifel. Namentlich in der Umgebung apoplektischer Herde beobachtet man öfters dissecirende Aneurysmen, an welchen die Adventitia geborsten ist. Es handelt sich hier wohl zumeist um secundäre Rupturen (Folgen des Druckes des ergossenen Blutes auf die Umgebung.)

Miliaraneurysmen und diffuse Ektasieen.

Eine Theilerscheinung der Veränderungen, welche der arterielle Apparat in apoplektischen Gehirnen darbietet, bilden die sogenannten Miliaraneurysmen.

Bevor ich meine Beobachtungen bezüglich dieser Gebilde mittheile, halte ich es für wünschenswerth, einige Bemerkungen über die Ausbauchungen des Gefässrohres, welche an den intracerebralen Arterien sich beobachten lassen, voranzuschicken, weil erst hierdurch der Begriff des miliaren Aneurysma's einer schärferen Präcisirung zugänglich wird.

Von den verschiedenartigen Ausbauchungen des Adventitialrohres allein war im Vorhergehenden bereits die Rede. Auch das eigentliche Gefässrohr, i. e. die inneren Gefässhäute zeigen Lumensveränderungen von umschriebener sowohl als diffuser Form. 1) Umschriebene Anschwellungen des Gefässrohres beobachtet man ganz gewöhnlich an Stellen, an welchen Arterien sich theilen oder grössere Aeste von denselben abgehen. Die Ausbauchung des Gefässrohres kann hiebei mehr minder ausgesprochen sein und bildet, soferne an der betreffenden Stelle Texturveränderungen an den inneren Häuten nicht wahrnehmbar sind, ein normales Vorkommniss. Durch Erkrankung der inneren Häute kann hier die normale Ausbauchung eine Vergrösserung erfahren. 2) Man beobachtet ferner nicht selten und zwar namentlich an kleineren Gefässen mehr minder zahlreiche, in grösseren oder kleineren Abständen aufeinanderfolgende, schwache Ausbauchungen des Gefässrohres ohne irgend welche Veränderungen der inneren Häute. Die Adventitia betheiligt sich hiebei zumeist an den aufeinanderfolgenden Erweiterungen und Verengerungen nicht, sondern zieht in gleicher Weite dahin. Diese Erscheinung fand *Obersteiner* häufig an Gehirnen von Personen, welche an chronischen Geisteskrankheiten litten, namentlich bei Paralytikern. Er glaubt, dass eine partielle Parese einzelner Fasergruppen der Muscularis oder wenigstens eine Verringerung des Muskeltonus (eine Folge vasomotorischer Störungen) diese Veränderung herbeiführe. [1] Die fragliche Erscheinung fand ich in der Mehrzahl der apoplektischen Gehirne vertreten. Häufiger als an Gefässen mit intacten inneren Häuten tritt die Rosenkranzform des Muscularisrohres, wie man die in Rede stehende Veränderung wohl bezeichnen kann, bei Apoplektikern an Arterien auf, deren Muscularis und Intima verschiedene Alterationen (Atrophie, fettige oder granulöse Degeneration) darbieten. [2] Hiebei können einzelne der fraglichen Ausbauchungen einen Umfang erreichen, dass sie der sub 5 anzuführenden Gruppe zugewiesen werden müssen. 3) Scheinbare Aus-

---

[1] *Obersteiner*, Brain, October 1884, S. 806.
[2] Vergl. Abbild. No. VII.

bauchungen des Muscularisrohres entstehen nicht selten an einzelnen
Gefässstrecken durch ungleiche Retraction der Muskelfasern. Indem
sich diese Elemente an grösseren oder kleineren Gefässpartieen stark zu-
sammenziehen, erscheinen die zwischenliegenden Stellen des Muscularisrohres mit geringerer oder mangelnder Retraction ausgebaucht. Eine
Verwechslung dieser Form mit der sub 2 erwähnten ist dadurch ausgeschlossen, dass hier einerseits eine wirkliche Verengerung des Muscularisrohres, andererseits nur eine anscheinende Erweiterung desselben
vorliegt, während bei der sub 2 angeführten Form das Umgekehrte,
eine thatsächliche Erweiterung und eine scheinbare Verengerung des
Muscularisrohres sich findet. Die in Rede stehende Erscheinung wird
namentlich an Gefässen beobachtet, die kürzere Zeit nach dem Tode
zur Untersuchung gelangen; mir scheint es daher, dass es sich hiebei
um eine postmortale Veränderung handelt, die mit der Todtenstarre der
Muscularis zusammenhängt. 4. Finden sich vereinzelte umschriebene
Ausbauchungen an Gefässen, die keinerlei Veränderung der Wandung
erkennen lassen. 5. Beobachtet man verschiedengestaltige, grössere oder
kleinere Ausbauchungen des Gefässrohres, an welchen die Wandung
mehr oder minder ausgesprochene Veränderungen zeigt. 6. Finden sich
diffuse, zumeist über grössere Gefässstrecken sich ausdehnende Erweiterungen des Gefässrohres; letztere sind nach meinen Beobachtungen jedenfalls weit überwiegend mit Erkrankungen der inneren Gefässhäute vergesellschaftet. Von den angeführten Gefässausbauchungen lassen sich
als Miliaraneurysmen nur die sub 4 und 5 erwähnten Formen betrachten,
von welchen die erstere wohl nur ein Initialstadium der zweiten bildet.
Zugleich muss jedoch zugestanden werden, dass eine strenge Abgrenzung
der als Miliaraneurysmen zu erachtenden Gefässerweiterungen gegenüber
der sub 2 angeführten Form von Gefässausbauchung nicht durchführbar ist.
    Hinsichtlich der Grösse der Mil. An. stimmen meine Beobachtungen
mehr mit den Angaben *Virchow's* als denen *Charcot's* und *Bouchard's*
und *Eichler's* überein. *Virchow* fand dieselben von fast mikroscopischer
Grösse bis zum Umfange von feinen Hirsekörnern an Arterien der feinsten
Art und etwas gröberen Stämmchen, doch nicht an solchen von über
$^1/_2$ Linie Dicke. Nach *Charcot* und *Bouchard* sind dagegen die Mil. An.
sämmtlich mit blossem Auge sichtbar und gehören Gefässen an, die
ebenfalls mit blossem Auge sichtbar sind; höchstens soll eine Lupe zur
genaueren Unterscheidung derselben erforderlich sein. Aehnlich äussert
sich *Eichler*. Die Mil. An. bezeichnet er als in der R e g e l schon mit
blossem Auge oder schwacher Lupenvergrösserung sichtbar und meist
hirse- bis stecknadelkopfgross. Nur zur sicheren Erkennung der ersten
Anfänge der an den feinsten Arterien sitzenden Aneurysmen hält er
eine etwas stärkere Vergrösserung für nöthig.
    Nach meinen Wahrnehmungen finden sich Mil. An. an Gehirn-
arterien jeden Calibers bis zu den Uebergangsgefässen. Ihr Umfang ist

daher ein ausserordentlich wechselnder und bewegt sich im Allgemeinen
zwischen dem nur mikroscopisch Sichtbaren und Stecknadelkopfgrösse.
Doch habe ich auch erheblich grössere Mil. An. beobachtet (bis zur
Linsengrösse), so dass wohl an eine strenge Sonderung dieser Aneurysmen von denen der grösseren Meningealgefässe und der Basalarterien
nicht zu denken ist. Mil. An. von der eben erwähnten Grösse bilden
ebenso wie die kleinsten dieser Gebilde (unter $^1/_{20}$ Millimeter Durchmesser) seltene Vorkommnisse. In den Fällen wenigstens, in welchen
sich Mil. An. überhaupt in grösserer Anzahl finden, überwiegen die
kleineren, zu deren deutlicher Unterscheidung wenigstens die Benützung
einer Lupe erforderlich ist ($^3/_{10}$ Mill. Durchmesser und darunter) ganz
erheblich, z. Th. sogar derart, dass auf ein Exemplar von Hirsekorn-
grösse und darüber 5—10 kleinere kommen.

Was den Fundort der Mil. An. anbelangt, so bin ich nach meinen
Beobachtungen nicht in der Lage, den bereits bekannten (von *Charcot*
und *Bouchard* ermittelten) Thatsachen über das verschiedene Verhalten
der einzelnen Gehirnlocalitäten in dieser Beziehung viel Neues beizu-
fügen. Die meisten Mil. An. fand ich wie andere Beobachter in der
Wandung der apoplektischen Herde und deren Umgebung, und da diese
weit überwiegend dem Gebiete der basalen Ganglien angehörten, in
letzteren. An den Piagefässen und innerhalb der Windungen des Grosshirns vermochte ich dagegen — und zwar nicht bloss an den apoplektischen Gehirnen, sondern überhaupt — nur höchst selten ein Miliaraneurysma zu ermitteln, häufiger hinwiederum im Centrum semiovale.
Die von *Charcot* und *Bouchard* angegebene Reihenfolge der einzelnen
Gehirntheile hinsichtlich der Häufigkeit der Mil. An. in denselben: Sehhügel, Streifenhügel, Gehirnwindungen, Brücke, Kleinhirn, Centrum
semiovale u. s. w. scheint mir daher wenigstens insoferne einer Modi-
fication zu bedürfen, als das Centrum semiovale vor den Hirnwindungen
zu rangiren ist.

Ein Lieblingssitz der Mil. An. ist ferner die Theilungsstelle der
Arterien, sowie der Abgangsort grösserer Aeste. Vielfach finden sich
mehrere Mil. An. an einem Stämmchen und selbst an einem und demselben Aestchen. Hiebei variirt die Grösse derselben meist erheblich;
neben einem sehr beträchtlich entwickelten finden sich gewöhnlich
mehrere kleinere, letztere nicht selten in unmittelbarer Aufeinanderfolge;
hiebei trifft man mitunter auch Gebilde, die offenbar durch Verschmelzung mehrerer Mil. An. zu Stande gekommen sind.

Die Gestalt der Mil. An. ist ebenfalls eine sehr wechselnde. Bei
Weitem überwiegt die Spindelform, dieser kommt zunächst die Kugel-
form und die einseitige, sackartige Ausbauchung. Seltenere Erscheinungen sind die Sanduhrform, ferner die pilz- oder kugelförmige Ausstülpung eines kleineren Theiles der Gefässwand.

Hinsichtlich der Farbe der Mil. An. kann ich nur die Wahrnehmungen *Charcot's* und *Bouchard's*, sowie *Eichler's* bestätigen. Ich begnüge mich daher, auf deren bezügliche Angaben zu verweisen. Eingehendere Berücksichtigung müssen wir der Structur der Mil. An. widmen.
Wir haben im Vorhergehenden verschiedene Erkrankungsformen der
intracerebralen Arterien kennen gelernt. Mil. An. finden sich an Gefässen mit intacter Wand, wie an solchen mit verschiedenen Veränderungen, an Gefässen mit einfacher Atrophie der Muscularis, fettiger und
granulöser Degeneration, mit und ohne atheromatöse Veränderungen der
Intima. So ist es a priori schon naheliegend, dass auch jener Abschnitt
des Gefässrohres, welcher das Mil. An. bildet, verschiedenartige Zustände
darbietet. Zunächst finden sich, wie bereits erwähnt wurde, Mil. An.,
an deren Wandung — abgesehen von der Ausbauchung — eine Veränderung nicht zu constatiren ist. Die Ausbauchung betrifft hier wie
überall bei den Mil. An. sämmtliche 3 Häute, und diese erweisen sich
in jeder Richtung normal. Diese Art von Mil. An. ist nach meinen
Beobachtungen wenigstens ein verhältnissmässig seltenes Vorkommniss,
doch findet sich dieselbe an kleinen ebensowohl wie an grösseren Arterien; zumeist handelt es sich hiebei um spindelförmige Aneurysmen
mit mässiger Ausbauchung. In anderen Fällen zeigt die Muscularis an
der Ausbauchungsstelle mehr minder weit fortgeschrittene Atrophie. Die
Querstreifung des Gefässrohrs ist hier undeutlicher und stellenweise ganz
fehlend, die Musculariskerne rücken weiter auseinander, zeigen sich
z. Th. verschmälert, mitunter auch eigenthümlich glänzend. Am aus-
gesprochensten ist die Atrophie gewöhnlich in der Mitte der Aneurysmen,
wo die Ausbauchung am Beträchtlichsten ist [1]). Das Verhalten der
Intima ist hiebei ein verschiedenes. Die Endothelkerne erscheinen häufig
wenigstens an einzelnen Stellen vermehrt; gegen die Ränder des Gefässes zu zeigt sich öfters ferner jene diffuse Form der Intimaverdickung,
die wir an früherer Stelle schilderten. Am Rande der verdickten In-
timazone sieht man auch hier mitunter Längszüge schmaler Endothelkerne. Etwas seltener beobachtet man Intimaverdickung in Form umschriebener Plaques, an deren Rande ebenfalls Endothelkernwucherungen
bemerklich sind. Die Plaques zeigen sich z. Th. in fettigem Zerfall begriffen. Plaques und diffuse Verdickungen können auch gleichzeitig sich
vorfinden und zwar isolirt oder unter einander zusammenhängend. Mitunter fehlt jedoch jegliches Anzeichen von Verdickung der Intima, die
Längsstreifung derselben ist wenigstens gegen die Mitte des Gefässes
hin sehr schwach ausgeprägt, die Endothelkerne zeigen sich z. Th. auffallend verschmälert, offenbar geschrumpft [2]). Die Intima kann also

---

[1]) Vergl. Abbild. No. XVI.
[2]) Vergl. Abbild. No. XVI.

auch hier ebenso wie an nicht erweiterten Gefässpartieen einer einfachen Atrophie unterliegen.

An einer weiteren Gruppe von Mil. An. finden sich Veränderungen der Intima und Muscularis, die wir als granulöse Degeneration geschildert haben. Einzelne Muskelfasern erweisen sich hier in grobkörnige Massen transformirt, die da und dort bereits zu zerfallen sich anschicken. An den meisten der betreffenden Mil. An. ist jedoch die Degeneration erheblich fortgeschrittener; es finden sich nur wenige körnig transformirte Muskelfasern, die noch ihre Gestalt und Continuität völlig gewahrt haben, überwiegend präsentiren sich an Stelle der Muskelelemente in der Querrichtung des Gefässes angeordnete Körnerhaufen, daneben auch unregelmässig gestaltete kleinere Massen und da und dort zerstreute vereinzelte Körner und Körnchen.[1]) Einzelne Muskelfasern mögen hiebei auch auf dem Wege einfacher Atrophie zu Grunde gegangen sein. Die Intima zeigt an Stelle des Endothels eine der Längsrichtung des Gefässes sich hinziehende mehr minder erhebliche Körnermasse. An einzelnen Mil. An. ist der Zerfall noch weiter vorgeschritten. Hier finden sich an Stelle der Muscularis und des Endothels nur vereinzelte Körnchen und da und dort in der Querrichtung des Gefässes angeordnete Körnerhaufen, die durch ihre Breite darauf hinweisen, dass es die granulöse Degeneration ist, durch welche die Muscularis (und ebenso das Endothel) zu Grunde gegangen ist.[2]) Die Wand dieser Mil. An. wird demnach im Wesentlichen nur von der Adventitia und der Membrana fenestrata gebildet. Atheromatöse Verdickungen der Intima fehlen bei dieser Form von Mil. An. in der Regel. Die angrenzenden Gefässabschnitte sind dabei gewöhnlich in dem Zustande weit fortgeschrittener granulöser Degeneration, der abführende Gefässabschnitt oder dessen Verzweigungen mit Zerfallsmassen vollgestopft. Diese Form von Mil. An. findet sich besonders häufig an kleinen und kleinsten Gefässen, welch' letztere häufig die Rosenkranzform des Gefässrohres zeigen.

Während die Mil. An. mit granulöser Degeneration an Häufigkeit entschieden hinter denen mit Atrophie der Muscularis zurückbleiben, treten diese wieder, wenigstens in der Mehrzahl der Fälle, hinter die Repräsentanten der nächsten Gruppe an Zahl zurück. Hier findet sich die Muscularis, soweit dieselbe der Betrachtung zugänglich ist, in verschiedenen Stadien der fettigen Degeneration, von den Anfängen dieser Veränderung, wie wir sie früher bereits schilderten, bis zu völligem Zerfall der Muskelelemente und Umwandlung derselben in Fettkörnchen und Fetttröpfchenaggregate. Zumeist ist der Process in der Muscularis bereits erheblich fortgeschritten und von einigermassen intacten Fasern

---

[1]) Vergl. Abbild. No. XXII u. XXIII.
[2]) Vergl. Abbild. No. XXIV.

nichts mehr wahrnehmbar.[1]) Das Verhalten der Intima bei dieser Gruppe
von Mil. An. ist in den einzelnen Fällen verschieden. Mitunter findet
sich nur einfache Verfettung der Endothelschicht, die Endothelkerne
zeigen sich hie und da noch in Gestalt fetttropfenähnlicher Gebilde,
deren Identificirung durch das Erhaltensein des rundlichen Körperchens
oder der diesem entsprechenden Vertiefung ermöglicht wird. Zumeist finden sich jedoch an deren Stellen nur kleine Aggregate von
Fetttröpfchen.[2]) In anderen Fällen findet sich nur Endothelkernwucherung und theilweise Verfettung der gewucherten Kerne. Bei
weitem die meisten der fraglichen Mil. An. zeigen dagegen atheromatöse
Verdickungen der Intima von der beschriebenen Art. Diese sind überwiegend von der diffusen Form. Gewöhnlich erstreckt sich von dem
zuführenden Gefässe aus in die Ausbauchung hinein die bereits geschilderte
streifige, anscheinend aus Längsfasern bestehende Verdickung der Intima,
da und dort in eine solide, äusserst lichtbrechende Masse übergehend,
die mehr oder minder in das Lumen des Aneurysma hervorspringt.[3])
Am Rande der Verdickung zeigen sich auch hier Längszüge schmaler
spindelförmiger Endothelzellen. Daneben finden sich vielfach grössere
oder kleinere Verdickungen in Form von Plaques, z. Th. noch an den
Rändern Haufen gewucherter Endothelkerne zeigend und z. Th. auch
von solchen bedeckt.[4]) Mitunter — und dies ist namentlich bei sackförmigen Ausbauchungen der Fall — ist die Intimaverdickung nur in
Plaquesform vorhanden, der Grund der Ausbauchung zeigt sich hier
z. Th. wie ausgegossen von stark lichtbrechenden, meist zerklüfteten
Massen. Oder die Wand des Mil. An. (bei rundlicher oder spindelförmiger Ausbauchung) erscheint mit Ausnahme eines freien Streifens in
der Mitte bedeckt mit mehr oder weniger in das Lumen vorspringenden
und dieses z. Th. auch erheblich verengernden glänzenden Massen, die
sich auf das abführende Gefäss fortsetzen. Die erwähnten Verdickungen
der Intima können hier wie an anderen Gefässstellen weitere Veränderungen erfahren. Sie können fettig zerfallen; diese Form der Umwandlung zeigt sich vielfach an Plaques und diffusen Verdickungen, die
andererseits noch in weiterem Wachsthum begriffen sind. Neubildung
und Zerfall gehen also auch hier oft gleichzeitig vor sich. Die Verdickungen können andererseits verkalken. Dies ist namentlich bei grösseren
Plaques der Fall; tropfsteinähnliche Gebilde zeigen sich alsdann da und
dort an der Gefässwand. An einer erheblichen Anzahl offenbar älterer
Mil. An. bemerkt man folgendes Verhalten:[5]) Dieselben erscheinen schon

[1]) Vergl. Abbild. No. XVII.
[2]) Vergl. Abbild. No. XVII.
[3]) Vergl. Abbild. No. XVIII, a.
[4]) Vergl. Abbild. No. XVIII, b.
[5]) Vergl. Abbild. No. XIX u. XX.

makroscopisch undurchsichtig. Unter dem Mikroscop erweist sich die Ausbauchung überwiegend mit einer feinkörnigen, undurchsichtigen Masse ausgekleidet, in welcher da und dort stärker lichtbrechende Tropfen (Fetttropfen) eingesprengt sind; ferner gewahrt man stellenweise Anhäufungen grösserer und kleinerer Fetttropfen und stark lichtbrechende Platten (ähnlich Cholestearinkrystallen), in welche ebenfalls Fetttropfen eingelagert sind. An der Wandung der Ausbauchung ist von einer Mehrzahl von Häuten meist nichts mehr zu unterscheiden; weder von einer Längsstreifung der Intima, noch einer Querstreifung der Muscularis oder von Muskelkernen ist etwas zu entdecken. Die Wand des An. erscheint sohin von einer einzigen Haut gebildet. Nur in einzelnen Fällen bemerkt man in der Nähe des Ueberganges des An. in das zu- und abführende Gefäss, am Rande der Ausbauchung neben der Adventitia noch eine Längsstreifung der Intima. Auch bewahrt die Adventitia zuweilen ihre Selbständigkeit völlig, es kann sogar noch ein allerdings sehr schmaler Adventitialraum erhalten sein, in welchem Fettkörnchen, Pigment, Rundzellen und namentlich Blutkörperchen sich finden. Bringt man ein derartiges An. durch Druck des Deckgläschens an einer Stelle zum Bersten, so löst sich ein grösserer oder geringerer Theil von den der Wand anliegenden Massen los und tritt entweder durch die entstandene Oeffnung heraus oder in die angrenzenden Gefässabschnitte.[1]) Die von den Belegmassen befreite Wandpartie erscheint nunmehr durchsichtig und gestattet eine genauere Beurtheilung ihres Verhaltens sowohl als des Inhaltes des An. An der Wand selbst ist auch jetzt weder von Muscularis noch von Intima ein deutliches Anzeichen vorhanden. Was von den 3 Häuten nicht untergegangen, ist zu einer einheitlichen, durchsichtigen Lage geworden, an welcher eine weitere Structur sich nicht erkennen lässt. Die an der Rissstelle ausgetretenen sowie die im Innern des An. verbliebenen Massen bestehen aus grösseren, dicken, feinkörnigen Platten, denen Fetttröpfchen ein- und aufgelagert sind, ferner freiliegenden grösseren oder kleineren Fetttropfen, dünnen, stark lichtbrechenden Platten mit Fetttropfeneinlagerung und vereinzelten, sehr blassen, bläschenartigen Gebilden, welche Fetttröpfchen umschliessen. Bezüglich der Art und Weise, wie in diesen Fällen die Muscularis zu Grunde geht, ergibt die Structur des Mil. An. natürlich keinen Anhaltspunkt, doch gestattet das Verhalten des zu- und abführenden Gefässabschnittes einen Schluss in dieser Richtung. Nach dem von mir Beobachteten scheint die Muscularis hiebei überwiegend durch fettige Degeneration, in der Minderzahl der Fälle durch einfache Atrophie[2]) ihren Untergang zu finden.

Was das Verhalten der Adventitia an den Mil. An. im Allgemeinen anbelangt, so geht dieselbe meist, ohne sich über den Winkel des An.

---

[1]) Vergl. Abbild. No. XX.

[2]) Vergl. Abbild. No. XX.

mit dem zu- und abführenden Gefässe zu spannen, sondern der Muscularis anliegend auf die Ausbauchung über und von derselben wieder hinweg.[1]) Der Innenfläche der Adventitia finden sich meist nur vereinzelte Fett- und Pigmentkörnchen angelagert, zuweilen gewahrt man hier jedoch auch Fettkörnchenzellen, Rundzellen, namentlich aber Blutkörperchen in grösserer Zahl. An jenen Mil. An., an welchen die Adventitia ihre Selbständigkeit bewahrt, sieht man diese Membran zumeist in gewöhnlicher Zartheit und Durchsichtigkeit die Ausbauchung umhüllen, ihre Durchsichtigkeit bedingt es auch, dass in vielen Fällen die Structur der Aneurysmenwand bis in die kleinsten Details erkenntlich ist.[2]) Nur an einer nicht sehr erheblichen Minderzahl dieser Aneurysmen finden sich Veränderungen der Adventitia: dieselbe erscheint hier namentlich an den Winkeln, welche das Aneurysma mit dem zu- und abführenden Gefässe bildet, stärker gestreift, verdickt, z. Th. auch in ein feinfibrilläres Gewebe umgewandelt. Hiemit geht z. Th. eine Vermehrung der Kerne einher. Bisweilen verliert sich hiebei auch die scharfe Begrenzung der Ausbauchung an Zupfpräparaten. Fasern und Fäserchen mit Körnchen, selbst grössere Stücke Gliagewebes haften der Ausbauchung an zahlreichen Stellen an, ähnlich wie man dies auch an nicht erweiterten Gefässpartien mit Verdickung der Adventitia öfters sieht. Da, wo die Adventitia den Winkel zwischen Gefäss und Aneurysma überbrückt, sammeln sich öfters auch Rundzellen in grösserer Zahl an, wie bereits erwähnt wurde. Die Rundzellenanhäufung kann von hier aus sich noch über eine grössere oder kleinere Strecke des Gefässes fortsetzen.[3]) An jenen älteren Aneurysmen dagegen, an welchen von einer Sonderung einzelner Häute keine Rede mehr sein kann, verliert sich die Adventitia gewöhnlich, nachdem sie noch eine kurze Strecke in der Nähe des zu- und abführenden Gefässes unterscheidbar ist, in der Wand der Ausbuchtung ohne weitere Begrenzung.[4])

Die Mil. An. können noch mehrfache Veränderungen erfahren. Mitunter zeigt sich die Wand der Ausbauchung mit (gelöstem) Blutfarbstoff diffus imprägnirt. Dabei können sich im Adventitialraum auch Blutkrystalle (insbesondere Hämatoidinkrystalle) finden. Das Aneurysma erscheint alsdann ganz oder partiell rothgelb oder gelb gefärbt. Die Deutung, welche man bisher diesem Umstande gab, dass es sich hiebei um eine Ruptur der inneren Gefässhäute und Blutaustritt unter die Adventitia in Folge derselben handle, möchte ich wenigstens nicht für alle Fälle acceptiren. Ich beobachtete die partielle Blutfarbstoffimprägnation der Wand an einem Aneurysma, dessen Adventitialraum

---

[1]) Vergl. Abbild. No. XVI, XVII, XVIII, XX u. f.
[2]) Vergl. Abbild. No. XVI u. f.
[3]) Vergl. Abbild. No. XIX, XX.
[4]) Vergl. Abbild. No. XIX und XX.

ebenso wie der des zuführenden Gefässes zahlreiche, aber völlig isolirte Blutkörperchen aufwies, so dass hier von einem Blutaustritt in Folge einer Ruptur der inneren Häute schon aus diesem Grunde (abgesehen von der Nichtwahrnehmbarkeit eines Risses) keine Rede sein konnte. Die fragliche Verfärbung der Aneurysmawand kann daher nach meinem Dafürhalten auch dadurch zu Stande kommen, dass per diapedesin Blutkörperchen in grösserer Anzahl in den Adventitialraum übertreten und hier zerfallen und aufgelöst werden.

Es kann ferner die Intima des Aneurysmas in toto verkalken. Die Ausbauchung erscheint alsdann von einer homogenen, undurchsichtigen Masse ausgegossen. Ich habe diese Veränderung nur einige Male an kleinen Aneurysmen beobachtet.

Durch Anhäufung von Zerfallsmassen, die von verfettenden Intimaverdickungen herrühren (körnigen Schollen, Fetttropfen, Fettkörnchen etc.) und verfettenden weissen Blutkörperchen mag endlich bisweilen das Lumen der Ausbauchung derart angefüllt werden, dass das Aneurysma unwegsam wird. Ich habe zahlreiche Mil. An. beobachtet, an welchen vielleicht oder wahrscheinlich dieser Zustand vorhanden war. Mit Sicherheit lässt sich jedoch eine völlige Undurchgängigkeit des Aneurysma's nur sehr selten annehmen. Man findet einerseits an Mil. An., die anscheinend mit den genannten Massen ganz angefüllt sind, das abführende Gefäss frei, andererseits wieder an Aneurysmen, die offenbar durchgängig sind, das abführende Gefäss oder bei einer Mehrzahl von abführenden Gefässen das eine oder andere dieser oder sämmtliche mit Zerfallsmassen fettiger oder granulöser Natur voll gepfropft.

Diffuse Ektasie.

Neben den Mil. An. wird in apoplektischen Gehirnen noch eine weitere Form von Ausbauchung des Gefässrohres gefunden, welche bisher nur bei wenigen Beobachtern (*Roth, Turner*) Beachtung gefunden hat. Es handelt sich hiebei um eine überwiegend über grössere Gefässstrecken sich ausdehnende, mitunter erheblich über 1 cm der Gefässlänge betreffende Erweiterung des Gefässrohres (d. h. sämmtlicher drei Häute). Ich bezeichne diese Form von Gefässerweiterung als diffuse Ektasie. Die Ausbauchung des Gefässrohres geht hier gewöhnlich ganz allmälig vor sich und, nachdem das Gefässrohr eine grössere oder kleinere Strecke hindurch in gleicher Weite verlaufen ist, kehrt dasselbe wieder successive zu dem ursprünglichen oder einem kleineren Umfange zurück. [1]) Die Erweiterung des Lumens kann hiebei so beträchtlich sein, dass dasselbe das Mehrfache des ursprünglichen beträgt. An umschriebenen Stellen des Gefässverlaufes finden sich hiebei zuweilen stärkere einseitige (sackartige) oder allseitige (kugelförmige) Ausbauchungen; es können sich also aus der Ektasie stellenweise Mil. An. ent-

---

[1]) Vergl. Abbild. No. XXV.

wickeln. [1]) Die Gefässe, welche diese Form von Erweiterung zeigen, besitzen oft mehrfache Schlängelungen, wobei gewöhnlich auf eine oder zwei stärkere Biegungen eine Anzahl schwächerer folgt. Die Umbiegungsstellen des Gefässes sind dabei zumeist durch die Adventitia überbrückt. [2]) Muscularis und Intima dieser Gefässe zeigen in der Regel Veränderungen, und zwar handelt es sich nach meinen Beobachtungen an der Muscularis fast ausschliesslich um granulöse oder fettige Degeneration. Bei Gegenwart letzterer Erkrankung kann die Intima in diffuser oder in Plaqueform verdickt sein. Bei gewundenem sowohl als bei nicht gewundenem Verlaufe des Gefässrohres zeigt sich die Adventita häufig noch besonders und z. Th. sogar in sehr hohem Masse eklatisch. In dem erweiterten Adventitialraum finden sich hiebei Fett- und Pigmentmassen meist in grösserer Menge angehäuft, in einzelnen Fällen in solchem Masse, dass die Wahrnehmung der inneren Gefässhäute sehr beeinträchtigt ist. Neben diesen an Umfang beträchtlicheren und grössere Gefässstrecken umfassenden diffusen Ektasieen finden sich vielfach auf kleine Gefässpartieen sich beschränkende und nur einen geringeren Durchmesser erreichende Ausweitungen des Gefässrohres. Hiebei beträgt die Zunahme des Gefässlumens selten mehr als die Hälfte der ursprünglichen Weite. Diese Form von Ektasieen geht ohne bestimmte Grenze in die als spindelförmige Mil. An. beschriebenen Gebilde über und findet sich namentlich gerne in der Nachbarschaft von Mil. An. Bei denselben lässt sich häufig an der Gefässwand eine Veränderung nicht constatiren.

Angesichts des im Vorstehenden Dargelegten können wir uns eine Kritik der sämmtlichen Eingangs angeführten Theorieen über die Genese der Mil. An. ersparen. Nur bei einigen derselben wollen wir kurz verweilen. Dass die insbesondere von *Zenker* und *Eichler* vertretene Anschauung, welche die Bildung der Mil. An. von Atheromatose der Intima abhängig macht, unhaltbar ist, ergibt sich aus 2 Umständen. 1. Dem Vorkommen zahlreicher Mil. An., deren Intima keine Spur von Atheromatose zeigt [3]). 2. Dem Vorkommen hochgradiger Atheromatose der Intima an Gefässen, welche keinerlei Ausbauchungen darbieten. Von letzterem Umstande konnte ich mich nicht bloss an einzelnen, sondern an Hunderten von Präparaten überzeugen. Auch gegen jene Theorieen, welche ausschliesslich Erkrankungen der Muscularis für die Entstehung von Mil. An. verantwortlich machen, erheben sich gewisse Bedenken. Die nächste Ursache jeder Gefässerweiterung ist bekanntlich der Druck des Blutes auf die Gefässwand. Leistet diese in Folge irgend welcher Ursache keinen genügenden Widerstand, so tritt Erweiterung ein. In den mit Muscularis versehenen Gefässen sind es hauptsächlich die

---

[1]) Vergl. Abbild. No. XXVI.
[2]) Vergl. Abbild. No. XXV.
[3]) Vergl. Abbild. No. XXVI, XXVII, XXII u. f.

Elemente dieser Lage, welche dem Anpralle des Blutes gegenüber die normale Weite des Gefässes wahren. So liegt es allerdings nahe, die Entstehung von umschriebenen oder diffusen Ausbauchungen mit Erkrankungen der Muscularis in Zusammenhang zu bringen; allein Veränderungen dieser Lage lassen sich nicht an sämmtlichen Mil. An. und sonstigen Gefässausbauchungen nachweisen. Andererseits beobachtet man sehr häufig Erkrankung und selbst völligen Untergang der Muscularis (neben normalem Verhalten der Adventitia) an Gefässen, welche keinerlei Erweiterung zeigen. Diese Umstände weisen darauf hin, dass die fragliche Theorie den zu erklärenden Thatsachen gegenüber ungenügend ist.

Wenn wir alle Verhältnisse berücksichtigen, so ergibt sich, dass zur Entstehung von Mil. An. zwei Umstände führen können: 1. Eine locale Blutdrucksteigerung, in Folge welcher ein umschriebener Gefässabschnitt in besonderem Masse der Dehnung unterliegt; 2. eine locale Gefässwandveränderung, wodurch die betreffende Gefässwandpartie dem Blutdrucke gegenüber weniger widerstandsfähig wird als die umgebenden Theile der Gefässwand. Verhältnisse, welche zu einer localen Blutdrucksteigerung von der erwähnten Art führen können, finden sich an Gefässen mit Mil. An. im Grossen und Ganzen keineswegs häufig. Es handelt sich hier um die bereits wiederholt erwähnte Beobachtung, dass das von dem Mil. An. abführende Gefäss oder dessen Verzweigungen mit Zerfallsprodukten bis zur Undurchgängigkeit angefüllt sein können. Dieser Umstand muss namentlich an den Arterien der Basalganglien, die Endarterien im *Cohnheim*'schen Sinne sind, zu einer localen Erhöhung des Blutdruckes führen. Indess ist es in diesen Fällen natürlich auch möglich, dass das Aneurysma bereits bestand, bevor die abführenden Gefässe unwegsam wurden, so dass also höchstens für einen Theil der betreffenden Gefässausbauchungen die Entwicklung in Folge localer Blutdrucksteigerung in Anspruch genommen werden kann. Für die grosse Mehrzahl der Mil. An. muss demnach der 2. Entstehungsmodus angenommen werden. Bei diesem müssen wenigstens zur Zeit des Beginnes der Ausweitung die angrenzenden Abschnitte der Gefässwand im Stande sein, dem Blutdrucke entweder völlig genügenden oder wenigstens einen erheblicheren Widerstand zu leisten, als der sich ausbauchende Theil. Da nach meinen Wahrnehmungen wenigstens sich die Erkrankung der Gefässwand, wo eine solche überhaupt zu constatiren ist, nie auf das Gebiet des Mil. An. beschränkt, sondern immer in grösserer oder geringer Ausdehnung darüber hinaus erstreckt, so bezeichnet also das Mil. An. (und ebenso die diffuse Ektasie) überwiegend eine Stelle des Gefässes, die ihrer Umgebung in der Erkrankung vorauseilte. Dass aber letztere ausschliesslich in der Muscularis ihren Sitz haben muss, hiefür liegen keine Beweise vor. Veränderungen der Muscularis können auch, wie aus dem eben Dargelegten hervorgeht, nur insoferne Anlass zu Mil. An.-Bildung geben, als sich

dieselben ursprünglich auf eine umschriebene Stelle beschränken oder an dieser rascher fortschreiten, als an
der Umgebung. Allein auch bei gleichmässigem Verhalten der Muscularis an einer Gefässstrecke ist die Entwicklung eines Mil. An. möglich
oder wenigstens denkbar, wenn die Intima zunächst an einer umschriebenen Stelle Veränderung erfährt, in Folge welcher dieselbe im
Vergleiche zu den angrenzenden Particen an Widerstandsfähigkeit
dem Blutdrucke gegenüber einbüsst. Dass die Intima Alterationen
unterliegt, welche eine solche Folge nach sich ziehen können, haben
wir im Vorhergehenden gesehen. Die Atheromatose zählt jedoch kaum
hieher [1]; die Verdickungen der Intima, zu welchen dieselbe führt, bieten
offenbar bei einiger Entwicklung für die Gefässwand eher einen gewissen
Schutz gegen Ausweitung, als dass sie zu einer Ursache solcher werden.
Was endlich jene Mil. An. anbelangt, deren Wandungen eine Textur-
veränderung nicht erkennen lassen, so lässt deren Genese zwei Deut-
ungen zu. Entweder handelt es sich um Veränderungen der Gefässwand, die wir mit unseren derzeitigen Untersuchungsmethoden nicht auf-
zudecken vermögen, oder um eine Folge vasomotorischer Störungen
(Paralyse der Gefässmuscularis in Folge einer Lähmung von Vasocon-
strictoren oder active Gefässerweiterung in Folge einer Reizung von
Vasodilatatoren [2]). Der zweite Erklärungsmodus scheint mir namentlich
für jene Fälle zuzutreffen, in welchen die in Rede stehende Art der
Miliaraneurysmen sich aus der Rosenkranzform der Muscularis heraus-
entwickelt. Indess ist auch bei anderen Mil. An. und diffusen Ektasien,
welche deutliche Erkrankung der Innenhäute zeigen, die Möglichkeit
wohl gegeben, dass die Ausbauchung der Gefässwand ursprünglich lediglich durch vasomotorische Störungen bedingt war, und die Structurveränderungen der Wandungen sich erst secundär einstellten.

Erkrankungen der Venen und Capillaren.

Venen und Capillaren nehmen nicht in untergeordnetem Masse an
der Erkrankung des Gefässapparates in apoplektischen Gehirnen Theil.
Was zunächst die Venen anbelangt, so ist die häufigste an denselben
wahrnehmbare Veränderung die fettige Degeneration der inneren Häute.
Die zelligen Elemente (Kerne) der beiden Lagen, welche der Intima und
Media der Arterien entsprechen, zerfallen in Fettkörnchen und Fetttröpfchen
in grösserer oder geringerer Ausdehnung; die Degeneration kann so
weit gehen, dass von zelligen Elementen an den Innenhäuten keine
Spur mehr wahrzunehmen ist. Hiebei finden sich vielfach auch reichliche
Fettansammlungen im Adventitialraume. Ferner wird an den Venen

---

[1] Hiefür spricht schon das häufige Vorkommen atheromatöser Plaques an nicht
erweiterten Gefässstellen.

[2] Vergl. *Lewaschew*, Experimentelle Untersuchungen über die Bedeutung des
Nervensystems bei Gefässerkrankungen, Virch. Arch. 92. Band, 1. Heft, S. 152, 1883.

zuweilen eine Degeneration der inneren Häute beobachtet, welche ein Analogon der granulösen Degeneration der Arterien zu bilden scheint. Auch hier handelt es sich um einen Zerfall der zelligen Elemente in Gruppen von Körnern und Körnchen. Der Mangel von Fetttröpfchen, sowie das chemische Verhalten der körnigen Massen (ihre Persistenz bei längerem Verweilen des Gefässes in Aether) zeigen, dass nicht eine Art der Verfettung vorliegt. An den kleineren Venen namentlich der Pia gewahrt man nicht selten eine bindegewebige Entartung, welche ganz der an den Arterien beobachteten gleich sich verhält. Media und Intima verwandeln sich hiebei unter Verlust des Gefässlumens in eine solide, feinfaserige Bindegewebsmasse, die Adventitia kann noch deutlich erhalten sein, geht aber öfters ebenfalls in der Bindegewebswucherung unter. Kernwucherung, sowie selbständige Verdickung und feinfibrilläre Umwandlung zeigt auch die Adventitia der Venen zuweilen, doch ungleich seltener als die der Arterien. Die Adventitia kann ferner auch an den Venen sowohl diffuse als umschriebene Erweiterungen darbieten; der Adventitialraum erscheint hiebei vielfach mit Fett und Pigmentmassen völlig angefüllt, ähnlich wie dies bei den Adventitialektasieen der Arterien der Fall ist. Namentlich an Venen, welche den Wandungen älterer apoplektischer Herde angehören, zeigt sich der erweiterte Adventitialraum bisweilen mit Fettkörnchenzellen derart angefüllt, dass die Wahrnehmung der inneren Häute streckenweise ganz unmöglich ist. Zuweilen finden sich auch Blutkörperchen in grösserer Anzahl im Adventitialraume. Die Ansammlung dieser Elemente kann bis zu völliger Ausfüllung dieses Raumes unter Ausbuchtung der Adventitia gehen; wir haben alsdann ein venöses dissecirendes Aneurysma vor uns. Ich beobachtete diese Veränderung nur in einem Falle, in welchem auch an zahlreichen Arterien dissecirende Aneurysmen vorhanden waren. Von einem Riss in den inneren Häuten liess sich auch hier nichts wahrnehmen. Ferner finden sich, und zwar in einzelnen Fällen ziemlich häufig, diffuse Ausbauchungen der gesammten Venenwandung, also ein Verhalten, das dem als diffuse Ektasie bei den Arterien beschriebenen entspricht. Seltener werden umschriebene Ausweitungen sämmtlicher Häute, entsprechend den Mil. An. der Arterien, angetroffen. Die Ausbauchung erreicht hiebei nach meinen Wahrnehmungen nie jene hohen Grade, wie sie an den Arterien beobachtet werden.

Von den Erkrankungen der Capillaren sind in erster Linie die fettige und die hyaline Degeneration zu erwähnen, die sich in den apoplektischen Gehirnen in nichts von dem in anderen Fällen Beobachteten unterscheiden. Nach meinen Wahrnehmungen wird die letztere Degenerationsform an den Capillaren der Pia ausserordentlich viel häufiger angetroffen als im Gehirne selbst.[1]

---

[1] In dieser Beziehung muss ich den Angaben *Neelsen's* (Arch. f. Heilkunde, 1876, 2. u. 3. H. S. 131), die sich übrigens keineswegs speciell auf apoplektische Gehirne

Von *Neelsen* wurde bekanntlich nachgewiesen, dass die fragliche Veränderung der Capillaren ein ausserordentlich häufiges Vorkommniss auch in sonst normalen Gehirnen bildet. Meine Beobachtungen stimmen hiemit völlig überein. Ich fand dieselbe in den meisten der von mir überhaupt untersuchten Gehirne vor. Man könnte daher geneigt sein, diese Degeneration als eine ganz belanglose Erscheinung aufzufassen. Dem gegenüber muss ich auf einen Umstand aufmerksam machen, der diese Auffassung etwas einzuschränken geeignet sein dürfte. Sehr häufig findet man an degenerirten Arterien (Arterien mit fettiger, granulöser Degeneration), die als vasa vasorum fungirenden Capillaren hyalin entartet. Ich bin nicht geneigt, anzunehmen, dass die Erkrankung der Gefässwände in den betreffenden Fällen lediglich von der fraglichen Entartung der vasa vasorum abhing; dass die Entwicklung derselben jedoch durch die Veränderung der vasa vasorum begünstigt wurde, lässt sich wohl nicht bezweifeln.

Bei granulöser Degeneration der Arterien und Venen findet sich auch an den Capillaren eine analoge Veränderung. Die Kerne derselben zeigen neben beträchtlicher Vergrösserung (Verlängerung insbesonders) körnigen Zerfall; die Zerfallsproducte zeigen hier eine ähnliche Resistenz gegen Aethereinwirkung wie bei der Degeneration der Venen und Arterien. Des Vorkommens von Capillarektasieen (Aneurysmen) wurde bereits gedacht; ich habe diese Veränderung in apoplektischen Gehirnen im Ganzen nicht sehr häufig angetroffen.

Differenzen des Gefässbefundes in den einzelnen Fällen von Hirnblutung.

Die verschiedenartigen Erkrankungsformen des intracerebralen Gefässapparates, welche in den von mir untersuchten apoplektischen Gehirnen gefunden wurden, habe ich im Vorstehenden in Kürze zu schildern versucht. So mannigfaltig nun auch die betreffenden Veränderungen sind, so gebe ich mich doch keineswegs der Anschauung hin, dass dieselben Alles einschliessen, was an Alterationen der Gehirngefässe bei Apoplektikern überhaupt vorkommen mag.[2]) Schon die bedeutenden Verschiedenheiten des Befundes in den einzelnen von mir untersuchten Fällen könnten eine derartige Auffassung als zu weitgehend erscheinen lassen. Allein wenn wir berücksichtigen, dass die beschriebenen Veränder-

---

beziehen, entschieden entgegentreten. Nach *Neelsen* sollen sich hyalin degenerirte Capillaren in der Pia nicht finden, diese überhaupt keine wahren Capillaren besitzen. *Neelsen* vermisste auch in der Marksubstanz und in den basalen Ganglien die Degeneration. Ich fand dieselbe in allen Theilen des Gehirnes.

[2]) Ich muss hier beifügen, dass ich im Obigen nicht sämmtliche in den von mir untersuchten apoplektischen Gehirnen vorgefundenen Gefässalterationen angeführt habe; einzelne seltener auftretende Veränderungen von offenbar untergeordneter Bedeutung (wie z. B. Kalkablagerung an der Adventitia etc.) liess ich, um den Leser nicht zu sehr zu ermüden, unberührt.

ungen bei einem ansehnlichen Materiale von apoplekt. Gehirnen den
wesentlichen Befund bildeten, und dass auch in einer grossen Anzahl von
Gehirnen, in welchen, soweit dies überhaupt zu beurtheilen möglich
ist, eine Disposition zu Blutungen bestand — Gehirnen mit Erweichungsherden, Gehirnen von sehr alten Personen mit Miliaraneurysmen etc. —
wesentlich die gleichen Erkrankungsformen des Gefässapparates sich fanden,
so kann wohl der Schluss nicht als gewagt erachtet werden, dass die
für die Genese der spont. Hirnblutungen (i. e. S.) ernstlich in Betracht
kommenden Processe unter den geschilderten sämmtlich vertreten sind.

Es erübrigt mir nun noch, die Details hervorzuheben, in welchen
sich die einzelnen Fälle unterscheiden. Schon aus den klinischen Beobachtungen liess sich bisher der Schluss ziehen, dass die einzelnen
Fälle von Hirnblutung bezüglich der Ausbreitung und Intensität der
Erkrankung des intracerebralen Gefässapparates sich sehr verschieden
verhalten müssen. Bei dem einen Patienten haben wir einen offenbar
nur geringfügigen, bei dem anderen einen sehr bedeutenden oder mehrfache Blutergüsse, hier eine Hämorrhagie, der in 20 und mehr Jahren
keine zweite folgt, dort in raschem Hintereinander eine Mehrzahl von
Blutungen. Diese Differenzen finden nun zum grossen Theile eine be-
friedigende Erklärung in dem von mir Beobachteten.

Am Reichlichsten finden sich Gefässveränderungen — es ist dies
auch ganz naheliegend — in der Wandung der apoplektischen Herde
und ihrer nächsten Umgebung. Doch sind auch hier die Verhältnisse
z. Th. sehr verschieden. Während man in einzelnen Gehirnen unter
den diesen Localitäten entnommenen Gefässpräparaten nicht ein einziges
findet, das nicht mehr oder minder erhebliche Veränderungen aufweist,
stösst man in anderen Fällen auch hier auf eine grössere Anzahl intacter
Gefässe, namentlich ist dies bei kleineren Herden der Fall. Weit bedeutender sind dagegen die Differenzen, wenn wir das Verhalten des
Gefässapparates in den von dem apoplektischen Herde entfernteren
Gehirnpartieen, i. e. in der Gesammtmasse des Gehirns, abgesehen von
dem Herde und dessen nächster Umgebung, in Betracht ziehen.

Man kann hier auf der einen Seite unter 20 untersuchten Gefässen
ein einziges völlig intactes, auf der anderen Seite unter 40 oder 50
Präparaten ein einziges mit deutlicher Veränderung finden. Diese Ex-
treme zeigen sich jedoch nicht an sämmtlichen Abschnitten des Gefässapparates. Die von dem Circulus Willisii rechtwinklig abgehenden und
in die Gehirnbasis eintretenden Gefässe (Aeste 1. und 2. Ordnung) bekunden diese auffallenden Unterschiede in der Frequenz ihrer Erkrankung ganz und gar nicht. Sie betheiligen sich zwar in den einzelnen
Fällen in grösserer oder geringerer Anzahl an den Alterationen des
Gefässapparates, immer aber findet sich unter denselben — und zwar
selbst bei Herden, welche die Centralganglien und deren Umgebung
betreffen — eine erheblich grössere Anzahl ganz intacter oder wenig

veränderter Gefässe als an den kleineren Aesten. Unter letzteren zeigt namentlich jener Theil, den man als intermediären bezeichnen kann (die Uebergangsgefässe und deren nächste Anschlüsse auf arterieller sowohl als venöser Seite), die auffallendsten Unterschiede in seinem Verhalten. In einigen Fällen, die ich untersuchte, war die Erkrankung dieses Abschnittes des Gefässsystems wenigstens in der Umgebung des Herdes eine so ausgedehnte, dass die Veränderungen an den grösseren Aesten (3. und 4. Ordnung) daneben geringfügig erschienen. In der grossen Mehrzahl der Beobachtungen machte sich dagegen ein derartiges Ueberwiegen der Erkrankung des intermediären Gefässabschnittes nicht bemerklich.

Von Interesse ist ferner der Umstand, dass man nicht selten an einem Stämmchen mit zahlreichen Verzweigungen ein einzelnes Aestchen erkrankt, andrerseits aber auch unter zahlreichen erkrankten Aestchen ein vereinzeltes intact findet. Es sind dies Umstände, welche darauf hinweisen, dass locale Einflüsse unter den Ursachen der Erkrankungen des Gefässapparates mitspielen. Was nun die Ausbreitung der verschiedenen im Vorhergehenden beschriebenen Krankheitsprocesse in den einzelnen apoplektischen Gehirnen und die Häufigkeit ihres Vorkommens überhaupt betrifft, so kommt, wenn wir zunächst die Veränderungen der Muscularis in Betracht ziehen, der Fettdegeneration derselben in diesen beiden Beziehungen unstreitig die erste Stelle zu. Sie wurde in keinem der von mir untersuchten Fälle gänzlich vermisst, trat jedoch, während sie bei einzelnen Individuen sozusagen das ganze Gebiet beherrschte, bei anderen mehr in den Hintergrund. An dieselbe schliesst sich zunächst die einfache Atrophie an; diese wurde in der grossen Mehrzahl der Fälle constatirt, zeigte zumeist jedoch keine erhebliche Ausbreitung. Nur in 2 Fällen (No. 11 und 13) bildete sie entschieden die hauptsächlichste Veränderung, die an der Media constatirt werden konnte. Neben der Atrophie findet sich gewöhnlich noch Fettdegeneration, mitunter sogar an einem und demselben Gefässchen, so dass man unter Umständen den Uebergang der Fettdegeneration in die Atrophie ohne strenge Grenzen beobachten kann. Den dritten Rang hinsichtlich des Grades der Ausbreitung und der Häufigkeit des Vorkommens nimmt die granulöse Degeneration an. Dieselbe liess sich mit Sicherheit nur in 10 von den 17 von mir untersuchten apoplektischen Gehirnen feststellen, blieb jedoch wenigstens in einem dieser Fälle in ihrer Ausbreitung den übrigen Alterationen der Muscularis gegenüber keineswegs zurück. [1]

[1] Es mag indess nur Zufall sein, dass nur in einem der von mir untersuchten apoplektischen Gehirne die gran. Deg. sich in erheblicherer Ausdehnung vorfand; ich habe diese Degeneration mehrfach in nicht apoplektischen Gehirnen sehr entwickelt angetroffen, in einem dieser Fälle, der einen 72jährigen ertrunkenen alten Mann betraf, bei dem sich Lebercirrhose und Schrumpfniere vorfand, war nahezu keines der zahlreichen untersuchten Präparate völlig frei von dieser Veränderung; ähnlich verhielt es sich bei einem 42jährigen Potator, der an Delirium tremens litt.

Auch die Veränderungen der Intima bieten hinsichtlich ihrer Art und Ausbreitung in den einzelnen Fällen grosse Verschiedenheiten dar. In beiden Beziehungen entspricht das Verhalten der Intima im Allgemeinen dem der Muscularis. Am Häufigsten fanden sich die Fettdegeneration sowie die als Atheromatose zusammengefassten Alterationen. Letztere fehlten in keinem der untersuchten Fälle gänzlich, zeigten sich jedoch in den einzelnen Fällen sehr verschieden entwickelt. Besonders stark waren dieselben in den Fällen 2, 3, 4 vertreten, in welchen auch die Fettdegeneration der Intima grosse Ausbreitung zeigte; in anderen Fällen hinwiederum (No. 8, 11 und 16 namentlich) liess sich hievon nur wenig nachweisen. Betreffs der Adventitia muss ich vor Allem auf die verschiedene Häufigkeit der Erweiterungen dieser Membran in den einzelnen Fällen aufmerksam machen. Während dieselben in einzelnen Fällen so zahlreich waren, dass sie sich an dem grösseren Theile der Gefässe, namentlich der Herdwandungen und angrenzenden Hirnpartieen fanden, wurden sie in anderen Fällen nur sehr vereinzelt beobachtet. Das häufigere Auftreten dieses Zustandes an der Adventitia scheint im Allgemeinen mit einer grösseren Ausdehnung der Erkrankung an den Innenhäuten parallel zu gehen. Wucherung der Adventitialkerne fehlte in keinem der untersuchten Gehirne gänzlich; das Gleiche gilt für die Hypertrophie (feinfaserige Verdickung) dieser Membran. Andererseits konnte ich eine Ausbreitung der genannten Veränderungen über sämmtliche oder den grössten Theil der intracerebralen Arterien in keinem Falle constatiren. Besonders die Hypertrophie der Adventitia fand sich in der grossen Mehrzahl der Fälle keineswegs reichlich, in zwei Beobachtungen (No. 5 und 16) sogar äusserst spärlich vertreten. Nur in 2 von den untersuchten Gehirnen (No. 9 und 10) erreichten die fraglichen Veränderungen der Adventitia eine erheblichere Ausbreitung, aber auch in diesen Fällen waren die Gefässe ohne Adventitiaverdickung bei Weitem vorherrschend.

Miliaraneurysmen wurden in keiner Beobachtung gänzlich vermisst; die Zahl der aufgefundenen Exemplare schwankte jedoch in den einzelnen Fällen sehr erheblich. Während in einigen Fällen trotz mühsamster Untersuchung des ganzen Gehirns sich nur wenige dieser Gebilde auffinden liessen, wurde in anderen eine grössere Anzahl (50 und darüber) ohne besondere Anstrengung entdeckt. In einem Falle war sicher eine Mehrzahl von Hunderten von Mil. An. vorhanden[1]. Noch erheblicher sind die Differenzen, welche die einzelnen Fälle in Bezug auf das Vorkommen diffuser Ektasieen darbieten. Diese Form

---

[1] Fälle, in welchen viele Tausende von Mil. An. sich fanden — wie sie andere Autoren beobachtet haben wollen — sind unter den von mir untersuchten nicht vertreten, und zwar muss ich hinzufügen, dass diese Bemerkung nicht bloss für die apoplektischen, sondern für sämmtliche von mir untersuchte Gehirne gilt.

der Gefässerweiterung wurde in einigen Beobachtungen gänzlich vermisst und zeigte sich auch in der Mehrzahl der Fälle sehr sparsam vertreten. Nur in zwei von den untersuchten Fällen (No. 12 und 16) fand sich eine grosse Anzahl derart veränderter Gefässe, z. Th. von äusserst zierlicher Gestaltung, in den Wandungen des apoplektischen Herdes vor.[1])

Dissecirende Aneurysmen liessen sich nur in einer Minderzahl der Fälle und unter diesen nur einmal in grösserer Anzahl und zwar in der Wandung des apoplektischen Herdes nachweisen. Dieselben waren hier meist entzwei gerissen und von keulenförmiger Gestalt, das breitere abgerissene Ende war der Lichtung des apoplektischen Herdes zugekehrt.

Aus den im Vorstehenden dargelegten Differenzen des Gefässbefundes in den einzelnen von mir untersuchten apoplektischen Gehirnen dürften sich die Abweichungen in den Angaben früherer Autoren über die den Hirnhämorrhagien zu Grunde liegenden Gefässalterationen zum grossen Theile erklären. Nur die Angaben *Charcot's* und *Bouchard's*, sowie *Turner's* scheinen mir noch einer besonderen Würdigung zu bedürfen. Vor Allem erhebt sich die Frage, wie *Charcot* und *Bouchard* dazu gelangen mochten, eine über das ganze Gebiet der intracerebralen Arterien sich ausdehnende Periarteritis als constanten Befund bei Apoplektikern zu statuiren, während Derartiges weder von mir noch von einem andern deutschen Autor beobachtet wurde. In dieser Beziehung lässt sich Folgendes bemerken. Manches in den Mittheilungen der genannten französischen Forscher spricht dafür, dass dieselben ein Verhalten der Adventitia, das noch in das Gebiet des Normalen gehört (Fältelungen), vielleicht auch Veränderungen, die durch Härtungsflüssigkeiten bewirkt wurden, für pathologisch hielten. Ausserdem haben dieselben einfache Vermehrung der Adventitialkerne als Periarteritis angesprochen; ich habe bereits erwähnt, wie schwierig es ist, hinsichtlich des Kernreichthums der Adventitia die Grenze zwischen Normalem und Pathologischem zu ziehen. Manches mag aber zu ihrer Auffassung auch das zur Untersuchung verwendete Gehirnmaterial beigetragen haben. Die Ausbreitung, welche die Veränderungen der Adventitia in den einzelnen von mir untersuchten Fällen zeigten, war, wie erwähnt, eine sehr variable, ich muss es daher wenigstens für möglich erachten, dass diese Alterationen in einzelnen der von *Charcot* und *Bouchard* untersuchten Gehirne noch in grösserer Ausdehnung sich präsentirten, als es in irgend einem der von mir verwendeten Gehirne der Fall war. Wesshalb dagegen von *Charcot* und *Bouchard* von Muscularisveränderungen lediglich Atrophie

---

[1]) In beiden Fällen handelte es sich um Herde in der Markmasse der Grosshirnhemisphären (des Scheitellappens). Es scheint hieraus hervor zu gehen, dass die medullaren Arterien des Corticalsystems (Charcot) zu dieser Art der Gefässerweiterung eine besondere Disposition besitzen, die wohl in deren langgestrecktem Verlaufe begründet ist.

gefunden wurde, hiefür bin ich nicht in der Lage, eine plausible Erklärung abzugeben. Sicher ist nur, dass der Schwund der Muscularis,
wo derselbe überhaupt auftritt, nicht ein secundärer, von den Veränderungen der Adventitia abhängiger Process ist, da in dessen Ausbreitung
irgend ein Parallelismus mit den Alterationen der Adventitia sich nicht
erkennen lässt.

Für die von *Turner* angenommene entzündliche Erweichung der
Gefässwände liefern dessen Beobachtungen keinerlei Beweis. Die Rundzellenanhäufung an der Adventitia, die er als Zeichen einer entzündlichen Veränderung der Gefässwand betrachtet, mögen zum Theil lediglich durch mechanische Verhältnisse (Lymphstauung) bedingt gewesen
sein, z. Th. secundär, i. e. nach Eintritt der Blutung sich eingestellt
haben als ein Theil der Veränderungen, welche die Gefässe in der Umgebung von Blutherden gewöhnlich erfahren. (Vgl. oben S. 60.) Irgend
ein Beweis dafür, dass die Gefässwandungen an den Stellen, an welchen
Rundzellenanhäufungen sich finden, sich durch besondere Zerreisslichkeit auszeichnen, so dass man hier von einer Erweichung sprechen
könnte, liegt nicht vor.

IV. Abschnitt.

Ueber den Ausgangspunkt der Blutung.

Die Ansichten bezüglich des Ausgangspunktes der Blutung bei der
spontanen Gehirnhämorrhagie haben, wie wir z. Th. schon an früherer
Stelle sahen, in den letzten 2 Decennien eine auffallende Wandlung
erfahren. Während man früher nicht den geringsten Zweifel darüber
hegte, dass jedes der kleinen Gehirngefässe bei entsprechender Veränderung der Wandung unter Umständen bersten und zu Blutaustritt
Anlass geben könne, ist seit den Untersuchungen *Charcot*'s und *Bouchard*'s
eine Anzahl Beobachter geneigt, lediglich die in der Form von Mil. An.
veränderten Gefässstellen als Ausgangspunkt spontaner Gehirnhämorrhagieen (im engeren Sinne) anzuerkennen. Wenn wir jedoch die Gründe
in Betracht ziehen, auf welche *Charcot* und *Bouchard* diese Anschauung
basiren, so zeigt sich, dass dieselben keineswegs einwurfsfrei sind. Als
Hauptargumente wurden von *Charcot* und *Bouchard* angeführt: 1) Das
constante Vorkommen von Mil. An. in Gehirnen, welche Sitz spontaner
Blutungen sind, 2) das constante Vorkommen geborstener Miliaraneurysmen in der Wandung apoplektischer Herde.

Bezüglich des ersten Punktes ist zu bemerken, dass die Existenz
von Mil. An. überhaupt in einem apoplektischen Gehirne noch kein

Beweis dafür ist, dass die Blutung lediglich aus solchen stammen könne. Wenn wir in Erwägung ziehen, in welch' intensiver Weise auch nicht erweiterte Gefässstrecken erkranken können, wie ausserordentlich deren Widerstandsfähigkeit gegenüber dem Blutdruck hiedurch herabgesetzt sein muss, wenn wir ferner in Betracht ziehen, dass an solchen Gefässen neben der Verringerung der Widerstandsfähigkeit der Wand noch die Bedingungen für locale Blutdrucksteigerungen gegeben sein können (durch Verstopfung abgehender Zweige), so ist gewiss weder vom physikalischen noch vom anatomischen Standpunkte aus zu ersehen, wesshalb lediglich aneurysmatisch erweiterte Gefässpartieen sollen bersten können. Was dagegen den weiteren Umstand, die constante Auffindung geborstener Mil. An. in der Wand apoplektischer Herde anbelangt, so könnte ich, selbst wenn dessen Richtigkeit nicht dem geringsten Zweifel unterläge, demselben dennoch nicht die Bedeutung eines unbestreitbaren Arguments für die in Rede stehende Anschauung zuerkennen. Wir wissen, dass bei den grösseren Blutergüssen das schliesslich sich vorfindende Extravasat nicht einheitlichen Ursprungs ist, dass der Bluterguss aus dem zunächst geborstenen Gefässe zur Zertrümmerung von Hirnsubstanz und somit auch zur Zerreissung weiterer Gefässe, i. e. zu weiteren Blutaustritten führt. Die secundär rupturirten Gefässstellen können nun wohl auch Aneurysmen tragen, die unter den obwaltenden Verhältnissen zur Berstung gelangen. Die Auffindung eines geborstenen Aneurysma's kann daher wenigstens bei grossen Herden nicht als ein sicherer Beweis dafür angesehen werden, dass die Blutung primär von einem solchen ausging. Ich muss jedoch auch die Behauptung *Charcot's* und *Bouchard's*, dass sich in den Wandungen frischer Blutherde constant geborstene Mil. An. nachweisen lassen, wenn man sich die Mühe nimmt, darnach zu suchen, als irrthümlich bezeichnen. Schon die Beobachtungen, welche diese Autoren selbst mittheilten, scheinen nichts weniger als eine Bestätigung ihrer Ansicht zu liefern. Es findet sich wenigstens unter den Fällen mit frischen apoplektischen Herden, die sie anführen, eine Anzahl, in welchen das Vorkommen von Mil. An. constatirt ist, aber nicht in den Wandungen des Herdes, sondern in anderen Gehirntheilen, und es ist doch in hohem Masse unwahrscheinlich, dass man in diesen Fällen die Auffindung von Mil. An. in den Herdwandungen nicht erwähnt haben würde, wenn eine solche stattgehabt hätte. So ist z. B. in Beobachtung III angeführt, dass in beiden Grosshirnhemisphären sich beträchtliche Extravasate fanden, ferner kleine Herde in der Brücke und im linken Grosshirnschenkel vorhanden waren. Betreffs der Mil. An. berichten sie dagegen: „on trouve quelques anévrysmes miliaires dans les circonvolutions." In Beobachtung V wurden mehrere grosse Herde in den Grosshirnlappen und ein weiterer grosser Herd im Kleinhirne constatirt. Man fand hiebei mehrere Aneurysmen in der Wandung des Grosshirnherdes und in der Brücke. Von einer Auffindung in dem

Kleinhirnherde ist nichts erwähnt. Noch auffälliger ist in dieser Beziehung Beobachtung VII. Hier wurde ein Herd im linken Sehhügel, ferner ein sehr kleiner und sehr umschriebener Herd in der oberen Etage der Brücke und ein ebensolcher im rechten Streifenhügel ermittelt. Hier fand man in den Wandungen des Herdes in der l. Hemisphäre und ebenso in denen des Brückenherdes mehrere Mil. An. Ferner wurden in den Windungen 2 kleine Mil. An. aufgefunden. In dem sehr kleinen frischen Herde im rechten Streifenhügel fand sich hier offenbar kein Mil. An., sonst wäre dieser Umstand sicher ebenso gut erwähnt worden, als die Auffindung von zwei Mil. An. in den Windungen des Grosshirns[1]). Die Zahl der Fälle, in welchen von einer Auffindung von Mil. An. in der Herdwandung nichts erwähnt ist, ist mit den angeführten keineswegs erschöpft. Unter 46 von *Charcot* und *Bouchard* mitgetheilten Beobachtungen mit frischen Herden findet sich im Ganzen 18 Mal nichts von einer Auffindung von Mil. An. in der Herdwandung oder bei einer Mehrzahl von Herden nur bei einem Theile derselben angeführt.

Ich selbst konnte wenigstens in einzelnen der von mir untersuchten Fälle, in welchen ich in der Lage war, die Untersuchung des apoplektischen Herdes nach den Vorschriften von *Charcot* und *Bouchard* vorzunehmen, ein geborstenes Mil. An. in der Wandung des Herdes nicht entdecken. Am Auffallendsten war in dieser Beziehung der Befund in Fall No. 14, in welchem Herr Dr. *Eisenlohr* die Güte hatte, mich in der Untersuchung des Herdes zu unterstützen. Hier fanden sich in der Herdwandung mehrere geborstene Gefässe (ohne Aneurysmen), die mit Blutcoagulis zusammenhängen, es fanden sich andererseits mehrere Mil. An.; von letzteren war jedoch keines geborsten. In dem 2. der von mir untersuchten Fälle konnte ich jedoch noch eine weitere für die vorwürfige Frage gewichtige Beobachtung machen. Hier fand sich in der Wand des grossen apoplektischen Herdes bei nachträglicher Untersuchung eines gehärteten Stückes ein weiteres kleines (etwas über erbsengrosses), von dem Hauptherde völlig getrenntes Extravasat, in dessen Mitte hinein sich von der Wand des kleinen Herdes aus ein feines Gefässchen verfolgen liess. Es konnte hier keinem Zweifel unterliegen, dass letzterem der Bluterguss entstammte. Die sorgfältigste Untersuchung des Gefässchens, der dasselbe umscheidenden Blutmasse sowie der Wandungen des kleinen Herdes liess hier von einem Mil. An. nichts entdecken, so dass also für dieses Extravasat der Nachweis der Entstehung aus einem nicht aneurysmatischen Gefässe als erbracht angesehen werden kann. Die Unhaltbarkeit der von *Charcot* und *Bouchard* u. A. vertretenen Anschauung bezüglich des nächsten Ausgangspunktes der spontanen Hirnblutung (i. e. S.) dürfte somit zur Genüge dargethan

---

[1]) In den angeführten Beobachtungen handelt es sich durchgehends, wie ich speciell bemerke, um frische Blutherde.

sein. Wenn wir nun in den Mil. An. auch nicht die ausschliessliche Quelle der in Rede stehenden Hämorrhagieen erblicken können, so besteht doch kein Grund, zu bezweifeln, dass eine Ruptur dieser Gebilde in der Mehrzahl der Fälle die Blutung veranlasst. Hiefür sprechen wenigstens die von *Charcot* und *Bouchard* mitgetheilten Beobachtungen.

Wenn wir schliesslich noch einen Blick auf die Bedeutung der einzelnen im Vorstehenden geschilderten Gefässveränderungen für die Genese der Hirnblutungen werfen, so müssen wir zunächst gestehen, dass die einfache Atrophie, die fettige und die granulöse Degeneration in gleicher Weise die Arterien in jenen Zustand versetzen können, der als Vorbedingung für das Statthaben einer Ruptur erachtet werden muss. Allein auch die atheromatösen Veränderungen der Gefässwand erweisen sich in der gleichen Richtung höchst wirksam. Es wäre ein bedenklicher Irrthum, zu glauben, dass die Verdickungen der Wand, zu welchen es im Verlaufe des sklerotischen Processes kommt, etwa einen Schutz gegen Zerreissungen bilden. Schon beim Isoliren derart veränderter Gefässe durch Zerzupfen macht sich deren Brüchigkeit oft in höchst auffälliger Weise bemerklich. Dieselben brechen unter dem Drucke der Präparirnadeln oft geradezu ab. Während bei den ersterwähnten Veränderungen die Gefässwand noch immer einen gewissen Grad von Elasticität sich wahrt, repräsentirt bei der Atheromatose ein Theil des Gefässrohres eine starre, mehr minder prominente Platte (wenigstens bei beträchtlicher Entwicklung der betreffenden Veränderungen), auf welche der Anprall der Blutwelle mit viel grösserer Gewalt einwirkt, als auf die Umgebung. Es liegt nahe, dass es hier unter dem ständig wirkenden Einflusse des Blutstromes entweder zu einer allmälig sich steigernden Verdünnung der Gefässwand an dem centralen Rande der Platte und endlich zur Durchreissung derselben an dieser Stelle kommt, oder bei genügender Zerklüftung der Platte in Folge fettigen Zerfalls eine Ruptur im Gebiete der Verdickung selbst eintritt. Letztere Möglichkeit ist namentlich dann gegeben, wenn Verwachsung der Intima und Adventitia eingetreten und der Zerfall der Verdickung in der Tiefe bis zur Adventitia fortgeschritten ist.

Im Vorstehenden war nur von Arterien die Rede. Die Frage, ob nicht gelegentlich auch venöse Gefässe die Quelle von spontanen Gehirnblutungen (i. e. S.) sein können, ist in neuerer Zeit nicht einmal einer Erörterung gewürdigt worden.[1]) Der Umstand, dass die Venenwandungen in den Gehirnen von Apoplektikern ebenfalls vielfach in intensiver Weise erkrankt, also abnorm brüchig gefunden werden, sowie die Thatsache, dass eine Anzahl von Gelegenheitsursachen der Apoplexia sanguinea (Blutdrucksteigerungen) zunächst in dem venösen Gebiete Steigerung des Druckes herbeiführt, lässt a priori schon ver-

---

[1]) Die venösen Blutungen bei Sinusthrombose kommen hier nicht in Betracht.

muthen, dass es gelegentlich auch zur Ruptur von Venen kommt. Hiefür spricht nun auch das Vorkommen dissecirender Aneurysmen an Venen, dessen bereits Erwähnung gethan wurde, ferner die Beobachtung, die ich zuweilen machte, dass die Wandung einzelner Venen durch Hämatoidincrystalle gelblich verfärbt sich zeigt. Dass es durch Zerreissung von Venen zu grossen Blutherden kommt, ist mir indess nicht wahrscheinlich. Allein die kleinen und kleinsten Extravasate, die sich in Mehrzahl in einzelnen Gehirnen finden, mögen immerhin zum Theil auch venösen Ursprunges sein.

Die Ursachen der Gefässveränderungen, welche zu Hämorrhagieen im Gehirne führen, lassen sich nach dem augenblicklichen Stande unserer Erfahrungen im Allgemeinen in 4 Gruppen sondern: 1) Mechanische Momente. 2) Blutveränderungen. 3) Nervöse Einflüsse. 4) Angeborene (ererbte) Disposition.

Im Nachstehenden wird versucht werden, die wichtigsten dieser Momente, sowie deren Tragweite und Wirkungsweise darzulegen. Hiebei konnte eine Berücksichtigung obiger Eintheilung nur in beschränktem Masse statthaben und zwar aus folgendem Grunde. Die Verhältnisse, welche bei den einzelnen von Hirnblutungen heimgesuchten Individuen gegeben sind, zeigen vielfach eine Combination mehrerer ursächlicher Momente, mechanischer Factoren und Blutveränderungen namentlich. Es würde uns eine stricte Durchführung obiger Eintheilung daher genöthigt haben, dieselben Zustände zum Theil unter 2 Rubriken zu besprechen. Die Anordnung, von welcher wir im Folgenden Gebrauch machten, wird sich aus dem behandelten Stoffe zur Genüge erklären.

Ueber die Beziehungen der Atheromatose der basalen Gefässe und der grossen Arterienstämme zu den spontanen Hirnblutungen.

In einem früheren Abschnitte wurde bereits erwähnt, dass die Häufigkeit der heutzutage als atheromatöse bezeichneten Veränderungen der Basalarterien bei spontanen Hirnblutungen schon im vorigen Jahrhunderte von mehreren Beobachtern hervorgehoben wurde. Genauere statistische Angaben über diesen Punkt theilte zuerst *Durand-Fardel* mit. Dieser Autor fand unter 32 zusammengestellten Fällen von Hirnhämorrhagie, worunter 21 ihm selbst angehörige eingeschlossen sind, die Basalarterien 4 Mal gesund, 19 Mal verdickt, indurirt, knorplig etc., 9 Mal verknöchert. Die betreffenden Individuen waren mit Ausnahme von 4 über 60 Jahre alt (die meisten 70 Jahre). Bei 32 Individuen im Alter von über 60 Jahren ohne Gehirnerkrankung waren nach dem gleichen Beobachter die Arterien 9 Mal gesund, 21 Mal verdickt und 2 Mal verknöchert. Die hier zu Gunsten der Apoplektiker sich geltend machende Differenz würdigt *Durand-Fardel* keiner weiteren Beachtung. Nach ihm handelt es sich bei den in Rede stehenden Veränderungen der Basalarterien in Fällen von Hirnblutungen um eine einfache Coincidenz, die nur durch das hohe Alter der betreffenden Individuen bedingt ist [1]).

Senhouse Kirkes [2]) fand unter 22 Fällen von spontaner Hirnblutung die Basalgefässe 17 Mal, *Eulenburg* [3]) unter 42 Fällen 29 Mal erkrankt (Sklerose, Verknöcherung, Verkalkung, Fettmetamorphose). Nach *Charcot* und *Bouchard* [4]) war unter 69 Fällen, in welchen der Zustand der Basalarterien notirt wurde, 15 Mal keine Atheromatose nachweisbar.

Die Bedeutung, welche den Veränderungen der Basalarterien bei Hirnblutungen bis in die letzten Decennien von vielen Autoren beigelegt wurde, fusste keineswegs auf der Annahme eines causalen Zusammenhanges. Man erblickte in den Alterationen der Basalgefässe nur insoferne einen gewichtigen Umstand, als man dieselben als einen Be-

---

[1]) *Durand-Fardel*, Handbuch der Krankh. des Greisenalters, deutsch von *Ullmann* 1858, S. 296. Zum Verständnisse der Anschauungen *Durand-Fardel's* muss beigefügt werden, dass nach *Durand-Fardel* diese Indurationen oder Verknöcherungen nur in den äusseren Gehirngefässen und nie in der Nervensubstanz selbst angetroffen wurden. Die entgegengesetzt lautenden Angaben *Rokitansky's*, sowie die Mittheilungen *Kölliker's Virchow's*, *Paget's* u. A. über Erkrankungen der intracerebralen Gefässe sind *Durand-Fardel* offenbar unbekannt geblieben.

[2]) *Senhouse Kirkes*, Medical Times and Gazette. Nov. 24. 1855. S. 515.

[3]) *Eulenburg*, Virch. Arch. 24. Band. S. 360. 1862.

[4]) *Charcot* und *Bouchard*, Arch. de physiol. l. c.

weis für Erkrankung der Gehirngefässe überhaupt und sohin auch der intracerebralen Arterien erachtete [1]. Einer Anschauung, die einen causalen Nexus in Rechnung zieht, begegnen wir zuerst bei *Eulenburg*. Nach *Eulenburg* ist dieser Nexus ein mehrfacher. „Indirect mögen sie (die Veränderungen der Basalgefässe) auch bei der Genese der Hirnhämorrhagie in mehrfacher Weise mitwirken, in dem einmal der an den grossen Arterien an der Basis auftretende Krankheitsprocess sich theils unmittelbar auf die feineren Verzweigungen fortsetzt, theils besonders gern mit passiver Fettdegeneration und den oben geschilderten Formen der Ektasie an den letzteren vergesellschaftet — anderseits aber die, nicht selten durch endogene Thrombenbildung noch gesteigerten Verengerungen und Verstopfungen sklerotischer, verknöcherter oder verkalkter Basalarterien in anderen Zweigen collaterale Fluxion und durch verstärkten Seitendruck Erweiterung, somit ebenfalls Ernährungsstörungen und endlich Ruptur hervorrufen mögen [2]. *Nothnagel* [3] spricht sich ebenfalls für eine causale Beziehung der Atheromatose der Basalarterien zu den Hirnblutungen aus. Diese ist nach ihm hauptsächlich durch den Verlust der Elasticität der Gefässwände gegeben; in Folge dieses Verlustes muss die Abschwächung der systolischen Pulswelle eine geringere werden und der Seitendruck in den kleinsten (mit Mil. An. behafteten) Arterien noch abnorm hoch sich gestalten.

Nach *Wernike* [4] ist die Atheromatose der Basalarterien an den Hirnblutungen zwar unschuldig, doch gibt er mit *Nothnagel* zu, dass dieselbe in Folge Erhöhung des Blutdruckes in den kleinen Arterien die Wirksamkeit gewisser Anlässe vermehrt.

Unter den von mir untersuchten 17 Fällen von Hirnblutung fanden sich 5 Mal die Basalarterien unverändert. Indess ist diese Zahl zu klein, um weitergehende Schlüsse zu gestatten. Ich habe desshalb die Sectionsberichte 39 weiterer Fälle von spontaner Hirnblutung (im engeren Sinne), die in den letzten Jahren in dem hiesigen pathol. Institute obducirt wurden, und bei welchen sich Angaben über den Zustand der Basalgefässe fanden, zu Rathe gezogen. Es ergibt dies ein Gesammtmaterial von 56 Fällen. Bei diesen wurden die Basalarterien 16 Mal gesund, 18 Mal gering oder mässig, 22 Mal beträchtlich atheromatös gefunden. Auf die einzelnen Altersklassen vertheilen sich diese Zahlen folgendermassen:

---

[1] Nur *Morgagni* weist auf die nachtheiligen Folgen von Verknöcherungen der Arterien für die Circulation im Gehirne hin, indem er bemerkt, dass sich die Arterien in Folge dieser Veränderung weniger verengern und das Blut vorwärts treiben könnten. (De caus. et sed. morb. Ep. III. 22.)

[2] *Eulenburg*, Virch. Arch. 24. Band, S. 343.

[3] *Nothnagel*, von Ziemssen's Handb. 11. Band. 1. Hälfte. 2. Aufl., S. 71.

[4] *Wernike*, Lehrb. der Gehirnkrankheiten. 2. Band, S. 8.

I. Verhalten der Basalgefässe.

20.—30. Jahr	30.—40. Jahr	40.—50. Jahr	50.—60. Jahr	60. Jahr und darüber	Unbekanntes Alter
2 gesund	3 gesund	3 gesund 2 mässig athero-matös 3 beträchtlich atheromatös	3 gesund 6 mässig athero-matös 3 beträchtlich atheromatös	4 gesund 9 mässig athero-matös 16 beträchtlich atheromatös	1 gesund 1 mässig atheromatös

Hiebei ist zu bemerken, dass die 4 Fälle, in welchen bei Individuen von 60 und mehr Jahren die Basalarterien gesund gefunden wurden, sämmtlich Personen unter 70 Jahren betrafen, und unter den Apoplektikern über 70 Jahre keiner mit gesunden Basalarterien sich findet. Man kann daher sagen, dass unter der Gesammtzahl der Apoplektiker die Zahl derjenigen mit gesunden Basalgefässen jedenfalls vom 40. Jahre an stetig abnimmt, bis schliesslich eine Altersgrenze (70 Jahre) erreicht wird, bei welcher bei Apoplektikern keine gesunden Basalgefässe sich überhaupt mehr finden. Allein eine ähnliche, wenn auch in anderen Verhältnissen sich bewegende Abnahme der Fälle mit gesunden Basalgefässen findet sich auch bei Individuen, die nicht an Hirnblutungen litten. Ich habe den Zustand der Basalgefässe bei 94 solcher Individuen im Alter von über 40 Jahren untersucht, hiebei fanden sich 57 Mal atheromatöse Veränderungen in geringerer oder grösserer Ausdehnung. Auf die einzelnen Altersclassen vertheilt sich dieser Befund in folgender Weise:

II.

40.—50. Jahr	50.—60. Jahr	60 Jahre und darüber
17 gesund 6 atheromatös	13 gesund 11 atheromatös	7 gesund 40 atheromatös

Wenn nun auch hier, wie ein Vergleich der Tabellen I und II lehrt, wieder wie bei *Durand-Fardel* sich eine Differenz zu Gunsten der Apoplektiker ergibt, so lässt doch die Thatsache, dass nur bei etwa ¹/₇ der über 60 Jahre alten Individuen Veränderungen der Basalarterien völlig mangeln, es nicht zu, in der Gegenwart dieser Affectionen einen Umstand zu erblicken, der von erheblichem Einflusse für die Entstehung von Gehirnblutungen ist; denn wäre Letzteres der Fall, so müsste von den Individuen, die das 60. Jahr hinter sich haben, eine viel grössere Zahl von Apoplexia sanguinea befallen werden, als in der Wirklichkeit geschieht. Diese schon aus den statistischen Ermittlungen sich ergebende

Anschauung findet in weiteren Beobachtungen eine erhebliche Stütze. Eine Fortpflanzung des atheromatösen Processes von den Basalgefässen auf die von diesen abgehenden Aeste per contiguitatem findet, wenigstens soweit die an der Basis abtretenden Zweige in Betracht kommen, nach meinen Wahrnehmungen im Allgemeinen nicht statt. Ich habe nicht bloss an den Gehirnen von Apoplektikern, sondern auch an einer Anzahl anderer Gehirne mit hochgradig atheromatösen Basalgefässen specielle Nachforschungen bezüglich dieses Punktes angestellt, indem ich namentlich von sehr beträchtlich erkrankten Gefässpartieen die rechtwinklig abgehenden Zweige in grösserer Anzahl abschnitt und untersuchte. Bereits an früherer Stelle wurde erwähnt, dass die an der Basis abgehenden Aeste 1. Ordnung sich in den apoplektischen Gehirnen im Allgemeinen viel weniger erkrankt zeigen, als die kleineren Zweige. Die Abgangsstellen ersterer Gefässe erwiesen sich in den untersuchten Gehirnen sehr häufig intact oder wenigstens ohne atheromatöse Veränderung der Intima. Da, wo sich solche überhaupt fanden, beschränkten sich dieselben gewöhnlich auf die unmittelbar angrenzenden Partieen, und zeigten an den betreffenden Gefässen auch noch andere Stellen sich atheromatös afficirt, so liess sich doch eine continuirliche Ausbreitung des Processes von der Abgangsstelle des Gefässes an nicht constatiren.

Auch die Ausdehnung der atheromatösen Veränderungen an den intracerebralen Gefässen erweist sich unabhängig von dem Zustande der basalen Arterien. In den Fällen 2 und 3, in welchen die Atheromatose an den intracerebralen Gefässen eine sehr beträchtliche Ausbreitung besass, waren die Basalgefässe normal, während in den Fällen 8 und 15 trotz hochgradiger Atheromatose der Basalgefässe an den intracerebralen Gefässen sich atheromatöse Veränderungen nur in geringem Umfange nachweisen liessen[1]. Aehnlich verhält es sich bei Individuen ohne Hirnblutung. Auch bei solchen fand ich öfters trotz hochgradiger Atheromatose der Basalgefässe an den intracerebralen Gefässen analoge Veränderungen nur in sehr spärlicher Verbreitung. Die übrigen Erkrankungsformen des intracerebralen Gefässapparates zeigen ebenfalls hinsichtlich ihrer Ausbreitung keine bestimmten Beziehungen zu dem Zustande der Basalgefässe. Collaterale Fluxionen können durch die Sklerose der Basalgefässe wohl nur äusserst selten veranlasst werden, weil diese Veränderung an den Basalgefässen nur ausnahmsweise sich mit einer erheblichen Verengerung, häufiger dagegen mit einer Erweiterung des Lumens combinirt. Dagegen bildet die Einbusse an Dehnbar-

---

[1] In dem von *Arndt* (*Virchow's* Arch., 72. Band, 4. Heft, S. 449) mitgetheilten Falle von Gehirnblutung fand sich an den intracerebralen Gefässen von Atheromatosis keine Andeutung, obwohl die basalen Gefässe und z. Th. auch deren Verzweigungen in der Pia die Entartung in beträchtlichstem Masse zeigten. *Arndt* hält hier die Erkrankung der basalen Gefässe für eine Folge der durch die Veränderungen der intracerebralen Gefässe bewirkten Circulationserschwerung.

keit und Elasticität, welche die Basalarterien bei Atheromatose erfahren, einen Umstand, der ernstlicher in Betracht gezogen werden muss, soferne hierdurch eine Steigerung des Blutdruckes in den kleineren intracerebralen Gefässen herbeigeführt werden mag. Allein diese Wirkung kann nur in jenen Fällen angenommen werden, in welchen die Extensität sowohl als die Intensität der atheromatösen Veränderung an den Basalgefässen eine beträchtliche ist; dies trifft indess keineswegs für sämmtliche Fälle zu, in welchen Sklerose der Basalgefässe überhaupt besteht.

Bei Berücksichtigung des im Vorstehenden Dargelegten müssen wir zu der Anschauung gelangen, dass eine ätiologische Beziehung zu den Gehirnblutungen der Atheromatose der Basalgefässe nur in einem Theile der Fälle zukommen kann. Wie es scheint, entwickeln sich die Veränderungen an den Basalgefässen und den intracerebralen Arterien zumeist, vielleicht sogar immer unabhängig von einander; ob unter der Einwirkung einer und derselben oder verschiedener Ursachen steht dahin. Nur bei hochgradiger Ausbildung der endarteritischen Affection an den Basalgefässen mag letztere secundär und in untergeordnetem Masse zu weiterem Fortschreiten der Veränderung der intracerebralen Gefässe dadurch beitragen, dass sie eine Erhöhung des Blutdruckes in diesen bedingt.

Was wir soeben für die Basalgefässe darlegten, gilt mutatis mutandis auch für die atheromatöse Entartung der grossen Arterienstämme. Zur gleichmässigen Fortschaffung der Blutmassen gegen die Peripherie hin tragen die elastischen Kräfte der Wandungen dieser Gefässe jedenfalls bei. Indem dieselben an Dehnbarkeit und Elasticität einbüssen, sich so also in ihrem Verhalten dem starrer Röhren nähern, muss die Blutströmung einen mehr discontinuirlichen, stossweisen Character annehmen. Bei der Kürze des Weges zwischen Herz und Hirnbasis muss zugleich die systolische Pulswelle mit wenig abgeschwächter Gewalt wenigstens in den an der Basis rechtwinklig abgehenden Aesten anlangen, der Seitendruck in diesen also steigen. Diese Drucksteigerung muss natürlich noch einen erheblichen Zuwachs erfahren, wenn zu der in Frage stehenden Veränderung eine Hypertrophie des linken Ventrikels sich gesellt. Trotz alledem dürfen wir der Atheromatose der grossen Gefässe keine zu grosse Bedeutung für die Ausbildung jener Veränderungen der intracerebralen Gefässe beilegen, die zu Hirnblutungen führen. Unter 148 Fällen von Atherom der Aorta (und z. Th. jedenfalls auch anderer Gefässe), welche *Sternfeld*[1]) aus den Sektionsprotokollen des hiesigen pathologischen Instituts zusammenstellte, fanden sich 14 Mal apoplektische Herde im Gehirne (also unter 10 Fällen einmal). Diese Zahlen sind gewiss geeignet, von zu weit gehenden Schlüssen abzuhalten, zu welchen etwa die grosse Häufigkeit des Atheroms der Aorta und anderer Gefässe bei Hirnhämorrhagieen Anlass geben könnte.

---

[1]) *Sternfeld, H.,* Zur Pathogenese und Aetiologie der Atheromatose. Inaug.-Diss. München, 1884.

Ueber die Beziehungen gewisser Herzerkrankungen, insbesonders der Herzhypertrophie zu den spontanen Hirnblutungen.

Schon im 18. Jahrhundert machte sich mehr und mehr die Erkenntniss geltend, dass unter den Ursachen der Gehirnhämorrhagie jene Umstände keine unbedeutende Rolle spielen, welche den Blutzufluss zum Gehirn vermehren oder dessen Rückfluss vom Kopfe behindern.[1] Die Bedeutung, die man dem sogenannten Habitus apoplecticus und zwar insbesonders dem kurzen Halse in der Aetiologie der Apoplexie beilegte, fusste wesentlich auf jener Anschauung. So konnte es nicht ausbleiben, dass man allmälig auch Erkrankungen des Herzens und die dadurch herbeigeführten Aenderungen in den Circulationsverhältnissen im Gehirne mit der Genese von Gehirnblutungen in Zusammenhang brachte.

Fälle von Hypertrophie des Herzens bei Gehirnhämorrhagie wurden schon von *Baglivi* (linker Ventrikel)[2] und *Gibellini*[3] (allgemeine Hypertrophie) mitgetheilt; *Lieutaud*[4] beobachtete bei einem Apoplektiker Dilatation der rechten Herzkammer. Weitere Beobachtungen von Herzhypertrophie bei an Hirnblutung Verstorbenen berichten *Lullier*[5], *Legallois*[6], *Testa*[7]. Von *Richerand*[8] wurde der Fall des berühmten Naturforschers *Cabanis* veröffentlicht, der an wiederholten Hirnhämorrhagieen zu Grunde ging, und bei welchem der linke Ventrikel an Volumen und

---

[1] „Ad causas referri possunt, quae sanguinem inspissant et lentiorem faciunt, aut lympham viscidiorem efficiunt, quae quantitatem sanguinis nimis adaugent ejusque ad caput affluxum incitant et cogunt vel refluxum a capite impediunt." Praxis medica sive commentarium in aphorismos H. Boerhave de cognoscendis et curandis morbis, pars quarta. Lond. 1738, S. 294.

[2] Der Fall betraf den berühmten Malpighi († 1694 zu Rom). „Cor citra consuetum, erat mole sua auctum et praecipue parietes sinistri ventriculi qui duorum digitorum latitudinem aequabant." Bonnet Sepulchr. lib. I Obs. XIII, S. 143.

[3] *Gibellini*, De quibusdam cordis affectionibus, citirt in Romberg's Aufsatz, Arch. f. med. Erfahrung, 1820, Juli u. Aug. S. 92.

[4] *Lieutaud*, angeführt bei Romberg l. c.

[5] *Lullier*, Journ. de médic. et chir. Vol. 16. p. 16.

[6] *Legallois*, citirt bei Richelmy l. c. S. 14 u. 277.

[7] *Testa*, Ueber die Krankheiten des Herzens, deutsch von Sprengel, 1813.

[8] *Richerand*, citirt bei Romberg, Archiv f. med. Erfahr., 1820, Juli u. Aug. S. 94 u. 96.

Dicke der Wandungen um das Dreifache die gewöhnlichen Verhältnisse
übertraf. Der gleiche Autor betonte auch auf Grund seiner Leichen-
befunde bei Apoplektikern, „dass die Verstärkung und vermehrte Kraft
der linken Herzkammer mehr zum Schlagfluss disponirt als ein kurzer
Hals mit dickem Kopfe, welche bei der Mehrzahl der Aerzte die sogenannte apoplektische Constitution bilden." In einer Anzahl von durch
Guillemie und *Brichetau* [1]) mitgetheilten Fällen findet sich ebenfalls die
Complication von Hirnblutung mit Herzhypertrophie (speciell Hypertrophie des linken Ventrikels) erwähnt. *Corvisart* [2]) dagegen behauptete,
die fragliche Complication nie angetroffen zu haben, und *Kreysig* [3]) beobachtete zwar 7 Mal Apoplexie bei Herzkrankheiten, glaubt jedoch aus dem
Umstande, dass die Hirnblutung nicht einmal in Verbindung mit der Herz-
krankheit den Tod schleunig herbeizuführen im Stande sei, folgern zu
dürfen, „dass Schlagfluss und Herzübel zwei weit von einander gelegene
Momente sind, die zunächst gar nichts mit einander zu thun haben." Auch
Rochoux [4]), der Vertreter des ramollissement hémorrhagipare, trat der
Lehre von einem Zusammenhange zwischen Herzhypertrophie und Hirnblutung entgegen, indem er darlegte, dass bei an acuten Erkrankungen
verstorbenen Greisen (Personen über 70 Jahren) die angeblich für das
Greisenalter normale Herzhypertrophie sich noch häufiger finde als bei
Apoplektikern gleichen Alters. *Andral* [5]) dagegen äusserte sich wieder
mit voller Bestimmtheit dahin, dass die Herzhypertrophie zu Gehirnblutung führen könne. In seiner medicinischen Klinik bemerkt er bei
Besprechung der Herzkrankheiten, dass aus dem hypertrophischen Zustande des Herzens für das Gehirn entspringen können: 1) ein erster
Grad von Congestion, der nur durch Kopfschmerz, Schwindel, Betäub-
ungen angezeigt wird; 2) ein zweiter Grad derselben Congestion, der
stark genug ist, um einen vollkommenen Verlust des Bewusstseins und
alle Symptome einer Hämorrhagie des Gehirns hervorzubringen; 3) diese
Hämorrhagie selbst. *Durand-Fardel* [6]) dagegen suchte wieder ähnlich
wie *Rochoux* auf statistischem Wege Beweise gegen einen Zusammenhang
zwischen Herzhypertrophie und Hirnblutung zu gewinnen. Unter 27
eigenen Fällen von Hirnhämorrhagie fand er nur 14 Mal (= 51,9 %)
Herzhypertrophie. Unter 83 zusammengestellten Fällen von Apoplexie,
die verschiedenen Autoren angehören, ergab sich ihm nur eine Differenz

---

[1]) *Brichetau*, De l'influence de la circulation sur les fonctions cérébrales. Journ.
complem. du dictionn. des scienc. méd. T. IV, Jul. 1819.

[2]) *Corvisart*, Sur les maladies et les lésions organiques du coeur et des gros
vaisseaux, publ. par C. E. Horeau. Paris 1806. p. 178 u. f.

[3]) *Kreysig*, Die Krankheiten des Herzens, system. bearbeitet in Berlin 1814, I,
S. 349 u. f.

[4]) *Rochoux* l. c.

[5]) *Andral*, med. Klinik, 3. Band, 1. Theil. Deutsch von Flies, 1844, S. 561.

[6]) *Durand-Fardel*, Greisenkrankheiten, S. 363.

von 11—13 % an Hypertrophie zu Gunsten der Apoplektiker gegenüber einer Anzahl in Vergleich gezogener an anderen Erkrankungen Verstorbener gleichen Alters. Mit grosser Entschiedenheit trat dagegen wieder *Senhouse Kirkes*[3]) für einen Causalnexus zwischen Herzhypertrophie und Hirnhämorrhagieen ein. *Kirkes* fand unter 22 Fällen von Hirnblutung 17 Mal Herzhypertrophie (insbesondere Hypertrophie des linken Ventrikels). Von diesen Fällen waren 13 mit Nierenschrumpfung vergesellschaftet und unter diesen fanden 4 sich mit Klappenerkrankungen, welche allein die Hypertrophie des Herzens herbeigeführt haben mochten. Nach *Kirkes* soll die Steigerung der propulsorischen Kraft des hypertrophischen Herzens übermässige Ausdehnung der Gehirngefässe, hiedurch Erkrankung und endlich Ruptur derselben herbeiführen. Am Leichtesten sollen nach *Kirkes* diese Veränderungen bei der Hypertrophie des linken Ventrikels ohne Klappenerkrankung sich einstellen. „weil hier die volle Kraft des hypertrophischen Ventrikels direkt auf den arteriellen Strom einwirkt". [2]) In sehr eingehender Weise beschäftigte sich *Eulenburg*[1]) mit den Beziehungen zwischen Herzhypertrophie und Gehirnblutung. Unter 42 Fällen von Hirnhämorrhagie, welche *Eulenburg* aus den Sectionsprotokollen der Charité und des Berliner Arbeitshauses zusammenstellte, fand sich Hypertrophie des linken Ventrikels nur 9 Mal (21,4 %) und zwar war dieselbe 5 Mal mit Granularatrophie der Nieren, 7 Mal mit diffuser Arteriosklerose vergesellschaftet; unter 19 Individuen, deren Alter genauer angegeben war und im Mittel 61 betrug, war dieselbe nur 4 Mal (= 21 %) vertreten. *Eulenburg* sprach sich im Anschlusse an die Darlegungen *Traube*'s dahin aus, dass für die Genese der Gehirnblutungen nur jene Fälle von Herzhypertrophie in Betracht gezogen werden können, die mit einer dauernden Erhöhung des mittleren Blutdruckes im Aortensystem einhergehen. Als solche Formen der Hypertrophie lassen sich nach *Eulenburg* nur die in Folge peripherer Kreislaufstörungen, i. e. bei Schrumpfniere und diffuser Arteriosklerose etc. auftretenden, sowie die sogenannte primitive (idiopathische) Herzhypertrophie (deren Vorkommen *Eulenburg* übrigens bezweifelte) erachten, dagegen nicht die in Folge

---

[1]) *Senhouse Kirkes*, on apoplexy in relation to chronic renal disease, Med. Times and Gazette, Nov. 24, 1855, S. 515 u. f.

[2]) Auch von *Clendenning*, *Hope* und *Burrows* wurden Zusammenstellungen über die Häufigkeit der Complication von Apoplexie mit Herzkrankheiten mitgetheilt. Da jedoch in den betreffenden Arbeiten, wie *Eulenburg* erwähnt — mir sind die in Rede stehenden Publicationen im Originale nicht zugänglich — zwischen Apoplexia sanguinea und ischaemica nicht unterschieden ist, so sind diese Zusammenstellungen für unsere Zwecke werthlos.

Eulenburg, Ueber den Einfluss von Herzhypertrophie und Erkrankungen der Hirnarterien auf das Zustandekommen von Haemorrhagia cerebri. Virch. Arch. 24. Band, 3. u. 4. Heft, S. 329 u. f.

von Klappenfehlern sich entwickelnden, sogenannten compensatorischen Hypertrophien. Erstere Formen von Hypertrophie bilden nach ihm eines „der wichtigsten Momente für Hirnhämorrhagie". In welcher Weise der Nexus zwischen Herzhypertrophie und Hirnblutung sich geltend macht, hierüber äussert sich *Eulenburg* nicht völlig bestimmt. Die in Betracht kommenden Formen von Herzerkrankung sind nach ihm geeignet, „die Anlage zu Hirnhämorrhagie zu steigern, oder selbst bei mangelnder Anlage jene hervorzurufen, zumal da eine dauernde Spannungszunahme leicht Relaxation und Atonie der Gefässwände, sowie tiefere Ernährungsstörungen derselben bewirkt." An einer anderen Stelle bemerkt er jedoch, dass auch die aus Nierenleiden hervorgehende Hypertrophie häufig mit Degenerationen im Aortensystem combinirt erscheine, und möglicherweise eine Kachexie allein das gemeinschaftliche Band zwischen dem Nierenleiden und der Gefässerkrankung darstelle. Die Ansichten *Eulenburg's* haben, wenigstens soweit der Kern der Sache in Frage kommt, die Ausschliessung der nicht mit Blutdruckerhöhung einhergehenden Formen von Herzhypertrophie von ätiologischer Beziehung zur Hirnblutung, in den letzten Decennien allgemeine Anerkennung gefunden; ob mit Recht, werden wir an späterer Stelle ersehen. *Charcot* und *Bouchard*[1]) constatirten unter 55 Fällen von Hirnhämorrhagie, in welchen der Zustand des Herzens notirt wurde, 22 Mal Hypertrophie (darunter 2 Mal compensatorische Hypertrophie in Folge von Klappenfehlern). Sie betrachten daher die Herzhypertrophie nur als eine sehr accessorische Ursache der Hirnblutung. Nach *Thiede*[2]), welcher das in einer Dissertation von *Seiler* angeführte Material von 1862—67[3]) in Bezug auf das Vorkommen von Herzhypertrophie einer Sichtung unterzog, fanden sich unter 64 Fällen von Hirnblutung 39 Mal Hypertrophie des linken Ventrikels, darunter 5 Mal reine Hypertrophie (1 Mal mit Atrophie der Nieren), 9 Mal Hypertrophie des linken Ventrikels mit Klappenfehlern, 8 Mal mit Endocarditis und Atherom der Aorta (1 Mal zugleich Atrophie der Nieren), 12 Mal mit Atherom der Aorta, 5 Mal mit Aneurysmen (4 Mal der Art. cerebr., 1 cordis); 9 Mal fand sich keine Veränderung des Herzens angegeben; 8 dieser Fälle betrafen Kinder. *Eichler*[4]) glaubt, dass Herzhypertrophie in Folge von Nierenschrumpfung überhaupt nicht mehr als Ursache von Hirnblutungen betrachtet werden dürfe und zwar, weil einmal die Blutspannung nicht zur Zerreissung der (gesunden?) Gefässe genügt, zweitens aber Prof. *Heller* auch bei Nierenschrumpfung Miliaraneurysmen im

---

[1]) *Charcot* und *Bouchard*, Arch. de physiol. norm. et path., 1868.
[2]) *Thiede*, Ueber die Aetiologie der Gehirnblutung, Inaug.-Diss., Berlin 1874, S. 16.
[3]) Aus welcher Anstalt ist nicht angegeben.
[4]) *Eichler* l. c.

Gehirne fand. Die Idee, dass die Miliaraneurysmen doch auch Ursachen haben müssen, und dass unter diesen die Herzhypertrophie figuriren könnte, liegt diesem Autor ganz ferne. *Drozda*[1]) fand unter 927 Fällen von Hämorrh. cerebri, die in den Jahren 1868—1877 in den 3 grossen Wiener Krankenhäusern zur Beobachtung gelangten, nur 33 Mal vitia cordis und 5 Mal Hypertrophie cordis.

Bei den ausserordentlichen Schwankungen, welche die bisherigen Angaben über die Häufigkeit der Combination von Herzerkrankung und spontaner Hirnblutung aufweisen, schien mir die Beiziehung weiteren, völlig zuverlässigen Materiales zur Klärung des Sachverhaltes sehr wünschenswerth. Ich habe desshalb in den Sectionsprotokollen des hiesigen pathologischen Instituts aus den letzten Jahren 58 Fälle[2]) von Hirnblutung, ebenso meine Notizen über 2 weitere Fälle aus dem hiesigen Krankenhause r/I. durchgesehen, so dass ich für die vorwürfige Frage über ein Material von 60 Fällen verfüge. Was dieses besonders werthvoll machen dürfte, ist der Umstand, dass alle hier in Frage stehenden Angaben über Grössenveränderungen von Theilen des Herzens auf genauen Messungen beruhen. Unter den fraglichen 60 Fällen befinden sich nur 5, in welchen Herz und grosse Gefässe keine Veränderung irgend welcher Art aufwiesen. Von den in den übrigen 55 Fällen constatirten Alterationen will ich nur Folgendes anführen. Es fanden sich:

Hypertrophie des ganzen Herzens mit oder ohne Dilatation . 16 Mal
Dilatation beider Ventrikel mit Myodegeneration . . . . . 2 Mal
Hypertrophie mit oder ohne Dilatation des linken Ventrikels . 11 Mal
Hypertrophie des rechten Ventrikels allein . . . . 3 Mal
(1 Mal mit Dilatation)
Atherom der Aorta, allgemeine Atheromatosis oder Atherom
der Coronararterien . . . . 30 Mal
(Atherom der Gehirnarterien allein 2 Mal)
Fettherz . . . . 10 Mal
Atrophie des Herzens . . . . 6 Mal
(darunter 5 Mal mit Atheromatose)
Veränderung der Klappen und des Endocards überhaupt . 21 Mal.

---

[1]) *Drozda*, Statistische Studien über die Hämorrhagia cerebri, Wien. med. Presse, 1880, No. 10 u. 11. Bei den Angaben *Drozda's*, die sich bezüglich des Frequenzverhältnisses der Herzhypertrophie bei Gehirnblutungen von allen anderen derzeit vorliegenden statistischen Ermittlungen in merkwürdiger Weise entfernen, ist zu berücksichtigen, dass von den angeführten 927 Fällen nur 537 zur Obduction gelangten. Indess ist auch dieser Umstand keineswegs geeignet, die hier vorliegende Differenz zu erklären.

[2]) Es sind in dieser Zahl auch die Fälle eingeschlossen, welche in der Tabelle S. 83 u. f. verzeichnet sind.

Unter den erwähnten 16 Fällen von totaler Herzhypertrophie waren zweifellos 5 idiopathisch [1]), 2 weitere vielleicht idiopathisch, 4 waren mit Schrumpfniere (von diesen wieder 1 Fall mit Pericarditis adhaesiva, 1 mit allgemeinem Atherom, 1 mit fibröser Endocarditis), 1 Fall mit Atherom der Aorta, 5 mit Klappenfehlern (3 hievon zugleich mit Atheromatose), 1 mit Atherom und Adhaesivpericarditis combinirt. Unter den 16 Fällen befinden sich demnach nur 8, in welchen die Hypertrophie eine Steigerung des Blutdruckes herbeizuführen vermochte.

Unter den 11 Fällen mit Hypertrophie des linken Ventrikels war nur in einem einzigen die Veränderung idiopathischer Natur. Neben der Hypertrophie bestand Schrumpfniere 3 Mal, Atherom 2 Mal, Klappenfehler 1 Mal, Schrumpfniere und Klappenerkrankung zugleich 3 Mal, Klappenfehler und Atherom 1 Mal. Die Hypertrophie des linken Ventrikels konnte sonach in 6 von den 11 Fällen eine Blutdrucksteigerung bedingen.

Was nun die Vertheilung der 27 Fälle von Hypertrophie des Gesammtherzens und des linken Ventrikels auf die einzelnen Altersklassen unter den in Frage stehenden 60 Apoplektikern anbelangt, so gibt hierüber folgende Tabelle Aufschluss.

Lebensalter.

Jahre:	20—30	30—40	40—50	50—60	60—70	70 und darüber	Unbekannt. Alter
Zahl der Apoplektiker	3	5	8	12	18	12	2
Zahl der Fälle mit totaler oder linksseitiger Hypertrophie	—	2 (idiopath.)	3	9 (darunter 2 idiop.)	6 (1 Fall idiopath.)	6 (1 Fall idiopath.)	1

Die richtige Würdigung der in vorstehender Tabelle enthaltenen Thatsachen ist jedoch von einer bestimmten Voraussetzung abhängig. Wie wir oben sahen, wollen einzelne Beobachter (*Rochoux* und *Durand-Fardel* insbesondere) gefunden haben, dass Herzhypertrophie bei Individuen höheren Alters, die an keiner Hirnblutung litten, annähernd ebenso häufig vorkommt als bei Apoplektikern. Sollte sich dies als zweifellos richtig bewähren, so würde die ätiologische Bedeutung der

---

[1]) i. e. In den betreffenden Fällen fanden sich keinerlei Veränderungen des Endo- und Pericards, der Gefässe, Lungen und Nieren, die als Ursache für die Entstehung der Hypertrophie in Anspruch genommen werden konnten.

Herzhypertrophie für die spontane Hirnblutung sehr erheblich herab-
gedrückt worden, da bekanntlich die grosse Mehrzahl der blutigen
Apoplexieen auf Individuen höheren Alters entfällt.

Um in dieser Richtung Gewissheit zu erlangen, wenigstens soweit
die hiesige Population in Betracht kommt, habe ich von den Sectionsprotokollen des pathologischen Instituts von den Jahren 1884 und 1885 (ohne
Auswahl) mehrere hundert Fälle ohne Hirnblutung auf das Vorkommen
von Herzkrankheiten durchgesehen. Ich habe hiebei jedoch nicht nur
Individuen über 60 Jahre in Betracht gezogen, sondern sämmtliche
Altersklassen, um das Verhältniss der Häufigkeit von Herzhypertrophie
bei Nichtapoplektikern und Apoplektikern völlig klarzustellen. Wegen
der geringen und daher zu Vergleichen nicht sehr geeigneten Zahl von
Apoplektikern unter 40 Jahren in meiner Zusammenstellung begnüge
ich mich, hier das Ergebniss meiner Studien für die Altersklassen über
40 Jahre anzuführen.

Lebensalter	Apoplektiker Gesammtzahl	Fälle mit Herzhyper-trophie	Nicht-Apoplektiker Gesammtzahl	Fälle mit Herzhyper-trophie
40.—50. Jahr	8	3 = 37,5 %	70	13 = 18,6 % (4 idiopath.)
50.—60. Jahr	12	9 = 75 % (2 idiopath.)	57	16 = 28 %
60.—70. Jahr	18	6 (1 idiop.)	46	13
70. Jahr und dar-über	12	6 (1 idiop.) ⎱ = 40 % für die Indiv. über 60 Jahre	30	7 ⎱ = 26 % für die Indiv. über 60 Jahre

Wie wir sehen, entfällt die grösste Zahl von Herzhypertrophieen
bei Apoplektikern auf die Altersklasse zwischen dem 50. und 60. Lebensjahre. Diese Gruppe zeigt zugleich die auffallendste Differenz gegenüber den gleichalterigen Nichtapoplektikern: 75% : 28%. Es findet
sich also bei den Apoplektikern zwischen dem 50. und 60. Lebensjahre
nahezu 3 Mal so oft Herzhypertrophie als bei den Individuen gleichen
Alters ohne Hirnblutung. Geringer ist die Differenz bei den anderen
in Betracht gezogenen Altersclassen, aber immer noch bedeutend genug
im Allgemeinen. Bei den Apoplektikern zwischen dem 40. und 50.
Lebensjahre übertrifft die Zahl der Individuen mit Herzhypertrophie um das
Doppelte, bei den Apoplektikern über 70 Jahre um mehr als das Doppelte
die betreffende Zahl bei den gleichalterigen Nichtapoplektikern. Am
geringsten ist die Differenz in der Altersgruppe vom 60.—70. Lebensjahre, woselbst sich nur ein relativ wenig erhebliches Plus an Hyper-
trophieen zu Gunsten der Apoplektiker ergibt. Fasst man die Gesammtzahl der Individuen über 60 Jahre in's Auge, so ergibt sich ein Mehr
von Herzhypertrophieen zu Gunsten der Apoplektiker von circa $1/3$.

Ein weiterer Beachtung verdienender Umstand ist das relativ häufige Vorkommen idiopathischer Herzhypertrophie bei Apoplektikern. Diese Form von Herzerkrankung, deren Existenz bis vor Kurzem noch von manchen Seiten angezweifelt wurde, fand sich zweifellos 6 Mal unter den 60 Fällen von Hirnblutung, die wir zusammenstellten. Wenn man die Lebensweise eines grossen Theiles unserer Bevölkerung (speciell den grossen Bierconsum) berücksichtigt, kann diese Thatsache nicht überraschen [1]). Von Interesse ist hier noch eine andere Wahrnehmung, die sich aus meinen Zusammenstellungen ergibt. Während bei den Apoplektikern über 50 Jahre mit Herzhypertrophie 4 Mal idiopathische Hypertrophie sich fand, war bei der erheblich grösseren Anzahl von Nichtapoplektikern mit Herzhypertrophie in den Altersclassen über 50 Jahre kein Fall von idiopathischer Hypertrophie zu constatiren.

Aus dem Vorstehenden erhellt, dass bei Apoplektikern aller Altersclassen vom 40. Lebensjahre an die Herzhypertrophie zweifellos sich häufiger findet als bei den gleichaltrigen Nichtapoplektikern. An dem Werthe dieses Ergebnisses kann der Umstand nichts schmälern, dass wir bei unserer Zusammenstellung die Herzhypertrophieen mit Blutdrucksteigerung von den sogenannten compensatorischen nicht trennten. Denn die Auffassung, dass lediglich erstere Formen von Herzerkrankung einen Platz in der Aetiologie der Hirnblutung beanspruchen können, ist unhaltbar, wie wir später sehen werden. Auch die geringe Präponderanz der Herzhypertrophie bei Apoplektikern zwischen dem 60. und 70. Lebensjahre, die bei unseren Fällen z. Th. vielleicht nur durch zufällige Umstände herbeigeführt wurde, kann die Bedeutung dieses allgemeinen Ergebnisses nicht abschwächen. Denn diesem geringen Ueberwiegen steht ein nur um so erheblicheres in anderen Altersclassen gegenüber; andererseits müssen wir berücksichtigen, dass bei sehr vielen Nichtapoplektikern zwischen dem 60. und 70. Lebensjahre sich ähnliche Gefässveränderungen im Gehirne wie bei Apoplektikern finden — ich kann dies auf Grund eigener Untersuchungen behaupten — und bei diesen das Auftreten von Hirnblutungen nur dadurch verhindert wird, dass dieselben durch andere Erkrankungen dahingerafft werden, bevor die Gefässveränderungen im Gehirne weit genug gediehen sind, um zu Berstungen zu führen.

Ziehen wir zunächst die Formen von Herzhypertrophie mit arterieller Druckzunahme in Betracht, so erweisen sich die Beziehungen derselben zur Hirnblutung bei genauerer Ueberlegung complicirter, als man zumeist annahm. Es liegen hier mehrere Möglichkeiten vor. Die Steigerung des Druckes kann zur Berstung normaler Gefässe führen. Diese Annahme war ursprünglich die herrschende. Dass das mit grosser Gewalt

---

[1]) Vergl. *Bollinger*, Zur Lehre von der Plethora, Münchener med. Wochenschrift, 9. Febr. 1886, S. 95 u. 96, ferner Deutsche med. Wochenschr. 1884, No. 12, S. 180.

von dem hypertrophischen Ventrikel in die Gehirngefässe eingetriebene Blut eine Ruptur solcher zu Stande bringen könne, war für viele Autoren kein Gegenstand des Zweifels. Diese Anschauung kann man man gegenwärtig als allgemein und mit Recht aufgegeben bezeichnen. Es bedarf zur Widerlegung derselben keines Hinweises auf Thierexperimente. Die tausendfältige und jedem Arzte zugängliche Beobachtung, dass die intensivsten Blutdrucksteigerungen im Cavum cranii ohne Ruptur eines Blutgefässes ertragen werden, ist hier völlig massgebend. Eine Unterscheidung zwischen arterieller und venöser Drucksteigerung halte ich hiebei für irrelevant, da letztere schliesslich bezüglich des Blutdruckes in dem intracraniellen Gefässystem die gleichen Folgen herbeiführt, wie die primär arterielle Druckzunahme. Wenn man die Wirkung des Hebens schwerer Lasten, des Gebäractes, epileptischer und hysterischer Convulsionen, des Keuchhustens und anderer Formen von Krampfhusten auf die Circulation innerhalb der Schädelhöhle berücksichtigt und in Erwägung zieht, wie ungemein selten an diese Vorkommnisse Erscheinungen sich anschliessen, die auf eine Gefässruptur im Gehirne hinweisen — die Ausnahmen mögen übrigens noch durch besondere Umstände, Gefässveränderungen, bedingt sein — so wird man den Gedanken aufgeben müssen, dass eine Ruptur gesunder Hirngefässe bedingt werden kann durch jenen Grad von Blutdrucksteigerung, den eine sich allmälig entwickelnde Herzhypertrophie herbeiführen mag.

Die 2. mögliche Annahme ist die, dass die durch die Herzhypertrophie bedingte Zunahme des arteriellen Druckes zur Ruptur erkrankter und daher abnorm brüchiger Gefässe führt, eine Annahme, die viele Vertreter hat (*Hasse*[1]), *Rosenthal*[2]), *Wernicke*[3]), *Schrötter*[4]), z. Th. auch *Nothnagel*[5]).

Die 3. mögliche Annahme geht dahin, dass die Herzhypertrophie durch die von ihr abhängige, dauernde Druckzunahme im Aortensystem zu einer Erkrankung der Gehirngefässe führt, die eine abnorme Brüchigkeit derselben involvirt. Diese Anschauung wurde zuerst von *Leubuscher*[6]) geäussert, sodann von *Kirkes*[7]) für die Herzhypertrophie bei Nierenleiden ausgesprochen, später von *Eulenburg*[8]) erwähnt und auch von *Nothnagel*[9]), jedoch nur nebenher, angeführt.

[1]) *Hasse*, Krankheiten des Nervensystems, 2. Aufl. 1869, S. 414.
[2]) *Rosenthal*, Klinik der Nervenkrankheiten, 2. Aufl. 1875, S. 63.
[3]) *Wernicke*, Lehrb. der Gehirnkrankheiten, 2. Band, S. 10, 1881.
[4]) *Schrötter*, von Ziemssens Handb., 6. Band, S. 202.
[5]) *Nothnagel*, von Ziemssens Handb., 11. Band, 1. Hälfte, 2. Aufl. S. 73.
[6]) *Leubuscher*, Pathol. u. Therapie der Gehirnkrankheiten, Berlin 1854, S. 220 u. f.
[7]) *Kirkes* l. c.
[8]) *Eulenburg*, l. c.
[9]) *Nothnagel* sagt, dass möglicherweise neben der Nierenschrumpfung auf demselben Processe beruhende oder auch erst durch die andauernde arterielle Druckzunahme bedingte Arterienerkrankungen vorkommen (v. Ziemssen's Handb. l. c.)

Die 4. mögliche Annahme betrachtet die Herzhypertrophie als
Folge einer primären, weit ausgebreiteten und auch die Gehirngefässe
umfassenden Erkrankung des arteriellen Systems, welche der Fortbewegung des Blutes grosse Widerstände bereitet, hiedurch das linke Herz
zu erhöhter Anstrengung nöthigt und dergestalt eine Hypertrophie desselben involvirt. (Theorie von *Gull* und *Sutton* u. A.)

Die 5. Annahme lässt sich dahin formuliren, dass die Hypertrophie
(wenigstens bei Morbus Brightii) und die Gefässerkrankung von einer
Veränderung des Blutes und dadurch bedingten Ernährungsstörung des
Circulationsapparates abhängt. *Schrötter* [1]) vertritt diesen Entstehungsmodus der Herzhypertrophie bei Morbus Brigthii unter Ablehnung der
Traube'schen Theorie. *Grawitz* und *Israel* [2]) gelangten auf Grund von
Kaninchenversuchen zu einer ähnlichen Anschauung. Es gelang diesen
Beobachtern, Herzhypertrophie bei Kaninchen künstlich durch Hervorrufen von Nierenschrumpfung und durch Exstirpation einer Niere zu
erzeugen, jedoch nur bei kräftigen, ganz ausgewachsenen, nicht bei
jungen Thieren. Diese Hypertrophie war nur mit einer sehr geringfügigen Druckerhöhung verbunden. Als ursächliches Moment für die
verstärkte Herzthätigkeit und deren Folge, die Herzhypertrophie, glaubten
sie die harnfähigen Stoffe im Blute ansprechen zu müssen. Für diese
Theorie erbrachten sie später den Beweis durch Versuche, in welchen
sie Kaninchen mit grossen Quantitäten von Harnstoff und Natron nitricum
fütterten. Hier stellte sich zunächst Vergrösserung beider Nieren, und
sobald diese den erhöhten Secretionsbedürfnissen nicht mehr Genüge
leisten konnten, Herzhypertrophie ein.

Wir ersehen aus dem Vorstehenden, dass aus der Gegenwart von
Herzhypertrophie bei spontaner Hirnblutung noch keineswegs ein un-
mittelbares Abhängigkeitsverhältniss letzterer von ersterer gefolgert werden
darf. Dies bezieht sich nicht bloss auf die Fälle sogenannter compen-
satorischer Hypertrophie. Auch bei jenen Formen, welche nach der
herrschenden Lehre eine Erhöhung des Blutdruckes im Aortensysteme
nach sich ziehen, dürfen wir die Veränderung des Herzens keineswegs
sofort als Ausgangspunkt der Erkrankung der Gehirngefässe ansehen,
wie dies z. B. *S. Kirkes* that. Vor Allem gilt dies für die Hypertrophie
des linken Ventrikels, die sich bei interstitieller Nephritis findet. In
der ätiologischen Verwerthung dieser für die Genese von Hirnblutungen
ist nach den vorliegenden pathologischen Beobachtungen und den experimentellen Erfahrungen von *Grawitz* und *Israel* derzeit eine gewisse Zurück-

---

[1]) *Schrötter*, v. Ziemssen's Handb., 6. Band, S. 180.
[2]) *Grawitz* und *Israel*, Virch. Arch., 72. Band, S. 315, 1879, und *Israel*, Virch.
Arch., 76. Band, S. 299, 1881. Vergl. hiezu *R. Zander*, Experimentelles zur Entscheidung der Frage über den Zusammenhang von chron. diffuser Nephritis und Hypertrophie
des linken Ventrikels. Inaug.-Dissert. Königsberg i. Pr., 1881.

haltung am Platze[1]). Aehnlich verhält es sich mit der Hypertrophie des linken Ventrikels, die sich zu ausgedehnter Arteriosklerose und Aortenaneurysmen gesellt. Hier liegt die Möglichkeit
vor, dass der intracerebrale Gefässapparat schon nicht mehr intact war,
bevor noch die Hypertrophie sich entwickelte. Und selbst die idiopathische Form der Herzhypertrophie lässt sich nicht ohne Weiteres
als Ausgangspunkt der zu Hirnblutungen führenden Gefässveränderungen
betrachten, soferne die Ursachen dieser Herzerkrankung wenigstens z. Th.
(so namentlich der Alkoholismus) zugleich auch Veränderungen der Hirngefässe herbeizuführen vermögen. Sonach verbleibt unter den mit Blutdrucksteigerung einhergehenden Fällen von Herzhypertrophie nur ein kleiner
Theil, bei welchem mit grösserer Wahrscheinlichkeit als nächste Ursache der hier in Betracht kommenden Gefässalterationen im Gehirne
der Zustand des Herzens sich erachten lässt. Dass auch hier noch gewisse unterstützende, begünstigende Momente nöthig sind, wenn es
schliesslich zu Gefässzerreissungen kommen soll, ist zum Mindesten nicht
unwahrscheinlich. Ein Anderes ist dagegen die Frage, ob die mit Blutdrucksteigerung einhergehende Herzhypertrophie nicht unter allen Umständen wenigstens als Hilfsursache neben anderen zu Gefässerkrankungen und damit auch zu Blutung im Gehirne führenden Momenten
sich geltend macht. Diese Frage lässt sich, wie ich glaube, aus mehreren
Gründen entschieden bejahen. Sehr häufig habe ich beobachtet, dass
an den Basalarterien des Gehirns atheromatöse Veränderungen der
Wandungen entweder ausschliesslich oder doch in ganz besonders hohem
Grade an der Theilungsstelle der Basil. in die beiden Profundae und
ebenso an der Carotis an deren Theilungsstelle in die beiden Aeste, die
A. foss. Sylv. und A. cer. ant. sich fanden. Man kann dies nur so
deuten, dass an diesen Stellen die Arterienwandung durch den Anprall
des Blutes besonderer Zerrung und Dehnung ausgesetzt ist. Auch in
anderen Arteriengebieten hat man wahrgenommen, dass die Entwicklung
der Atheromatose gewisse Prädilectionsstellen zeigt; es sind dies Localitäten, die stärkerer Dehnung durch den Blutanprall ausgesetzt sind, so
an der Aorta die A. ascend, der Arcus. und die Abgangsstellen der
Aeste (*Quinke*)[2]). In allen diesen Fällen kann die mechanische Einwirkung der Blutwelle auf die Gefässwandung nur als ein Factor unter
mehreren Krankheitsursachen sich geltend machen, sei es nun, dass die
übrigen Momente lediglich eine Prädisposition zur Erkrankung der Arterienwand begründen oder allein im Stande sind, solche herbeizuführen. Für
die kleineren intracerebralen Arterien gilt nun Aehnliches wie für die
Basalarterien. Auch hier habe ich oft genug atheromatöse Veränderungen
in besonders hohem Grade an der Abgangsstelle von Aesten oder an

---

[1]) S. Weiteres über diesen Punkt im folgenden Abschnitte.
[2]) *Quincke*, von Ziemssen's Handbuch, 6. Band, S. 343.

Theilungsstellen der Stämmchen beobachtet, während an dem übrigen Gefässrohre sich keine oder nur geringfügige Veränderungen zeigten. Ausserdem kommen hier folgende Umstände in Betracht. Nach den Untersuchungen *Charcot's* und *Bouchard's* finden sich die Miliaraneurysmen am Häufigsten und Zahlreichsten in den Streifenhügeln; in diesen Gebilden und deren Umgebung haben auch die meisten Blutungen statt. Nach *Duret's* und *Heubner's* Beobachtungen liegen aber schon in der Art des Ursprunges und der Ausbreitung der diese Theile versorgenden Arterien gewisse Momente, in Folge welcher die Wandungen dieser Gefässe den Einwirkungen von Blutdrucksteigerungen in erhöhtem Masse ausgesetzt sind. Es ist dies schon von *Charcot*[1]) betont worden. Die Entfernung der grossen Ganglien an der Hirnbasis vom Herzen ist eine geringe; die diese Ganglien versorgenden Arterien entspringen „gewissermassen direkt" aus den Gefässen des Circulus Willisii. Hiezu kommt die Eigenthümlichkeit, dass die fraglichen Arterien Endarterien im *Cohnheim'*schen Sinne sind, i. e. der Anastamosen entbehren und daher bei Steigerung des Blutdruckes in denselben eine Entlastung unmöglich ist. Wenn wir also sehen, dass Gefässpartien und Gefässbezirke, die bei normalem Blutdrucke den Einwirkungen dieses Factors in erhöhtem Masse unterliegen, auch in besonderem Masse zu Erkrankung sich disponirt zeigen, so können wir wohl auch den Schluss nicht ablehnen, dass allgemein erhöhter Blutdruck, i. e. jene Formen von Herzhypertrophie, die mit solchem einhergehen, die Herbeiführung von Erkrankungen der intracerebralen Arterien fördern, sohin jedenfalls als accessorische Ursache von Hirnblutungen zu betrachten sind. [2])

Die Schädigung der Gefässwand durch den permanent gesteigerten Blutdruck resultirt keineswegs allein aus dem mechanischen Insulte, welchem die Wandelemente hiebei ausgesetzt sind. An den Gefässen mit vasa vasorum müssen diese durch die stärkere Dehnung der Wand comprimirt, sohin die Zuführung von Ernährungsmaterial beeinträchtigt

---

[1]) *Charcot*, Ueber die Localisationen der Gehirnkrankheiten. Deutsch von *Fetzer*, 1878, S. 83.

[2]) Eine weitere Stütze erhält diese Auffassung durch die von *Lewashew* mitgetheilten Untersuchungen über den Einfluss von Blutdrucksteigerungen auf die Elasticität der Gefässwandung und ihre Bedeutung in der Aetiologie aneurysmatischer Erweiterungen. *Lewashew* erzeugte bei Hunden, Katzen und Kaninchen durch Compression der Aorta abdom. transitorische Blutdrucksteigerung in dem Aortengebiete vor der Compressionsstelle. Bei durch Monate fortgesetzter täglicher Wiederholung dieser Procedur trat eine solche Dilatation der Aortenwandungen ein, dass diese ihre Elasticität gänzlich oder fast verloren und selbst nach Aufhören der Drucksteigerungen erweitert blieben. *Lewashew* folgert aus seinen Versuchen, „dass Steigerungen des Blutdruckes, selbst wenn sie nicht lange andauern, in der Bildung der Ektasieen ohne Zweifel eine sehr bedeutende Rolle spielen müssen, und dass sogar die Entwicklung von Aneurysmen unter Einfluss dieses ätiologischen Momentes allein vollkommen möglich ist (Zeitschrift f. klin. Medicin, 9. Band, 3. u. 4. Heft, S. 341, 1885).

werden. Die Wandelemente büssen überdies in Folge ihrer Dehnung
an Fähigkeit ein, Ernährungsmaterial aufzunehmen, während die Compression der Gewebsspalten (vielleicht auch die Verengerung des Adventitialraumes) die Abfuhr der Lymphe erschwert. Es ist begreiflich, dass
diese Umstände eine um so nachtheiligere Wirkung entfalten werden,
wenn die Gefässwand bereits alterirt ist, oder andere Noxen (Blutveränderungen etc.) zu gleicher Zeit ihren Einfluss auf dieselbe geltend
machen. Was nun die weitere Frage anbelangt, ob die Herzhypertrophie,
resp. dauernde Druckzunahme allein genügt, um bereits erkrankte Gefässe zum Bersten zu bringen, so lässt sich dieselbe nicht ohne Weiteres
bejahen oder verneinen. Berücksichtigt man den Umstand, dass Personen mit normalem Herzen im vollsten Ruhezustande (im Schlafe etc.)
zuweilen von Apoplexieen heimgesucht werden, dass also unter Umständen der normale Blutdruck genügt, um Gefässzerreissungen herbeizuführen, so wird man nicht in Abrede stellen können, dass der abnorm
erhöhte Druck dies unter Umständen noch eher zu bewirken im Stande
ist. Es wird sich hiebei wesentlich um die Intensität der Gefässveränderungen handeln. Bei erhöhtem Drucke werden Gefässe schon zur
Ruptur gelangen können, die unter anderen Verhältnissen noch Widerstand geleistet hätten. Weit häufiger wird sich aber die Herzhypertrophie lediglich als ein die Gefässruptur begünstigendes Moment geltend
machen, so ferne bei Gegenwart derselben Momente, — wie sie bei
jedem Individuum vorkommen — welche allein wirkend nur eine geringe und ungefährliche Druckerhöhung verursachen würden, genügen,
um die Blutspannung zu jener Grenze zu erhöhen, bei welcher die entartete Gefässwand keinen Widerstand mehr leisten kann.

Wir haben im Vorstehenden die Beziehungen der mit arterieller
Blutdruckerhöhung einhergehenden Formen von Herzhypertrophie zur
blutigen Gehirnapoplexie einer Würdigung unterzogen. Diese Formen
von Herzerkrankung können jedoch noch auf anderem Wege als durch
direkte Blutdrucksteigerung auf die Gehirngefässe Einfluss ausüben. An
die Hypertrophie schliesst sich vielfach, wie wir wissen, eine Entartung
des Herzmuskels an, mit deren Einsetzen an Stelle der Erhöhung eine
Verminderung der propulsorischen Leistungen des Herzens tritt. Es
kommt zu Stauungen im venösen Gebiete, die sich auch auf das Gehirn
erstrecken und hier zu einer Druckerhöhung führen, die in erster Linie
allerdings die Venen zu tragen haben, die sich aber auch in gewissem
Masse auf das arterielle Gebiet erstrecken muss. Hier tritt zu dem un-
günstigen Einflusse, welchen die übermässige Füllung der Gefässe auf
die Wandungen derselben ausübt, noch die Verlangsamung der Circulation
und die Anhäufung von Umsatzprodukten im Blute, Umstände, welche
gewiss nachtheilig auf die Ernährung der Gefässwand einwirken. Der
gleiche Effect für die Circulation im Gehirne resultirt aus jenen Er-

krankungen der Klappen, die überhaupt zu keiner compensatorischen Hypertrophie des Herzmuskels führen, oder bei welchen die durch Hypertrophie herbeigeführte Compensation in Folge Erkrankung des Muskels wieder rückgängig wird. Es drängt sich daher die Frage auf, ob nicht auch diese letzteren Erkrankungsformen des Herzens für die Genese von Hirnblutungen Bedeutung erlangen können. Unter den 60 Fällen von Hirnblutung, welche ich zusammenstellte, fanden sich in 18 Fällen Erkrankungen der Klappen und des Endocards überhaupt, die geeignet waren, Circulationsstörungen herbeizuführen. Unter diesen 18 Fällen sind 8, in welchen kein Anzeichen dafür sich ermitteln liess, dass eine Compensation der durch die Klappenerkrankung verursachten Störungen jemals statthatte (Fälle ohne jede Hypertrophie). Diese Zahl ist bedeutend genug, um den Gedanken sehr nahe zu legen, dass man es hier nicht mit einer einfachen Coincidenz, sondern mit einem Umstande zu thun hat, der neben anderen zur Entwicklung von Gefässerkrankungen im Gehirne beitrug. Dieser Gedanke gewinnt bedeutend an Wahrscheinlichkeit, wenn wir berücksichtigen, dass die durch Klappenfehler bedingten Circulationsstörungen in anderen Organen (Darm, Leber, Nieren etc.) verschiedene Gewebsveränderungen und z. Th. auch Gefässzerreissungen herbeiführen. Dass übrigens Klappenerkrankungen noch auf anderem Wege, nämlich dadurch, dass sie zur Bildung sogenannter embolischer Aneurysmen Anlass geben, für die Genese von Hirnblutungen Bedeutung erlangen können, wurde bereits an früherer Stelle erwähnt.

Die Anschauung, der man im Anschlusse an *Eulenburg*'s Darlegungen bisher vorwaltend huldigte, dass nur die mit Blutdrucksteigerung einhergehende Formen von Herzerkrankung (allgemeine oder linksseitige Hypertrophie des Herzens) in der Aetiologie der spontanen Hirnblutung Berücksichtigung verdienen, kann ich demnach nicht beipflichten. Auch den durch Klappenfehler bedingten Formen von Hypertrophie, soferne dieselben den Ausgangspunkt für Entartungen des Herzmuskels häufig bilden, und den Klappenerkrankungen, die keine compensatorische Hypertrophie nach sich ziehen, muss ein Platz unter den Ursachen der Hirnblutung eingeräumt werden. Durch Berücksichtigung dieses Umstandes wird erst die Thatsache in das richtige Licht gesetzt, dass nahezu die Hälfte der zusammengestellten 60 Fälle von Apoplexie totale oder linksseitige Herzhypertrophie aufwies. Ziehen wir noch die eben erwähnte nicht unerhebliche Zahl der uncomplicirten Klappenerkrankungen in Rechnung, so müssen wir zu dem Schlusse gelangen, dass Herzerkrankungen unter den Ursachen der spontanen Hirnblutung eine hervorragende Stelle einnehmen.[1]

---

[1] Dieser Satz kann allerdings zunächst nur für die hiesige Bevölkerung Giltigkeit beanspruchen. Indess scheinen die Angaben von *Thiede*, *Charcot* und *Bouchard*, sowie von *Kirkes* darauf hinzuweisen, dass in Berlin, Paris und London die Verhältnisse bezüglich der Combination von Herzerkrankung und Hirnblutung wenigstens nicht

VII. Abschnitt.

Ueber die Beziehungen der Nierenschrumpfung zu den spontanen Hirnblutungen.

Unter den verschiedenen Affectionen der Niere befindet sich bekanntlich eine Erkrankungsform, welche sich häufig mit Hirnblutungen combinirt. Es ist dies die sogenannte Granularatrophie der Nieren (genuine Schrumpfung der Niere, Schrumpfniere, Nephritis interstitialis chronica etc.). Ueber das Frequenzverhältniss der in Rede stehenden Combination variiren indess die Angaben der einzelnen Autoren sehr erheblich. Gehirnhämorrhagieen wurden bei Schrumpfniere beobachtet von *Bright* unter 100 Fällen 8 Mal, von *Frerichs* und *Rosenstein* je 11 Mal, von *Grainger Stewart* 15 Mal, von *Wagner* 16 Mal. *Dickinson* zählte unter 75 Fällen von Gehirnblutung 31 Mal Schrumpfniere, *B. Jones* unter 36 24 Mal, *Barclay* unter 75 Fällen 37 Mal Nierenerkrankung, darunter 31 Mal Schrumpfniere [1]), *Kirkes* [2]) unter 22 Fällen 14 Mal Nierenaffectionen, darunter 13 Mal Schrumpfniere. *Charcot* und *Bouchard* [3]) fanden unter 49 Fällen, in welchen der Zustand der Nieren notirt wurde, 16 Mal Veränderungen, geeignet den Blutdruck zu erhöhen, und zwar 13 Mal einfache Atrophie, 3 Mal diverse interstitielle und parenchimatöse Nephritiden, *Drozda* [4]) dagegen unter 927 Fällen nur 14 Mal Morbus Brightii und 5 Mal Atrophia renum. e. Morb. Bright. *Goodhart* [5]) endlich (Guy's Hospital Post Mortem Records 1873—1882) constatirte unter 117 Fällen von Hirnhämorrhagie 86 Mal Schrumpfniere.

Unter den von mir zusammengestellten 60 Fällen von Hirnblutung fand sich Schrumpfniere 11 Mal; 6 dieser Fälle waren mit Hypertrophie des linken Ventrikels allein, 3 mit totaler Herzhypertrophie, 2 mit Hypertrophie des rechten Ventrikels verknüpft. In einem Falle bestand ausserdem Pericarditis adhaesiva.

Die Frage nach den Beziehungen zwischen Nierenschrumpfung und Hirnblutung bildet einen Theil jener allgemeineren Frage nach den Beziehungen zwischen Nierenschrumpfung und Erkrankung des Circulations-

---

wesentlich von den hiesigen sich unterscheiden. Wien scheint dagegen in dieser Beziehung, nach den Mittheilungen *Drozda's* zu schliessen, eine Ausnahmsstellung einzunehmen; das Gleiche gilt auch bezüglich der Combination von Schrumpfniere mit Hirnblutung, wie wir sehen werden.

[1]) *V. Wagner*, v. Ziemssen's Handb. der Krankheiten des Harnapparates, 1. Hälfte 3. Aufl., S. 277, 1882.

[2]) *Kirkes*, Med. Times and Gazette, Nov. 24. 1855.

[3]) *Charcot* und *Bouchard*, Arch. de physiol. l. c.

[4]) *Drozda* l. c.

[5]) *Goodhart*, J. F., Brit. med. Journal, Aug. 22, 1885. Dagegen fand sich nach *Goodhart* unter 191 Fällen chronischer parenchymatöser Nephritis nur 8 Mal Hirnblutung (hierunter 4 zweifelhafte Fälle). *Bartels* sah bei dieser Erkrankung nie apoplektischen Tod eintreten (v. Ziemssen's Handb., 9. Band, 2. Aufl., S. 315).

apparates; dass in dieser Beziehung derzeit eine Mehrzahl von Anschauungen sich geltend macht, ist bekannt. Ich muss mich begnügen, hier
den Stand der Frage in Kürze zu skizziren, wobei die schwebenden
Controversen natürlich nur so weit berührt werden können, als unser
Thema es nöthig erscheinen lässt. Es stehen sich hauptsächlich 2 Anschauungen zur Zeit gegenüber. Die eine erklärt die Erkrankung der
Nieren für das Primäre und die des Circulationsapparates (des Herzens
und der Gefässe) für einen Folgezustand des Nierenleidens. Die andere
Anschauung geht dahin, dass eine ausgebreitete primäre Gefässerkrankung (Erkrankung der kleineren und kleinsten Gefässe) vorliegt, als deren
Theilerscheinung die Nierenaffection sowohl als die Veränderung der
Gehirngefässe zu betrachten ist. Bezüglich der Art der Gefässerkrankung
sind wieder die Angaben nicht ganz gleich lautend. Doch geht die
Mehrzahl der Angaben dahin, dass es sich vorzugsweise um eine pro-
ductive Endarteritis (Endarteritis obliterans *Friedländer*) handelt. Bezüglich dieser beiden Haupttheorieen müssen wir zunächst bemerken, dass dieselben nach den vorliegenden Beobachtungen nicht einander auszuschliessen,
sondern beide in gewissem Umfange zu Recht zu bestehen scheinen.

Ziehen wir zunächst die ersterwähnte Anschauung in Betracht, so
zeigt sich, dass über die Art und Weise, wie die Erkrankung der Nieren
die Veränderungen im Circulationsapparate nach sich ziehen soll, die
Meinungen ihrer Vertreter sehr erheblich variiren. Mechanische, chemische
und reflectorische Erklärungsweisen stehen hier neben einander. 1) Ausfall der Gefässbahnen in den Nieren und dadurch bedingte Steigerung
des Blutdruckes (deren Folge Herzhypertrophie etc., *Traube*'sche Theorie).
2) Blutveränderung (Zurückhaltung der harnfähigen Stoffe) und dadurch
veranlasste stärkere Herzthätigkeit mit deren Folgen für den Circulationsapparat (Herzhypertrophie und Gefässerkrankungen, *Grawitz* und *Israel*[1])
etc.). 3) Ausfall der Gefässbahnen in den Nieren und Blutveränderung
gleichzeitig (in deren Folge Herzhypertrophie etc.) *Kirkes*[2]). 4) Erhöhung des Blutdruckes in Folge der Blutveränderung und secundär im
Gefolge der Blutdruckerhöhung Veränderung des Circulationsapparates
(Hypertrophie des Herzens und der Gefässmuskulatur, *Ewald*[3]) 5) Ausfall der Gefässbahnen in den Nieren, Blutveränderung und reflectorische
Contraction der kleinen Arterien, von den Nieren aus eingeleitet, hiedurch Blutdrucksteigerung und in deren Gefolge Herzhypertrophie etc.
(*Hallopeau*[4]).

Von diesen verschiedenen Ansichten scheint derzeit die *Traube*'sche
am Wenigsten den vorliegenden Thatsachen zu entsprechen; klinische,

---

[1]) *Grawitz* und *Israel* l. c.
[2]) *Kirkes* l. c.
[3]) *Ewald* l. c.
[4]) *Hallopeau*, Des troubles de la circulation dans les maladies des reins. Union
méd. No. 29, 1884.

pathologisch-anatomische und experimentelle Beobachtungen lassen sich gegen dieselbe anführen. Auch von den übrigen Theorieen ist keine ganz vorwurfsfrei. Doch scheint die Auffassung von *Kirkes*, welche die Blutveränderung und den Ausfall der Gefässbahnen in den Nieren zur Erklärung der Veränderungen des Circulationsapparates heranzieht, für jene Gruppe von Fällen, für welche überhaupt die Annahme einer primären Nierenaffection zutrifft, vorerst die grösste Wahrscheinlichkeit zu besitzen.

Ueber die Art und Weise, wie die bei Schrumpfniere vorliegende Blutveränderung auf den Circulationsapparat einwirkt, hat man ebenfalls verschiedene Hypothesen [1]) aufgestellt, und als Resultat der Einwirkung mehrfach eine allgemeine Veränderung der kleinen Arterien des Körpers statuirt. Nach *Johnson* und *Ewald* soll diese Veränderung in einer Hypertrophie der Muscularis der Gefässe bestehen. Bezüglich der Methode des Nachweises dieser und anderer Gefässveränderungen kann ich hier einige Bemerkungen nicht unterdrücken. *Johnson* untersuchte (ebenso wie *Gull* und *Sutton*) in erster Linie, *Ewald* sogar ausschliesslich Gefässpräparate, die der Pia der Ponsgegend entnommen wurden, und sie glaubten, die Veränderungen, die sie hier fanden, auf das Gesammtarteriengebiet (soweit dasselbe nicht direct zwischen Herz und Nieren eingeschaltet ist) übertragen zu dürfen. Ich muss, nach meinen Erfahrungen diese Anschauung und damit auch die darauf basirte Untersuchungsmethode als gänzlich verfehlt bezeichnen.

Zunächst habe ich wie *Obersteiner* sehr häufig in anscheinend gesunden (i. e. normal functionirenden), ebenso wie in erkrankten Gehirnen ganz verschiedenartige Veränderungen an den Gefässen neben einander, einzelne derselben nur an vereinzelten Gefässen, andere wieder an einer mehr minder grossen Anzahl derselben gefunden. Dabei hat sich mir auch die Wahrnehmung aufgedrängt, dass neben Intactheit des grössten Theils der Gefässe erhebliche Erkrankung derselben an umschriebenen Stellen vorkommen kann. Für das Gehirn allein schon ist es daher absolut unzulässig, aus den Gefässveränderungen, die man an einer bestimmten Stelle der Pia oder sonst irgendwo findet, allgemeine Schlüsse über das Verhalten des intracerebralen Gefässapparates zu ziehen. Um so viel weniger wird es gerechtfertigt sein, aus dem Verhalten der Piagefässe an einer umschriebenen Gehirnpartie auch Schlüsse über das Verhalten noch anderer als der Gehirngefässe ziehen zu wollen. Diejenigen, welche eine allgemeine Erkrankung des arteriellen Apparates nachweisen wollen, werden künftig nicht die Mühe scheuen dürfen, die betreffenden Gefässveränderungen in den einzelnen Organen zu constatiren, wenn ihren Angaben Werth beigelegt werden soll.

---

[1]) Wir können auf die betreffenden Ansichten *Johnson's*, *Ewald's* u. A. hier nicht näher eingehen. S. Näheres hierüber bei *Ewald*, Virch. Arch., 71. Band, S. 453 u. f.

Was nun speciell die von *Ewald* gebrauchte Methode des Nachweises von Muscularishypertrophie anbelangt, so muss ich dieselbe ebenfalls als unbrauchbar bezeichnen. *Ewald* bestimmte an Gefässen von einem
gewissen Lumen (10 — 30 Mikromillimeter) das Verhältniss der Wanddicke
zur Gefässlichtung. Stieg hiebei die Wanddicke im Verhältniss zur Lichtung
des Gefässes über einen gewissen als normal angenommenen Werth, so
glaubte er auf eine Hypertrophie der Muscularis schliessen zu dürfen.
Die Möglichkeit, dass hiebei eine active Contraction der Gefässe vorliegt,
erwähnt *Ewald* zwar, bezeichnet es aber als sehr unwahrscheinlich, dass
eine solche Contraction nach dem Tode gerade in bestimmten Fällen
anhalten soll. Der etwaige Einfluss der Todtenstarre, der in *Ewald's*
Fällen um so mehr in Betracht zu ziehen ist, als derselbe immer unmittelbar nach der Section seine Gefässuntersuchungen vornahm, wurde
dagegen von *Ewald* ganz unberücksichtigt gelassen. Das Verhältniss
der Wanddicke, vorausgesetzt, dass diese richtig gemessen ist, zum Gefässlumen gibt jedoch nur sehr trügerische Anhaltspunkte für die Beurtheilung der Dicke der Muscularisschicht. Es wurde bereits erwähnt,
dass man an Gefässen, namentlich solchen, die kurze Zeit nach dem
Tode zur Untersuchung gelangen, nicht selten scheinbare Ausbauchungen
und Verengerungen des Gefässrohres in Folge ungleicher Retraction der
Muscularis beobachtet. An einzelnen der betreffenden Gefässe wechselt
das Lumen fortwährend von Strecke zu Strecke und zwar derart, dass
das Maximum vielleicht das Sechsfache des Minimum beträgt. Diese
Variationen betreffen überwiegend Gefässe mittleren Calibers. An den
kleinen und kleinsten Gehirnarterien finden sich dagegen zumeist nur
in grösseren Distancen Lumensveränderungen; diese können hier aber
soweit gehen, dass an einer Strecke des Verlaufes die Wanddicke zum
Lumen sich verhält wie $1/2$—1 : 1, während an einer anderen Stelle das
Verhältniss wie $1/10$: 1 sich gestaltet. Alle diese Lumensschwankungen
finden sich in Gehirnen von Individuen, die an den verschiedensten Krankheiten zu Grunde gegangen sind, und ohne dass die einzelne Muskelfaser
an Grösse oder Textur die geringste Verschiedenheit an den einzelnen in ihrem
Lumen so sehr schwankenden Gefässstrecken aufweist. Diese Thatsachen
machen es einigermassen begreiflich, dass, während *Ewald* in nahezu
allen Fällen von Nephritis interstitialis Hypertrophie der Muscularis der
kleinen Arterien gefunden haben will, *Sotnitschewsky* [1]), welcher zufolge
Prof. *v. Recklinghausen's* Aufforderung in 17 Fällen von Schrumpfniere

---

[1]) *Sotnitschewsky*, Ueber das Verhalten der kleinen Körperarterien bei Granularatrophie der Niere. Virch. Arch., 2. Band, 82. Heft, S. 213, 1880. *Cohnheim* betont,
dass er wiederholt in den typischsten Fällen von Nierenschrumpfung und hochgradiger
Herzhypertrophie bemerkenswerthe Veränderungen an den Wandungen der grossen und
kleinen Arterien vermisste, und daher auch die Muscularishypertroyhie bei Schrumpfniere nicht so häufig sein könne, als *Ewald* behauptet (Vorles. über allgem. Pathologie,
2. Band, 1880, S. 345).

ausser Gefässen der Pia auch solche anderer Organe (Nieren, Milz etc.)
untersuchte, in keinem einzigen Falle die gleiche Veränderung an
den kleinen Arterien entdecken konnte. Es scheint mir übrigens, nach
den der *Ewald*'schen Arbeit beigefügten Abbildungen zu schliessen,
keinem Zweifel zu unterliegen, dass *Ewald* eine Veränderung der Muscularis an den kleinen Piagefässen beobachtete, die auf die Bezeichnung
Muscularishypertrophie Anspruch machen kann. Wir haben dieser
Alteration der Muscularis bereits an früherer Stelle gedacht. Wie oft
diese „ächte" Muskelhypertrophie an den Piaarterien von *Ewald* beobachtet wurde, lässt sich aus dessen Bemerkungen nicht erschen.
Nach *Sotnitschewsky*'s und meinen Wahrnehmungen — auf letztere werde
ich alsbald zu sprechen kommen — kann dieselbe nur ein relativ seltenes
Vorkommniss bei Schrumpfniere bilden.

Es erhebt sich nunmehr die Frage, welcher Art die Veränderungen
der Gehirngefässe in den Fällen von Hirnblutung mit Schrumpfniere
sind, und welche Beziehungen zwischen letzterer und den Gefässveränderungen bestehen. Bevor ich mich zu meinen eigenen diesen Gegenstand
betreffenden Beobachtungen wende, muss ich auf eine wichtige Unterscheidung hinweisen, die bisher nur von *Wagner*[1]) gemacht wurde. Die
Hirnhämorrhagieen bei Schrumpfniere sondern sich in 2 Gruppen: die
1. Gruppe umfasst die grosse Mehrzahl der Fälle; die Hirnblutung hat
hier den Charakter der gewöhnlichen massigen Hämorrhagieen und beschränkt sich auf einen einzelnen oder höchstens einige Herde; in der
2. Gruppe, die jedenfalls nur eine sehr geringe Minorität bildet, handelt
es sich nicht um massige Extravasate, sondern um sehr zahlreiche kleine
und kleinste Blutaustritte, welche durch das ganze Gehirn zerstreut oder
nur an einzelnen Gehirnpartieen sich finden. Diese letzteren Extravasate
treten neben Blutungen in anderen Körpertheilen (Petechieen, Schleim-
hautblutungen etc.) auf und bilden sohin eine Theilerscheinung einer
ausgebreiteten hämorrhagischen Diathese. Bei stärkerem Hervortreten
der hämorrhagischen Symptome im Krankheitsbilde hat man derartige
Fälle wohl auch als Purpura hämorrhagica (morbus maculos. Werlhofii)
bezeichnet. Von Fällen der erstangeführten Gruppe (mit massigen
Blutherden) befinden sich 4 unter meinen eigenen Beobachtungen. Was
zunächst die Veränderungen der Intima betrifft, so liess sich in 3 von diesen
Beobachtungen Atherom in erheblicher, in einem Falle in geringerer Ausdehnung nachweisen; an der Muscularis zeigte sich in sämmtlichen Fällen
Fettdegeneration in beträchtlichem Umfange entwickelt; daneben war
auch einfache Atrophie, jedoch spärlicher, vertreten; in einer Beobachtung fand sich auch granulöse Degeneration, gleichfalls nur in geringem
Masse, vor. Verdickung der Adventitia (Hypertrophie) wurde in 2 Fällen
in beträchtlicher, in 2 nur in geringerer Ausdehnung wahrgenommen.

---

[1]) *Wagner* l. c. S. 105.

Miliar-Aneurysmen[1]) liessen sich in sämmtlichen 4, dissecirende Aneurysmen nur in 2 Fällen, beträchtlichere Anhäufungen von Fettkörnchen und Rundzellen im Adventitialraume ebenfalls nur 2 mal constatiren; in einer Beobachtung war hyaline Degeneration der Capillaren und bindegewebige Entartung der kleinsten Arterien und Venen auffallend stark vertreten. Der Befund in sämmtlichen 4 Beobachtungen enthält sohin nichts, was nicht auch in Fällen ohne Schrumpfniere gefunden wird. Was speciell die Betheiligung der Adventitia an der Erkrankung anbelangt, so muss noch bemerkt werden, dass dieselbe in keiner der 4 in Rede stehenden Beobachtungen jene Ausdehnung erreichte, welche dieselbe in einem der von mir untersuchten Fälle von Hirnblutung ohne Schrumpfniere aufwies. Ich habe ausserdem in einer Anzahl von Fällen von interstitieller Nephritis ohne Hirnblutung die Gehirngefässe einer Untersuchung unterzogen und zwar in 8 Fällen in sehr eingehender Weise. In letzteren fand sich Verdickung der Intima im Ganzen 7 mal vertreten und zwar 2 mal in beträchtlicher und 5 mal in mässiger oder geringer Ausdehnung. Von Veränderungen der Muscularis wurde Atrophie und fettige Degeneration je 5 mal, granulöse Degeneration 2 mal, hiebei 1 mal in grösserer Ausdehnung, aber nur an Gefässen stärkeren Calibers beobachtet. Die Alterationen der Muscularis zeigten im Ganzen nur eine geringe Ausbreitung und Intensität; eine Hypertrophie der Muskelelemente liess sich in keinem Falle constatiren. In einer Beobachtung machte an zahlreichen kleineren Gefässen die Wandung den Eindruck auffallender Zartheit. Verdickung der Adventitia (Hypertrophie) fand sich in 7 Fällen und zwar war diese Veränderung 4 mal in beträchtlicher, 3 mal in geringerer Ausdehnung entwickelt.. Daneben liess sich mehrfach hyaline Degeneration der Membran constatiren. Zweimal bestand ausserdem Zottenbildung an der Adventitia. Dreimal fanden sich Adventitialektasieen in grösserer Anzahl, ferner waren in 3 Fällen Blutkörperchen in grösserer Menge im Adventitialraum vorhanden. Wir sehen also, dass im Grossen und Ganzen Verdickungen der Adventitia und der Intima, namentlich aber der Adventitia den Hauptbefund bilden, während Veränderungen der Muscularis diesen gegenüber eine entschieden untergeordnete Rolle spielen. Meine Untersuchungen gewähren also den Angaben *Johnson*'s und *Ewald*'s keinerlei Stütze, wohl aber schliesst sich das Ergebniss derselben den vielfach discutirten Befunden von *Gull* und *Sutton*[2]) an (Arterio-capillary fibrosis), ganz besonders aber stimmt dasselbe mit den Beobachtungen *Sotnitschewsky*'s[3]) überein, welcher ebenfalls vorzugsweise Veränderungen der Adventitia und Intima fand; in

---

[1]) Von *Heller* wurden ebenfalls, wie *Eichler* in seiner mehrfach citirten Arbeit erwähnt, bei Hirnblutung mit Schrumpfniere im Gehirne Mil. Aneurysmen nachgewiesen.

[2]) *Gull* und *Sutton*, Med.-chirurg. Transact. Vol. 55, p. 273 u. f., 1872.

[3]) *Sotnitschewsky* l. c.

5 der von diesem Autor untersuchten Fälle erwies sich die Muscularis
sogar vollkommen normal.

Wir ersehen aus dem Vorstehenden, dass in den Fällen von Schrumpfniere mit und ohne Hirnblutung sich im Wesentlichen gleichartige Veränderungen an den Hirngefässen finden, dass aber dennoch die Befunde
in den beiden Gruppen von Beobachtungen eine gewichtige Differenz
aufweisen. Während in den letzteren Fällen die Veränderungen der
Adventitia entschieden im Vordergrunde stehen, an diese zunächst die
der Intima sich anreihen, die Alterationen der Muskularis dagegen erst
an 3. Stelle erscheinen, sehen wir bei den Fällen mit Hirnblutung die
Erkrankung der Muscularis prädominiren. Diese zeigt sich hier in ihrer
Ausbreitung weder an die Verdickungen der Intima, noch der Adventitia
gebunden; sie bildet zum Theile jedenfalls eine ganz selbständige Alteration.[1]
Es handelt sich also in den Fällen mit Blutherden nicht lediglich um eine einfache Fortbildung, einen höheren Grad jener Gefässveränderungen, wie sie
auch bei Schrumpfniere ohne Hirnblutung gefunden werden, sondern vielmehr um eine nur partielle Weiterentwicklung in einer bestimmten Richtung.

Was nun die Verursachung dieser Gefässalterationen anbelangt, so
können wir nach dem oben Dargelegten natürlich nicht daran denken,
hiefür lediglich die Herzhypertrophie in Anspruch zu nehmen. Ebenso
unberechtigt wäre es aber, dieser einen Einfluss auf die Entwicklung
der Gefässveränderungen im Gehirne ganz aberkennen zu wollen, selbst
für den Fall, dass es sich zum Theil um primäre Veränderungen an
den Gefässen handeln sollte. Ist Blutdrucksteigerung überhaupt ein
Moment, das schädigend auf die Gehirngefässe wirkt, so ist nicht zu
ersehen, warum diese Wirkung bei Schrumpfniere nicht unter allen Umständen sich geltend machen sollte. Der nephritischen Blutveränderung
eine ätiologische Bedeutung abzusprechen, besteht ebenfalls kein Grund,
nachdem wir wissen, dass die Blutbeschaffenheit sehr häufig sich für die
Ernährungsverhältnisse der Gefässwandungen von der grössten Bedeutung erweist. Da jedoch das eine oder das andere dieser Momente
oder beide in jedem Falle von Schrumpfniere gegeben sind, während
es doch nur in einem verhältnissmässig nicht sehr grossen Theile dieser
Fälle zu Hirnblutung kommt, so genügen dieselben offenbar nicht, um
jene Gestaltung der Gefässalteration herbeizuführen, die Blutung im Gehirne bedingt. Hiezu bedarf es noch der Unterstützung durch weitere
Umstände (angeborene Beschaffenheit der Gefässe, bestimmte con-
stitutionelle Verhältnisse, fortdauernde Einwirkung gewisser Noxen etc.),
wie sie eben nur bei einzelnen Individuen gegeben sind.

Von jener 2. Gruppe von Fällen (Schrumpfniere mit multiplen
kleinen Blutungen im Gehirne) weist die bisherige Literatur nur wenige

---

[1] Ausserdem haben wir in sämmtlichen Fällen mit Hirnblutung Miliaraneurysmen,
während in den Fällen ohne Blutung solche nicht gefunden werden konnten.

Beispiele auf. Eine hieher gehörige Beobachtung wurde von *Wagner*[1]) mitgetheilt. Bei einem 24jährigen Manne, der seit 4 Jahren mehrmals ödematös war, ergab die Section: Mässige Schrumpfniere, Hypertrophie des linken Ventrikels, zahlreiche nadelstich- bis linsengrosse Hämorrhagieen an der ganzen Gehirnoberfläche, spärliche Blutungen in der Magendarmschleimhaut und im Pancreas. Ueber einen weiteren Fall berichtete *Lemcke*[2]) in sehr ausführlicher Weise: Hier handelte es sich um ein anfangs der 40ger Jahre stehendes Dienstmädchen, das während seines etwa 2¹/₂jährigen Spitalaufenthaltes die typischen Erscheinungen der Schrumpfniere zeigte, daneben namentlich in der letzten Lebenszeit das klinische Bild einer chronisch sich entwickelnden Hirnaffection darbot, ausserdem an Hämorrhagieen der Netzhaut, mehrmaligen Hautblutungen (Petechieen) und Blutung aus dem Zahnfleische litt. Bei der Section fanden sich neben doppelseitiger, interstitieller Nephritis (rechts mit erheblicher Schrumpfung), enormer Hypertrophie des l. Ventrikels und hochgradiger Atheromatose der Aorta durch die ganze Gehirnmasse zerstreut ältere und jüngere Hämorrhagieen von Stecknadelkopf- bis Erbsengrösse. Die mikroscopische Untersuchung ergab als wichtigsten Befund Veränderungen der Wandungen der Blutgefässe, welche sich sowohl an den Gefässen aller Weiten, als auch in allen darauf untersuchten Organen deutlich ausgesprochen fanden. An den grossen und grösseren Gefässen hochgradige Atheromatose in allen Formen und Stadien; an den kleineren und kleinsten eine eigenthümliche Verdickung der Wandung, welche gerade in den periphersten Verzweigungen des Gefässbaumes (in der Haut) die allerhöchsten Grade erreicht, im Gehirn und Rückenmark und deren Häuten, in der Niere und Milz in nahezu gleicher, wenn auch etwas geringerer Mächtigkeit sich findet und die geringste, wenn auch immer noch deutliche Ausbildung an den Gefässen der Leber bekundet. Von den 3 Schichten der Gefässwandung zeigt sich hiebei die Muscularis niemals ausgesprochen hypertrophisch, wohl aber an einzelnen Stellen, z. B. an den Nierenarterien, deutlich atrophisch, während die Intima überall sehr stark, die Adventitia in geringem Masse verdickt erscheint. In den Centralorganen und deren Hüllen liess sich die fragliche Veränderung an den Uebergangsgefässen und Capillaren der Pia am Genauesten studiren. An ersteren Gefässen gestaltete sich die Sache folgendermassen: „Parallel der Axe des Gefässes und dem Lumen zunächst sieht man feinste, zuweilen leicht wellig angeordnete Fasern in ziemlicher Anzahl sich hinziehen, auf welche nach aussen einige Muskelkerne folgen, an die sich weiter nach aussen zwei bis drei Lagen von ziemlich grossen Zellen anschliessen; über letztere hinweg verlaufen wieder parallel der Längsaxe des Gefässes sehr feine wellige Fasern in verschiedener Zahl." In den Nieren fanden sich zwar inter-

---

[1]) *Wagner* l. c. S. 277.
[2]) *Lemcke*, D. Arch. f. klin. Med., 35. Band, 1. u. 2. Heft, S. 148, 1884.

stitielle Wucherungen und Schrumpfungen, doch liess sich von denselben
nicht nachweisen, dass sie zu nennenswerthen Veränderungen der
Glomeruli und Harnkanälchen geführt hatten. Die auffälligsten Veränderungen fanden sich auch hier an den Arterien, so dass man nach
Lemcke darüber nicht in Zweifel sein konnte, dass die gesammte renale
Affection ihren Ausgang nicht von einer Veränderung der Epithelien
oder des interstitiellen Gewebes, sondern der kleinen Nierenarterien genommen hatte, welche letztere lediglich eine Theilerscheinung einer allgemeinen Arterienerkrankung bildete.

Ein dritter der hier in Rede stehenden Gruppe von Hirnblutungen
zugehöriger Fall gelangte im Oktober vorigen Jahres im hiesigen pathologischen Institute zur Section.[1]) Der Patient, ein 19 jähriger Färber-
lehrling (August Hack aus Dorfen) war in seinem 14. Lebensjahre längere
Zeit an Rheumatismus erkrankt; im Juli 1884 trat bei demselben angeblich in Folge einer Erkältung Hydrops auf, der sich nach einiger
Zeit wieder verlor. Weder Potatorium, noch syphilitische Infection.
Am 25. Sept. vor. J. ohne äussere Veranlassung heftiges Nasenbluten,
das allen dagegen angewandten Mitteln trotzte, mit kleinen Unterbrech-
ungen die nächsten Tage anhielt und am 27. September den Patienten
zum Eintritt in das Krankenhaus München l. I. nöthigte. Hier constatirte man u. A.: Ueber den ganzen Körper zerstreute Petechieen, Blutungen aus dem Zahnfleische, Nasenbluten, blutige Sputa. Am 4. Oktober
häufiges Erbrechen und unter Erscheinungen zunehmender Schwäche
Exitus lethalis. Die Section ergab: Ecchymosen der Haut, der Lungen,
des Herzens, des Magens, Dilatation des Herzens, Adhaesivpleuritis,
geringgradig granulirte Niere.[2]) Hochgradige Anämie und Oedem des
Gehirns. Im Grosshirne nur in der rechten Hemisphäre im Stirnlappen
dicht neben dem Sulcus olfactorius ein nahezu erbsengrosses Extravasat;
das Kleinhirn mit ungemein zahlreichen, stecknadelkopf- bis linsengrossen
Hämorrhagieen durchsetzt, zahlreiche z. Th. etwas grössere Ecchymosen
unter der Pia des Kleinhirns. Die Basalgefässe sehr zart und dünn-
wandig, von mittlerer Weite (Aortenumfang 7,0 cm). An dem Blute
weder chemisch, noch mikroskopisch eine Veränderung nachweisbar.

Die von mir vorgenommene Untersuchung der Gehirngefässe ergab
Folgendes: An der Intima nirgends Verdickung nachweisbar, stellenweise Fettdegeneration derselben (spärlich im Ganzen), nicht selten da-

---

[1]) Der Fall wurde bereits in einer Dissertation von *R. Wagner* „Zur Kenntniss
des Morbus macul. Werlhofii", München 1885, ausführlich mitgetheilt; ich habe dieser
Arbeit jedoch lediglich einige anamnestische Notizen entnommen.

[2]) Wahrscheinlich handelte es sich um die von *Wagner* als der gewöhnliche
chronische Morbus Brightii (sogenannte secundäre Schrumpfniere) bezeichnete Form
der Nephritis, die nach *Wagner's* Auffassung sich als ein Vorstadium der Granularatrophie betrachten lässt. (*Wagner* l. c. S. 228).

gegen Endolhelkernwucherung. Die Muscularis macht an einer ziem-
lichen Anzahl von Gefässen den Eindruck mangelhafter Entwicklung, soferne die Muskelfasern dünner und schmächtiger erscheinen, als dem
Durchschnitte entsprechend. Von Fettdegeneration und Atrophie der
Muscularis im Ganzen nur wenig nachweisbar. Die erheblichsten Veränderungen weist die Adventitia auf, die sich an einer beträchtlichen
Anzahl von Gefässen deutlich verdickt zeigt; auch die bindegewebige
Degeneration kleiner Gefässe ist ziemlich vertreten. In keinem der in
grösserer Anzahl untersuchten kleinen Blutherde ist ein geborstenes Gefäss auffindbar. Die Extravasate entstammen jedenfalls überwiegend
Uebergangsgefässen und Capillaren, an welchen auffällige Veränderungen
nicht wahrzunehmen sind. Dieses eigenthümliche Verhalten erscheint
jedoch minder befremdlich, wenn wir einige von *Thoma* constatirte
Thatsachen berücksichtigen. *Thoma*[1]) wies durch Injectionsversuche
nach, dass bei chronischer interstitieller Nephritis die Wandung der
kleinsten Arterien und Capillaren eine vermehrte Durchlässigkeit zeigt
und zwar nicht bloss für gelöste colloide und crystalloide, sondern auch
für feste Körper, wie z. B. Zinnoberkörner. Diese vermehrte Durchlässigkeit fand sich am Beträchtlichsten an den weniger veränderten
Partieen der Nierenrinde, i. e. an den Rindenpartieen mit geringeren,
eben beginnenden Gefässveränderungen, während dieselbe an den Gefässen mit erheblicheren Alterationen weniger hervortrat. Nachdem
von einer Mehrzahl von Autoren bereits bei Schrumpfniere eine Uebereinstimmung der Gefässveränderungen in der Niere mit denen in anderen
Körperorganen nachgewiesen worden ist, dürfen wir wohl ein dem von
Thoma für die Nierengefässe constatirten analoges Verhalten auch an
den Hirngefässen annehmen. Auf eine vermehrte Durchlässigkeit der
Wandungen der Capillaren und Uebergangsgefässe weist übrigens in
unserem Falle schon die Thatsache hin, dass die Blutungen jedenfalls
in der Hauptsache per diapedesin erfolgten. Das Gleiche wird wohl
auch in *Wagner's* und *Lemcke's* Beobachtungen der Fall gewesen sein,
wenn auch *Lemcke* glaubt, dass die von ihm constatirte Gefässalteration,
die Wandung zu Continuitätstrennungen besonders disponirte[2]), und sich

---

[1]) *Thoma*, Zur Kenntniss der Circulationsstörung in den Nieren bei chronischer
interstitieller Nephritis. Zweite Mittheilung. Virch. Arch., 71. Band, 2. Heft, S. 227
u. f., 1877.

[2]) *Lemcke* führt zur Stütze seiner Ansicht an, *Thoma* habe gewiesen, dass die
in fraglicher Weise veränderte Gefässwandung ein locus minoris resistentiae sei. Es
ist dies jedoch nicht richtig. Was *Thoma* an den Nierengefässen nachwies, ist nicht
eine abnorme Brüchigkeit, sondern nur eine vermehrte Durchlässigkeit. Er bemerkt
auch ausdrücklich, dass die von *Johnson* sowie *Gull* und *Sutton* beschriebenen Structurveränderungen der Wandungen der kleinen Arterien und Glomeruli in keiner Weise
eine vermehrte Durchlässigkeit bedingen; überhaupt die hyaline und bindegewebige
Verdichtung der Gefässwand keineswegs geeignet erscheint, die Durchlässigkeit der
Gefässe zu vermehren.

auch in der That bei ihm an einzelnen Gefässen Continuitätstrennungen nachweisen liessen.

Indess kann es sich in unserem wie in *Lemcke's* und *Wagner's* Fällen nicht lediglich um jene Vermehrung der Durchlässigkeit der Gefässwandung gehandelt haben, die bei Schrumpfniere im Allgemeinen anzunehmen ist, da es bekanntlich nicht in sämmtlichen Fällen dieser Erkrankung, sondern nur in einem Theile derselben zu den hier in Rede stehenden Blutungen kommt. Der Eintritt dieser erheischt also noch die Gegenwart besonderer begünstigender Momente. Solche können durch die a priori gegebene Beschaffenheit der Gefässwandungen (angeborene abnorme Verhältnisse, ähnlich wie bei Blutern, schlechte Ernährung derselben bei constitutioneller Schwäche etc.) oder durch Veränderungen des Blutes gegeben sein. In unserem Falle weisen manche Umstände auf die Gegenwart des ersterwähnten Factors hin (s. oben). Ausserdem kommt jedoch in unserer Beobachtung wie in mancher anderen von Purpura haemorrhagica für die Localisation der Blutungen noch ein Moment in Betracht, nämlich Blutstase, wohl in Folge der in der letzten Lebenszeit eingetretenen Herzschwäche. Zu dieser Annahme werden wir durch die Thatsache gedrängt, dass die Blutextravasate sich fast ganz auf das Kleinhirn beschränkten. Eine Bevorzugung dieser Gehirnpartie und deren Umgebung, d. h. der tiefstliegenden Theile des Gehirnes bei horizontaler Körperlage ist auch sonst bei Purpura öfters beobachtet worden (*Duplaix*[1]).

Was den Ausgangspunkt der in den vorliegenden Beobachtungen gegebenen Veränderungen an den Hirngefässen anbelangt, so muss ich auf eine Erörterung der Frage verzichten, ob dieselben, wie *Lemcke* für seinen Fall annimmt, eine Theilerscheinung einer primären, ausgebreiteten Gefässerkrankung bildeten, oder durch die Nierenaffektion herbeigeführt wurden. Allein selbst wenn wir erstere Eventualität annehmen, können wir schwerlich der durch die Nephritis bedingten Blutveränderung einen Einfluss auf die Entwicklung der Gefässalterationen absprechen. Ich habe hiebei, wie ich bemerken muss, weniger die Ueberladung des Blutes mit Auswurfstoffen, als die Verarmung desselben an Eiweiss im Auge. Dieser den ganzen Organismus in seinen Ernährungsverhältnissen schädigende Umstand kann auch die Gehirngefässe nicht ganz unbeeinflusst lassen.[2]

---

[1] *Duplaix*, Étude sur les hémorrhagies des centres nerveux dans le cours du Purpura haemorrhagica; Archives génér. de médec. Avril 1883, p. 424.

[2] Die Ansichten der Autoren über die Genese der hier in Rede stehenden Blutungen entfernen sich z. Th. erheblich von einander. *Lecorché* (Arch. génér. de méd. April 1874) erklärte dieselben abhängig von arteriosklerotischen Veränderungen und wollte in einer erhöhten Spannung des Aortensystems einen genügenden Erklärungsgrund für dieselben finden *Gosselin* und *Robin* glaubten auf Grund von Thierversuchen Ammoniämie als Ursache annehmen zu dürfen (Arch. génér. de méd. Mai 1874). *Bartels* wies diese beiden Ansichten auf Grund seiner Beobachtungen zurück; er glaubt, dass

Ueberblicken wir das im Vorstehenden Dargelegte, so sehen wir, dass wir es bei chronischer interstitieller Nephritis mit zwei Formen von Hirnblutung zu thun haben. Die eine derselben entspricht den gewöhnlichen massigen Hämorrhagieen und kommt lediglich durch Ruptur von Gefässen zu Stande. Bei der anderen finden sich multiple kleine und kleinste Extravasate, die als Theilerscheinung einer ausgebreiteteren hämorrhagischen Diathese auftreten und in der Hauptsache jedenfalls per diapedesin entstehen. Bei beiden Formen gestatten die derzeit bekannten Thatsachen der Nierenaffection und deren Folgen (Blutveränderung etc.) wenigstens einen gewissen — allerdings vorerst nicht genauer zu bestimmenden — Einfluss auf die Entwicklung der Gefässveränderungen im Gehirne zuzuschreiben. Wir müssen daher auch der Nierenschrumpfung unter den Ursachen der spontanen Hirnblutungen einen Platz zugestehen.

---

die Blutungen vielleicht durch abnorme Vorgänge in der Ernährung der Gefässwand zu Stande kommen, ähnlich wie die Blutungen bei Lebercirrhose und Leukämie (v. Ziemssen's Handb., 9. Band, 1. Hälfte, 2. Aufl., S. 141 u. 433.) Nach *Wagner* ist die in Rede stehende hämorrhagische Diathese wahrscheinlich durch verschiedene, bis jetzt fast ganz unbekannte Ursachen bedingt. Bei den terminalen Blutungen spielt wohl die Ueberladung des Blutes mit Auswurfsstoffen die Hauptrolle (v. Ziemssen's Handb. Morbus Brightii S. 106). *Mathieu* hält es für möglich, dass die Blutintoxication hiebei eine bedeutende Rolle spielt, betont jedoch, dass sicher auch der allgemeine Verfall des Organismus (die brightische Dyskrasie), die Veränderungen der Gewebe und Gefässe einen Einfluss haben (Arch. génér. de méd. Sept. 1883, S. 285). *Lussana* endlich glaubt die Blutungen bei Schrumpfniere einerseits durch die bei dieser Erkrankung in neuerer Zeit constatirten Gefässveränderungen, andrerseits durch Congestionen, welche das nephritisch veränderte Blut in den verschiedenen Geweben herbeiführen soll, erklären zu können (Gazz. medic. ital.-lombard. No. 2 u. f, 1884).

VIII. Abschnitt.

Ueber die Beziehungen des Alkoholismus, der Bleiintoxication, der Gicht, des Rheumatismus und der Syphilis zu den spontanen Hirnblutungen.

Die ätiologische Beziehung des Alkoholismus zu den spontanen Hirnblutungen ist in neuerer Zeit sehr wenig gewürdigt worden. Einzelne deutsche Autoren wie *Nothnagel*, *Wernicke* u. A. gedenken dieses Umstandes nicht einmal mit einem Worte. Dennoch ist das, was über die Alkoholwirkung auf das Gehirn und das Circulationssystem bekannt ist, gewiss geeignet, unsere Aufmerksamkeit auf diesen Factor in vollstem Masse zu lenken.

Betrachtet man Lebercirrhose als ein anatomisches Document des Potatoriums — wenigstens bei Mangel einer anderen nachweisbaren Ursache der Cirrhose —, so ist bei dem Materiale des hiesigen pathologischen Instituts Alkoholismus mindestens in 10 % der Fälle vertreten.[1] Die Zahl der Apoplektiker, bei welchen Alkoholismus vorhanden war, ist aber wahrscheinlich eine erheblich grössere; insbesondere dürften die Fälle von idiopathischer Herzhypertrophie zum grossen Theile hieher zu rechnen sein, ferner auch einzelne Fälle von Schrumpfniere mit Herzhypertrophie ohne Lebercirrhose. Die Wirkungsweise des Alkoholismus ist eine sehr complicirte. Zunächst ist derselbe im Stande, direkt Veränderungen der Gehirngefässe zu bewirken, welche geeignet sind, Hämorrhagieen herbeizuführen. Eingehendere Angaben über diese Alterationen konnte ich nirgends finden. Nur das Vorkommen der Fettdegeneration an kleinen Arterien und Capillaren wird von einzelnen Autoren erwähnt (*Moosherr*,[2] *Rosenthal*,[3] *Orth*[4] etc.). Ich habe im Verlaufe meiner Studien Gelegenheit gehabt, eine ziemliche Anzahl von Fällen zu untersuchen, in welchen Potatorium zweifellos oder höchst wahrscheinlich vorhanden war. Indess fand sich in den meisten dieser Fälle Erkrankung des Herzens allein oder des Herzens und der Nieren gleichzeitig, so dass von einer Verwerthung derselben für die Eruirung der unmittelbaren Wirkungen des Alkohols auf die Gehirngefässe abgesehen werden musste. Nur 2 Fälle erwiesen sich in dieser Richtung

---

[1] Lebercirrhose fand sich 7 Mal unter 58 Fällen; in einem der betreffenden Fälle bestand jedoch chronische Bleiintoxication.

[2] *Moosherr*, Ueber das pathol. Verhalten der kleineren Hirngefässe, Inaug.-Diss., Würzburg 1854, S. 28.

[3] *Rosenthal*, Klinik der Nervenkrankheiten, 2. Aufl., 1875, S. 64.

[4] *Orth*, Lehrb. der speciellen pathol. Anatomie, 1. Lieferung 1883, S. 236.

brauchbar. In dem einen handelte es sich um einen Schnapssäufer,[1]) welcher todt aufgefunden wurde (wahrscheinlich in Folge acuter Alkohol-intoxication). Hier fand sich an den Gehirnarterien hochgradige Fett-degeneration der Muscularis und Intima, mässiges Atherom, ebenso auch Verdickung der Adventitia in mässiger Ausbreitung. Bei einem 2. Potator,[2]) der in seiner letzten Lebenszeit an Delirium tremens litt, liess sich sehr ausgebreitete granulöse Degeneration und zwar hauptsächlich an Ge-fässen stärkeren Calibers constatiren. Dieselbe betraf hier zumeist die ganze Muscularis, in annähernd gleicher Ausbreitung fand sich Verdick-ung der Adventitia, dagegen Fettdegeneration und Atherom nur äusserst spärlich vertreten. Die indirekten Einwirkungen des Alkoholismus auf die Gehirngefässe können in verschiedener Weise zu Stande kommen. Dem Alkoholismus wird bekanntlich ein erheblicher Antheil an der Ver-ursachung der Sklerose der grossen Arterienstämme zugeschrieben, derselbe figurirt ferner als ein gewichtiger Factor in der Aetiologie der idiopathischen Herzhypertrophie sowie der Nierenschrumpfung und deren Folge- (resp. Begleit-) erscheinungen, Herzhypertrophie etc. Ueber die ätiologischen Beziehungen dieser Erkrankung zu den spontanen Hirn-blutungen haben wir uns bereits an früherer Stelle geäussert, so dass hier kein Anlass besteht, auf dieselben zurückzukommen. Ein weiteres hier in Betracht zu ziehendes Moment ist der bei vielen Individuen nachweis-bare Einfluss des chronischen Alkoholmissbrauches (speciell des Bierpota-toriums) auf die Entstehung resp. Ausbildung der Plethora sowie der Fettsucht mit ihren mannigfachen Folgezuständen in den verschiedenen Organen, auf deren Darlegung an dieser Stelle wir ebenfalls verzichten können. Die Rolle, welche der Alkoholismus in der Herbeiführung von Hirn-blutungen spielt, ist, wie ich ferner bemerken muss, in den niederen Schichten unserer Bevölkerung, bei welchen Potatorium mässigen Grades eine häufige Erscheinung bildet, eine entschieden bedeutendere, als in den sogenannten besseren Ständen. Ich konnte wenigstens unter den von mir in den letzten Jahren beobachteten Fällen aus diesen Kreisen nur in einem einzigen Abusus spir. ermitteln. Ferner scheint der Alko-holismus namentlich bei den in verhältnissmässig frühen Lebensjahren eintretenden Gehirnblutungen (Fällen unter 50 Jahren) betheiligt. Bei 7 unter 14 diesen Altersclassen angehörigen, im hiesigen pathologischen Institute obducirten Fällen von Hirnblutung fanden sich Veränderungen

---

[1]) Die anatomische Diagnose bei dem betreffenden Individuum (Müller, J., Arbeiter, 43 J., Sectionsprotocoll No. 36 des pathologischen Instituts vom Jahre 1885) lautete: Hyperämie und Oedem der Lungen, Bronchitis purulenta. Anämie und leichtes Oedem des Gehirns, leichte Hyperämie der Leber.

[2]) Pentenrieder, J., ehemaliger Hausknecht, 40 J., obd. 4. Jan. 1886. Die ana-tomische Diagnose dieses Falles war: Cor adiposum, Hydroceph. ext. u. int. Gehirnödem, Bronchopneumonische Herde, hämorrhagisch-fibrin. Pleuritis links, beginnende Leber-cirrhose, Narbenniere.

(Lebercirrhose, Fettleber etc.), welche Potatorium zum Mindesten wahrscheinlich machen.

Die Wirkungen des Blei's auf das Gehirn schliessen sich bekanntlich in vielen Beziehungen denen des Alkohols an. Dem Delirium tremens entspricht hier die Encephalopathia saturnina, ferner tritt unter der Einwirkung des Blei's ebenso wie des Alkohol's zuweilen Schrumpfniere mit deren Begleiterscheinungen (Herzhypertrophie etc.) ein. Hirnblutungen im Gefolge von Bleiintoxication sind bisher nur in solchen Fällen beobachtet worden, in welchen Schrumpfniere bestand, und so hat man auch keinen Anstand genommen, die Blutung in den betreffenden Fällen von der Nierenerkrankung und deren circulatorischen Begleiterscheinungen abhängig zu machen. Indess muss der Bleiintoxication auch eine direkte Einwirkung auf die Gehirngefässe zugestanden werden, ähnlich wie dies beim Alkohol der Fall ist. In dieser Beziehung wurden auf experimentellem Wege einige interessante Thatsachen durch *R. Mayer*[1]) ermittelt. Dieser Beobachter fand bei Kaninchen und Meerschweinchen im Gefolge von Bleiintoxication an den Gefässen des Magens und Darmes zellige Einlagerungen in die etwas verbreiterte bindegewebige Umhüllung, hieran sich anschliessend eine Kern- und Zellenvermehrung der Muscularis (Einlagerung von Rundzellen) und später Fettmetamorphose dieser sowohl als der Muskelzellen. Mit diesen Veränderungen traten zugleich Erweiterungen der Gefässe und Bildung kleiner umschriebener Aneurysmen, z. Th. auch Zerreissungen der Gefässe und Blutaustritt auf. Aehnliche Veränderungen fanden sich auch in anderen Organen, der Leber, den Nieren, im Gehirne etc. Analoge Beobachtungen beim Menschen liegen bis dato nicht vor. Um so mehr Interesse wird der Befund beanspruchen dürfen, welcher sich in einem von mir untersuchten Falle von Bleiintoxication (ohne Schrumpfniere) an den Hirngefässen ergab. Der tödtliche Ausgang wurde hier, wie es scheint, durch Encephalopathia saturnina herbeigeführt. Der Fall ist nachstehender: Valentin Alois, Malergehilfe, 30 J., I. med. Abth. des Krankenhauses l. I. 6. Okt. 1884. Sectionsprotokoll des path. Instituts No. 446 vom Jahre 1884. Anatomische Diagnose: Anämie und Oedem des Gehirns, Lungenödem. Alte Adhaesivpleuritis. Oberflächliche Spitzencirrhose. Stauungsorgane. Bleiintoxication.

Comatöser Zustand während seines ganzen Aufenthaltes im Hospitale (3 Tage). War daselbst bereits 3 Mal, litt immer an Colikschmerzen. Während des letzten Aufenthaltes ein 1 1/2 Minuten langer Anfall von klonischen und tonischen Krämpfen. Die Untersuchung ergab hier: Die Adventitia an zahlreichen Arterienpräparaten deutlich feinfaserig ver-

---

[1]) *R. Mayer*, Virchow's Archiv, 90. Band, 3. Heft, S. 465.

dickt und z. Th. mit dem angrenzenden Gliagewebe verschmolzen (letzteres den Isolirpräparaten an vielen Stellen anhaftend); an vereinzelten Gefässen auch hyaline Degeneration der Adventitia. An der Muscularis Fettdegeneration ziemlich häufig; ausserdem an vereinzelten Präparaten granulöse Degeneration, jedoch nur in isolirter Form (an einzelnen Muskelfasern). An der Intima Endothelkernwucherung und Verdickungen mit körnigfettigem Zerfall. Auffallend war ferner das Auftreten zahlreicher Exemplare jener S. 60 erwähnten grossen Zellen (metamorphosirten Rundzellen) im Adventitialraume sowohl, als in dem angrenzenden Gliagewebe, daneben z. Th. auch Rundzellen von gewöhnlicher Grösse. Wie ersichtlich, stimmen meine Beobachtungen am Menschen mit denen *Mayer*'s an Thieren in gewichtigen Beziehungen überein. Hier wie dort haben wir Verdickung der Adventitia und Fettdegeneration der Muscularis.

Unter den von mir untersuchten apoplektischen Gehirnen befindet sich auch eines, welches einem Falle von chronischer Bleiintoxication mit Schrumpfniere angehörte. Es fand sich hier ein frischer hämorrhagischer Herd von sehr bedeutendem Umfange. An den untersuchten Arterienpräparaten zeigte hier zunächst ein sehr beträchtlicher Theil Ektasieen der Adventitia, z. Th. von ganz ausserordentlichem Umfange. Die ektatische Adventitia erwies sich häufig deutlich verdickt und nur sehr wenig durchsichtig, ausserdem fand sich ziemlich häufig einfache feinfascrige Verdickung, sowie Kernvermehrung an der Membran, an einzelnen Gefässen auch Zottenbildung von den ersten Anfängen bis zur vollsten Entwicklung. Im Adventitialraum bei einer sehr grossen Anzahl von Präparaten beträchtliche Anhäufung von Fettkörnchenzellen und zwar ebensowohl an Gefässen, die der Herdwandung, als an solchen, die intacten Theilen des Gehirnes entstammten. Ausserdem an zahlreichen Gefässen im Adventitialraum Blutkörperchen in grösserer Anzahl, z. Th. auch deutliche Aneurysmata dissecantia, Rundzellenanhäufungen an der Adventitia dagegen seltener, meist mit Ansammlungen von Fettkörnchenzellen wechselnd und letztere nur stellenweise verdrängend. Das Verhalten der Muscularis war nicht überall zu constatiren wegen Anhäufungen von Fettkörnchenzellen im Adventitialraum und Verdickung der Adventitia. An den Gefässstellen mit grösseren Anhäufungen von Fettkörnchenzellen zeigt sich, soweit eruirbar, fettige Degeneration der Muscularis, letztere findet sich auch sonst an zahlreichen, namentlich kleineren und kleinsten Gefässen. Granulöse Degeneration dagegen nur spärlich (und zwar in isolirter oder Herdform), dessgleichen einfache Atrophie. An der Intima an zahlreichen Stellen atheromatöse Plaques, seltener diffuse Verdickungen, daneben stellenweise Endothelkernwucherung. Miliaraneurysmen fanden sich in nicht erheblicher Zahl (etwa 10—12 im Ganzen) und zwar zumeist solche mit Atherom der Intima. Ausserdem mehrfach diffuse Ektasieen, zumeist mit Adventitialektasie.

die erkrankten Gefässe überwogen unter den untersuchten bei Weitem. Auch von den der gesunden Hemisphäre entnommenen Präparaten zeigte sich der grösste Theil verändert. Die Uebereinstimmung des Befundes in beiden vorstehend berührten Fällen ist eine ziemlich weitgehende. Verdickung der Adventitia, Fettdegeneration der Muscularis und Atherom der Intima finden sich in beiden Fällen ziemlich gleichmässig vertreten. Was den 2. Fall mit Hirnblutung von dem ersten unterscheidet, ist namentlich die ausserordentliche Häufigkeit der Adventitialektasieen. Der Anhäufung von Fettkörnchenzellen im 2. Falle, für welche ich eine ausreichende Erklärung nicht auffinden konnte, entspricht im 1. Falle das Auftreten zahlreicher transformirter Rundzellen im Adventitialraum, welche ich an früherer Stelle bereits als eine Uebergangsform in der Metamorphose der Rundzellen zu Fettkörnchenzellen bezeichnete. [1]

Es ergibt sich aus dem im Vorstehenden Mitgetheilten, dass die Gefässveränderungen in den Fällen von spontaner Hirnblutung bei Bleiintoxication mit Schrumpfniere und Herzhypertrophie keineswegs lediglich als Folgen der beiden letzten Erkrankungen erachtet werden dürfen. Es handelt sich vielmehr hiebei wenigstens mit sehr grosser Wahrscheinlichkeit zum Theil um Alterationen, welche auf direkte Einwirkung des Blei's zurückgeführt werden müssen. Namentlich, wenn wir die *Mayer*'schen Beobachtungen an Thieren berücksichtigen, ist es sogar keineswegs unwahrscheinlich, dass durch Bleiintoxication Hirnblutungen verursacht werden können, ohne dass es hiebei des Zwischengliedes der Schrumpfniere und Herzhypertrophie bedarf. [2]

Unter den Ursachen der spontanen Hirnblutung, resp. der diese bedingenden Gefässveränderungen figurirt nach manchen, namentlich

---

[1] Wenn *Schultze* (Arch. f. Psychiatrie, 16. Band, 3. Heft, S. 797, 1885) bei Mittheilung des mikroskopischen Befundes in einem Falle von Bleilähmung, in welchem u. A. ein kleiner Blutherd in der Brücke und Granularnieren sich fanden, bemerkt: „Die Arterien derselben (der Meningen), weniger stark diejenigen der Med. spin. zeigten jene Verdickung der Media und Wucherung der Intima, wie sie für die Granularniere charakteristisch ist, und wie sie sich auch in den anderen untersuchten Organen vorfand," so handelt es sich wohl, soferne nicht ein Lapsus calami vorliegt, um irrthümliche Deutung gemachter Wahrnehmungen (eine Verwechslung der Adventitia mit der Muscularis).

[2] Die Ansicht, welche *Oppenheim* (Zur pathologischen Anatomie der Bleilähmung, Arch. f. Psychiatrie, 16. Band, 2. Heft, S. 495) anlässlich der Besprechung eines Falles von chronischer Bleiintoxication mit Schrumpfniere und Hirnblutungen äussert, dass kein Grund zur Annahme einer direkten Schädigung der Hirngefässe durch das Blei vorliege, da die in dem betr. Falle constatirte Nephritis mit Herzhypertrophie eine hinreichende Erklärung für die cerebralen Apoplexieen abgebe, dürfte durch Obiges widerlegt sein. Unhaltbar erweist sich ferner dem oben angeführten Falle von Eucephalopathia gegenüber die Meinung *Oppenheim*'s, dass die als Eucephalopathia saturnina bezeichneten vielgestaltigen Hirnsymptome durch die Vermittlung einer saturninen Nephritis hervorgerufen werden. In dem von mir erwähnten Falle bestand eine solche Erkrankung nicht.

französischen Autoren auch die gichtische Diathese. Indess konnte ich weder unter dem Sectionsmaterial des pathologischen Instituts, noch in den von mir selbst beobachteten Fällen irgend welche Anzeichen von dem Vorhandensein arthritischer Veränderungen bei Apoplektikern auffinden. Der Gicht scheint daher eine causale Beziehung zur spontanen Hirnblutung, wenn überhaupt, jedenfalls nur in sehr seltenen Fällen zuzukommen.[1]) Mit dem Rheumatismus verhält es sich etwas anders. Der Häufigkeit der Veränderungen der Klappen und des übrigen Endocard's bei Apoplektikern wurde bereits an früherer Stelle Erwähnung gethan. Ein Theil dieser Alterationen dürfte von überstandenen Gelenkrheumatismen herrühren, zumal hier wenigstens diese Erkrankung ziemlich häufig auftritt. Auch unter den Ursachen der Arteriosklerose wird der Rheumatismus von Manchen angeführt. Wir müssen daher zugeben, dass diese Affection vielleicht nicht ganz selten eine allerdings nur indirekte causale Beziehung zur Hirnhämorrhagie gewinnt.

Minder problematisch als die Rolle der Gicht und des Rheumatismus ist die der Syphilis in der Aetiologie der Hirnblutungen. Die Entstehung solcher unter der Einwirkung des syphilitischen Virus (i. e. in Folge der durch die Lues herbeigeführten Gefässalterationen) ist durch eine Anzahl von Beobachtungen festgestellt. In welchem Verhältnisse aber diese luetischen Blutungen unter den Hirnhämorrhagieen sich finden, und unter welchen besonderen Umständen dieselben auftreten, hierüber ermangeln wir noch genügender Aufklärung. Nach *Heubner*[2]) ist der Befund wirklicher Hirnblutung bei Syphilis ein sehr seltenes Vorkommniss. *Lechner*[3]) war dagegen im Stande, unter 300 der Literatur entnommenen Beobachtungen von Syphilis mit Sectionsbefund, in welchen intra vitam apoplektische und apoplektiforme Anfälle aufgetreten waren, 69 (= 23 % der Gesammtfälle) zu ermitteln, in welchen Blutergüsse in das Gehirn oder Rückenmark deutlich nachgewiesen werden konnten. Nahezu ein Drittel dieser Hämorrhagieen war in den Frühstadien der Syphilis, d. h. während der secundären Periode aufgetreten. Indess sind nach *Lechner* für die Herbeiführung dieser Blutungen ausser dem syphilitischen Virus noch Hilfsmomente nöthig, psychische, traumatische, functionelle etc. Einflüsse, welche einen localen Bezirk des arteriellen Hirngefässsystems in einen Zustand erhöhter Blutspannung versetzen und denselben dadurch zu einem locus minoris resistentiae dem lueti-

---

[1]) Ich muss beifügen, dass ein Beweis für einen Zusammenhang zwischen Arthritis und Hirnhämorrhagie vorerst jedenfalls nicht beigebracht ist. Die Gicht wird jedoch als Ursache gewisser Nierenerkrankungen betrachtet, ferner wird dieselbe von Manchen zu den Ursachen der Arteriosklerose gezählt. Die Möglichkeit eines Nexus zwischen Gicht und Hirnblutungen lässt sich desshalb z. Z. wenigstens nicht ganz ausschliessen.
[2]) *Heubner*, v. Ziemssen's Handb., 11. Band, 1. Hälfte, 2. Aufl., 1878, S. 304.
[3]) *Lechner*, Zur Pathogenese der Gehirnblutungen der luetischen Frühformen, Wien 1881, S. 26, 28, 48, 69.

schen Gifte gegenüber machen, sodann eine angeborene, ererbte oder z. Th. erworbene Disposition des Gefässsystems zu Erweiterungen an umschriebenen Stellen (*Arndt's* Theorie). In jüngster Zeit wurde durch *Gerhardt*[1]) wieder die Aufmerksamkeit auf Lues als mögliche Ursache von Hirnblutungen gelenkt. Leider gestattet die Angabe dieses Autors, dass unter 63 Fällen von Apoplexie der Würzburger Klinik bei etwa ¹/₃ Syphilis bestand, keine Verwerthung wenigstens bezüglich des Frequenzverhältnisses der Lues als Ursache von Hirnhämorrhagieen, da es sich bei den erwähnten syphilitischen Apoplexieen nach *Gerhardt's* Angaben jedenfalls weit überwiegend um Erweichungsprocesse handelte (Hinzutritt autochtoner Thrombose zu langsam entwickelter Arterienverengerung).

Unter den 60 von mir zusammengestellten Fällen von Hirnblutung (hievon 58 im hiesigen pathol. Institute obducirt) findet sich keiner, bei welchem sicher auf Lues hinweisende Veränderungen vorlagen. Berücksichtige ich ferner meine eigenen Erfahrungen bei Apoplektikern, sowie die statistischen Angaben verschiedener Autoren (*Durand-Fardel's*, *Charcot's* und *Bouchard's* u. A.), die unter zahlreichen Hirnhämorrhagieen nichts von Syphilis constatiren konnten, so ergibt sich, dass Hirnblutungen auf luetischer Grundlage im Ganzen seltene Vorkommnisse bilden und zwar selten sowohl im Verhältniss zur Gesammtzahl der Hirnhämorrhagieen als der luetischen Infectionen. Es kann dies nur dadurch bedingt sein, dass die Lues allein nicht im Stande ist, Hirnblutungen zu verursachen, sondern hiezu der Unterstützung durch gewisse Momente bedarf. Ob unter diesen eine besondere Beschaffenheit des Gefässsystemes figurirt, wie *Lechner* im Anschlusse an *Arndt* (s. später) annimmt, muss ich dahingestellt sein lassen. Sicher scheint mir jedoch nach meinen Erfahrungen bei an Hirnlues Leidenden und dem mir aus der Literatur Bekannten, dass speciell auf das Gehirn einwirkende Schädlichkeiten jeder Art (Gehirnerschütterungen, geistige Ueberanstrengungen, Sorgen etc.) die Rolle von Hilfsursachen übernehmen können.

---

[1]) *Gerhardt*, Berl. klin. Wochenschrift, No. 1, 1886.

IX. Abschnitt.

Ueber die Beziehungen gewisser Eigenthümlichkeiten des Körperbaues (des Habitus apoplecticus) und allgemeiner Ernährungsanomalieen zu den spontanen Hirnblutungen.

An früherer Stelle wurde bereits der hervorragenden Rolle gedacht, welche noch bis Anfangs dieses Jahrhunderts dem sogenannten Habitus apoplekticus und der Plethora in der Aetiologie der Hirnblutung zugewiesen wurde. Die Lehre von dem Habitus apoplekticus erhielt sich bis Mitte dieses Jahrhunderts, obwohl schon in den ersten Decennien desselben einzelne Autoren sich mit Entschiedenheit dagegen erklärten. *Rochoux*[1]) trat einer der Ersten gegen die herrschende Doctrin auf und glaubte aus seinen Beobachtungen den Schluss ziehen zu dürfen, dass kein äusseres wahrnehmbares Zeichen die Disposition zur Apoplexie ankündigt. *Durand-Fardel*[2]) hält jedoch die Folgerungen *Rochoux*'s für zu weitgehend. Er fand unter 69 Apoplektikern

von bedeutender Wohlbeleibtheit	19	
starker Constitution	17	53
guter Gesundheit	17	
dagegen nur		
magere Individuen	8	
magere und schlechtgenährte Individuen	2	16
Individuen von schwacher Constitution	3	
schlechter Gesundheit	3	

Die mageren schlecht genährten Individuen stehen, wie wir sehen, unter dieser Gruppe von Apoplektikern den Dickleibigen und Gutconstitutionirten gegenüber ganz bedeutend zurück.

Von deutschen Autoren wandte sich namentlich *Rokitansky*[3]) gegen die landläufigen Anschauungen betreffs des Habitus apopl. Nach *Rokitansky* disponirt dieser nicht sowohl zu Gehirnblutung, als vielmehr zu Hyperämie der Lungen, welche häufig und zwar gewöhnlich durch acutes Lungenödem rasch tödtet, ja die allerhäufigste der plötzlichen Todesarten ist. In gleichem Sinne äussert sich *Dietl*.[4]) Auch *Leubuscher*[5]) negirt die

---

[1]) *Rochoux* (l. c.) zählte unter 69 Apoplektischen 32 mit gewöhnlicher Körperfülle, 11 dicke u. fette, 26 magere Individuen.

[2]) *Durand-Fardel*, Greisenkrankheiten, S. 361.

[3]) *Rokitansky*, Lehrb. der pathol. Anatomie, 3. Aufl., 1. Band, S. 451.

[4]) *Dietl* l. c. S. 278.

[5]) *Leubuscher* l. c. S. 222.

Existenz eines speciell apoplektischen Habitus. *Hasse*[1]) betont, dass magere, schlanke und schlechtgenährte Individuen ebensogut apoplektisch werden, als solche mit dem Hab. apopl., und glaubt daher, dass die Wichtigkeit der allgemeinen Körperbeschaffenheit früher übertrieben worden sei und zwar wahrscheinlich desshalb, weil früher die meisten plötzlichen Todesfälle ohne Weiteres als durch Apoplexieen bedingt angesehen wurden. Auch *Rosenthal*[2]) spricht sich gegen die Annahme einer im Körperbau begründeten Disposition zur Apoplexia sang. aus. Entschieden vorsichtiger äussert sich in dieser Beziehung *Nothnagel.*[3]) Nach *Nothnagel's* Erfahrung fehlt in der Mehrzahl der Fälle jeder apoplektische Habitus. Eine sichere Angabe darüber, ob bei diesem das hauptsächlichste Unterstützungsmoment der Gefässruptur, der erhöhte Blutdruck, sich leichter geltend macht, lässt sich nach *Nothnagel* nicht machen. Indess hält *Nothnagel* die populäre Furcht vor Gehirnblutung bei Gegenwart des Hab. apopl. für nicht ganz unbegründet, insoferne dieser Habitus zu Hirnhyperämie disponirt oder solche begünstigt, und an wiederholte Hirnhyperämieen sich mitunter eine Hämorrhagie anschliesst.

In anderem Sinne, als bisher üblich, urgirt *Arndt*[4]) das Vorhandensein einer apoplektischen Constitution (eines apopl. Habitus). Man darf letzteren nach *Arndt* nicht gerade immer mit einem kurzen, gedrungenen Körper, grossen Kopfe und kurzen, dicken Halse in Verbindung bringen, sondern muss vielmehr das lymphatische, chlorotische Element in's Auge fassen, das an ihm die Hauptsache bildet. Nach *Arndt* sollen sich die aneurysmatischen Erweiterungen der Hirngefässe und ihre Folgen, die blutigen Apoplexieen, vorzugsweise, ja vielleicht ausnahmslos da finden, wo die Gefässe auch anderer Körpertheile ähnliche Veränderungen erfahren haben, also bei Leuten mit Gefässektasieen in der Haut des Gesichtes, des Halses, der Schultern, mit Varicen an den Beinen, Hämorrhoiden u. s. w. Die Anlage zu diesen Gefässektasieen ist eine angeborene und beruht auf mangelhafter Ausbildung der mittleren Gefässhaut, einer Bildungshemmung dieser. Der chlorotischen Constitution ist nach *Virchow* eine mangelhafte Entwicklung des Blutgefässsystems eigenthümlich. Zwischen chlorotischer und lymphatischer Constitution findet sich aber nach *Arndt* kein wesentlicher Unterschied, und da nun die mit Gefässektasieen behafteten Personen fast ausnahmslos lymphatischer Constitution sind, so folgert *Arndt*, dass lymphatische (chlorotische) und apoplektische Constitution identisch seien.

---

[1]) *Hasse*, Krankheiten des Nervensystems, 2. Aufl., S. 148, 1869.

[2]) *Rosenthal*, Klinik der Nervenkrankheiten, 2. Aufl., S. 64, 1875.

[3]) *Nothnagel* l. c. S. 77.

[4]) *Arndt*, Aus einem apoplektischen Gehirn. Virch. Arch., 72. Band, 4. Heft, 1878, S. 467 u. f.

Dagegen äussert sich *Immermann* [1]) wieder über den Habitus apopl. in einer mehr der älteren Auffassung sich nähernden Weise. „Die ungewöhnliche Frequenz apoplektischer Insulte bei plethorischer Corpulenz", bemerkt *Immermann*, „hat darum bekanntlich veranlasst, den fettsüchtigen Habitus überhaupt auch als Habitus apoplecticus zu bezeichnen und beide Ausdrücke in praxi vielfach promiscue zu gebrauchen. Diese Bezeichnungsweise involvirt nur insoweit eine Ungenauigkeit, als sie bei corpulenten Individuen jugendlichen Alters künftige Gefahren anticipirt, nicht jedoch desswegen, weil etwa bei anämischer Corpulenz älterer Personen apoplektische Insulte selten wären. Denn auch bei der anämischen Corpulenz des vorgeschrittenen Alters kommen Blutgefässzerreissungen im Gehirne durchaus nicht nur vereinzelt, sondern cumulirt vor, weil eben die Atherose der Gehirngefässe auch bei ihnen keine Seltenheit ist, und weil diese vasculäre Degeneration bei der Entstehung arterieller Gefässrupturen weitaus unter allen ätiologischen Momenten präponderirt." *Immermann* erblickt also in dem fettsüchtigen Habitus einen Habitus apoplecticus und zwar scheint er der plethorischen Corpulenz die grössere Bedeutung beizumessen. Er sieht übrigens den Nexus zwischen Corpulenz und Haemorrhagie nicht in einer angeborenen Gefässanlage, die etwa beides, Corpulenz und Hämorrhagie, begünstigt, sondern in Erkrankung der Arterien, deren Entstehung durch die Fettleibigkeit begünstigt wird. Er zählt auch die Hirnhämorrhagie unter die perniciösen Folgeübel der Adipositas älterer Individuen. Auch *Strümpell* [2]) betont, „dass die Apoplektiker auffallend häufig einen bestimmten Habitus darbieten. Es sind nicht sehr grosse, aber corpulente Leute mit breiter Brust, kurzem gedrungenem Halse und rundem Gesichte, Personen, welche den Freuden der Tafel und dem Alkohol nicht abhold waren und nicht selten gleichzeitig an Emphysem, leichter Herzhypertrophie und wie man aus der Untersuchung der Radial- und Temporalarterien wenigstens manchmal schon zu Lebzeiten der Patienten diagnosticiren kann, an allgemeiner Arteriosklerosis leiden."

Wir müssen hier vor Allem einen Trugschluss blosslegen, zu welchen man in neuerer Zeit mehrfach gelangt ist. Der Umstand, dass Hirnblutungen ebensowohl bei mageren und schlecht genährten, als bei fetten und plethorischen Individuen, bei Personen mit und ohne apoplektischen Habitus vorkommen, gestattet noch nicht die Folgerung, dass Körperbau und allgemeiner Ernährungszustand ohne Belang für die Entstehung von Hirnhämorrhagieen seien. Man könnte ebenso gut den Einfluss des Alters in Abrede stellen, da zuweilen Hirnhämorrhagieen

---

[1]) *Immermann*, v. Ziemssen's Handbuch, 13. Band, 2. Hälfte, 2. Aufl., 1879, S. 465, 476.

[2]) *Strümpell*, Lehrb. der speciellen Pathologie und Therapie, 2. Band, 1. Theil, 3. Aufl., S. 349, 1886.

ja auch bei jungen Individuen auftreten. Die Hirnblutung bildet in der Regel das Endresultat eines Processes, der von verschiedenen, im Einzelfalle wechselnden Factoren abhängt. Das Fehlen des einen Factors in dem einen Falle beweist noch keineswegs dessen Belanglosigkeit in dem anderen Falle, in welchem derselbe zugegen ist.

Bevor wir uns mit der Frage beschäftigen, ob und inwieweit dem Habitus apoplecticus im Sinne der älteren Autoren irgend welche Bedeutung für die Genese der Hirnblutungen zukommt, wollen wir uns mit der Theorie *Arndt's* bezüglich der apoplektischen Constitution beschäftigen; denn erweisen sich die Anschauungen *Arndt's* in diesem Punkte als richtig, so ist hiemit zugleich über die ältere Theorie der Stab gebrochen. Die Behauptung *Arndt's*, dass sich die blutigen Apoplexieen vorzugsweise, vielleicht ausnahmslos bei Leuten finden, die mit Gefässerweiterungen auch an anderen Körperstellen als im Gehirn (mit Hämorrhoiden, Varicen an den Beinen etc.) behaftet sind, steht die thatsächliche Beobachtung keineswegs zur Seite. *Arndt* selbst hat zur Stütze seiner Anschauung nichts angeführt. Unter nahezu 60 von mir aus den Protokollen des pathol. Instituts zusammengestellten Fällen von Hirnblutung findet sich in einem einzigen ein Hämorrhoidalknoten am Anus constatirt. Von sonstigen Gefässektasieen sind in einem Falle Varicen an den Unterschenkeln, in einem anderen Dilatation und Injection kleiner Hautvenen erwähnt. Meine klinischen Beobachtungen gewähren der *Arndt'schen* Aufstellung ebenso wenig eine Bestätigung. Des Weiteren scheint mir die Zusammenfassung aller Gefässektasieen unter dem einen ätiologischen Princip einer angeborenen (ererbten) Schwäche und Widerstandslosigkeit des Gefässsystems zum Mindesten zu weitgehend. Wir sehen vielfach Hämorrhoiden bei Personen, welche keine Art sonstiger Gefässektasieen darbieten.[1]) Varicen an den unteren Extremitäten finden sich bekanntlich ungemein häufig bei Frauen, welche mehrfach geboren haben, deren Gefässapparat keinerlei weitere Anomalie zeigt. Es entstehen eben keineswegs selten durch rein mechanische Einflüsse Gefässektasieen im Venensystem, ohne dass irgend etwas berechtigte, desshalb eine angeborene Schwäche des ganzen Gefässapparates anzunehmen. Auch die Annahme *Arndt's*, dass die mit Gefässektasieen behafteten Individuen sämmtlich lymphatischer Constitution sind, erscheint mir in ihrer Allgemeinheit ziemlich willkürlich; wenigstens kann ich weder in meinen eigenen Beobachtungen, die sich auf eine ansehnliche Anzahl von Individuen mit Gefässektasieen, wie Hämorrhoiden, Varicen etc. beziehen, noch in der Literatur eine Stütze für diese Aufstellung finden. Gegen die weitere Hypothese *Arndt's*, die Identificirung des apoplektischen Habitus mit der lymphatisch-chlorotischen Constitution sind wir

---

[1]) Diese Behauptung stützt sich auf zahlreiche eigene Beobachtungen.

in der Lage, verschiedene z. Th. ganz unanfechtbare Argumente anzuführen. Die Chlorose ist eine Erkrankung, welche ganz vorwaltend
weibliche Individuen heimsucht.[1]) Würde die chlorotische Constitution
ausschliesslich das begründen, was man als Disposition zu blutigen Apoplexieen erachten kann, so müsste man letztere Affection bei Frauen
ungleich häufiger als bei Männern beobachten. Die Erfahrung lehrt
jedoch, dass dies nicht der Fall ist, sondern umgekehrt Hirnblutungen
im Allgemeinen bei Männern häufiger vorkommen als bei Frauen. Ueber-
dies ist das, was *Arndt* als das Wesentliche an der chlorotischen Constitution betrachtet, die von *Virchow* behauptete mangelhafte Entwicklung
des Blutgefässsystems vorerst eine noch ganz und gar unerwiesene Annahme. Die Aortenweiten, welche *Virchow* bei Chlorotischen fand und
als abnorm enge auffasste, finden sich, wie *von Hösslin*[2]) auf Grund
eigener Untersuchungen und der Messungen *Beneke*'s nachweist, auch
bei ganz gesunden, kräftigen Männern im Alter von 20—30 Jahren
durchaus nicht selten; dieselben fallen also vollkommen in die Breite
physiologischer Schwankungen. Ferner spricht nach *von Hösslin* gegen
Virchow's Anschauung, dass in manchen Fällen, die während des Lebens
alle Zeichen der Chlorose darboten, jede Verengerung der Aorta fehlte,
eine Verengerung der Gefässe bei Chlorose überhaupt nur dann eintritt,
wenn eine entsprechende Abnahme der Organgrössen vorhanden ist.

Von weiteren Momenten, die gleichfalls gegen die *Arndt*'sche Behauptung sprechen, absehend, will ich hier nur noch eine kleine Zusammenstellung anführen, welche wohl Ausschlag gebend sein dürfte. Nach
Beneke[3]) beträgt der Aortenumfang dicht über den Klappen 6,1—8,27 cm
(25—75. Lebensjahr), nach *Thoma*[4]) 70,34 (vom 23—29. Jahre). In 42
im hiesigen pathol. Institute secirten Fällen von Hirnblutung zeigte nach
den Notizen in den betreffenden Sectionsprotokollen der Aortenumfang
dicht über den Klappen folgende Grössen:

---

[1]) *Immermann*, der Bearbeiter des Capitels Chlorose im v. Ziemssen'schen Handbuche, sagt: „Chlorose ist fast ausschliesslich eine Krankheit des weiblichen Ge-
schlechtes." Wenn nun *Arndt* behauptet, dass chlorotische Männer in dem gleichen
Maasse wie chlorotische Frauen vorkommen, so widerspricht diese Behauptung zweifellos
der allgemeinen ärztlichen Erfahrung; dieser gegenüber können vereinzelte Ausnahmen,
wie sie die Bevölkerung einzeluer pommerscher Dörfer bieten mag, auf welche *Arndt*
hinweist, nicht in Betracht kommen.

[2]) *Dr. Herm. v. Hösslin*, Ueber den Zusammenhang von Constitutionsanomalieen
und Veränderungen der Gefässweite. Arbeiten aus dem pathol. Iustit. der Universität
München, 1886, No. XIII; dem Herrn Verfasser für die freundlichst gestattete Durch-
sicht der Correcturbogen auch an dieser Stelle mein bester Dank.

[3]) *Beneke*, Ueber das Volumen des Herzens und die Weite der Arteria pulmon.
und Aorta ascend. in den verschiedenen Lebensaltern, 1879, S. 32.

[4]) *Thoma*, Untersuchungen über die Grösse und das Gewicht der anatom. Bestandtheile des menschl. Körpers im gesunden und kranken Zustande, Leipzig 1882.

Aortenumfang.

Von 5—6 cm	6—7 cm	7—8 cm	8—9 cm	9—10 cm
1 Fall (5,5 cm)	7 Fälle	24 Fälle	9 Fälle	1 Fall (9 cm)

Diese Zahlen sprechen sehr deutlich. Wie wir sehen, findet sich bei der grossen Mehrzahl der Apoplektiker ein Umfang der Aorta, der völlig dem Durchschnittsmasse entspricht, bei einem Theile derselben sogar eine über den Durchschnitt hinausgehende Weite. Allein selbst die geringste Aortenweite, die sich unter den zusammengestellten 42 Fällen fand — 5,5 cm — darf noch keineswegs als pathologisch angesprochen werden. *von Hösslin* fand unter 8 „möglichst normalen" Individuen im Alter bis zu 36 Jahren 2 Mal eine Aorta ascend. von nicht über 5,5 cm und *Beneke* bei an acuten Erkrankungen verstorbenen Soldaten in 33 % der Fälle eine Aorta asc. von nicht über 5,4 cm. Hiemit dürfte der Theorie *Arndt's* von der Identität der chlorotisch-lymphatischen und der apoplektischen Constitution die Basis wohl völlig entzogen sein.

Wenden wir uns nun zur Würdigung des Habitus apoplecticus im älteren Sinne. Hier ist zunächst zu berücksichtigen, dass die Kriterien des apoplektischen Habitus bald enger, bald weiter gefasst wurden. Man hat als Zeichen dieses Habitus angeführt: Kleine, untersetzte Statur, grossen, dicken Kopf, dunkelrothes Gesicht, aufgetriebene Adern an Stirn und Schläfen, kurzen, dicken Hals, breite Schultern, Fettleibigkeit (Fettbauch insbesonders), plethorische Constitution, wohl entwickelte Muskulatur, Empfindlichkeit der Nerven, feuriges, sanguinisches, cholerisches Temperament etc. etc. Ich ziehe hier zunächst nur diejenigen Merkmale in Betracht, welche von der Mehrzahl der Autoren als die gewichtigsten erachtet werden: den gedrungenen Körperbau mit kurzem Halse, grossem Kopfe, breiten Schultern, da durch Heranziehen weiterer Momente die Frage eine zu complicirte wird.

Wenn ich meine eigenen Beobachtungen bezüglich des Vorkommens der in Rede stehenden Körpereigenthümlichkeit bei Apoplektikern durchmustere, so zeigt sich, dass dieselbe in ausgeprägter Form sich nur bei einem nicht sehr erheblichem Bruchtheile der Fälle (etwa ⅕) vertreten findet. Häufiger als bei Apoplektikern habe ich diesen Habitus bei Individuen ohne Hirnblutungen getroffen, und meine Wahrnehmungen scheinen die Ansicht *Nothnagel's* zu bestätigen, dass derselbe zu Gehirnhyperämieen disponirt. Dass sich an solche unter Umständen auch eine Blutung anschliessen mag, lässt sich nicht bestreiten; dieser Fall tritt jedoch sicher nur dann ein, wenn die entsprechenden Gefässveränderungen vorhanden sind. Ob aber zur Ausbildung dieser der kurze Hals, grosse Kopf etc., etwas beiträgt, ist zum Mindesten fraglich. Am Ehesten dürfte dies noch da der Fall sein, wo gleichzeitig eine Herzhypertrophie mit Blutdrucksteigerung besteht.

Bestimmtere Resultate ergeben sich, wenn wir nach den Beziehungen des allgemeinen Ernährungszustandes zu den spontanen Hirnblutungen forschen. Wir haben hier im Wesentlichen 3 Formen von allgemeiner Ernährungsstörung zu berücksichtigen: die allgemeine Herabsetzung der Ernährung (Abmagerung, Marasmus), die Fettsucht und die Plethora. Die Frage, ob etwa ein Zusammenhang besteht zwischen schlechter Allgemeinernährung und spontaner Hirnblutung (i. e. S.), ist bisher von keiner Seite einer Erwägung gewürdigt worden. [1] Und doch liegt dieser Gedanke sehr nahe. Unter den Apoplektikern finden sich nach den Erfahrungen fast aller neueren Beobachter magere, schlechtgenährte Individuen in nicht geringer Zahl. In den Hospitälern sind dieselben natürlich stärker vertreten, als bei einem der Privatpraxis entstammenden Materiale. Unter 58 im hiesigen path. Inst. (beziehungsweise privatim von Herrn Professor *Bollinger*) secirten Apoplektikern befanden sich 18, die entschiedene Abmagerung, z. Th. sogar in hohem Masse zeigten, und zwar handelte es sich hiebei keineswegs lediglich oder vorwaltend um senilen Marasmus. Nur 5 unter diesen 18 Individuen hatten ein Alter von über 65 Jahren erreicht, 9 dagegen noch nicht das 60. Jahr überschritten. Als Ursache der Abmagerung ergab sich in einem Theile der letzteren Fälle Lungenphthisis und Magencarcinom. Indess waren auch unter den von mir selbst beobachteten Apoplektikern einzelne, deren allgemeiner Ernährungszustand ein äusserst elender war. Berücksichtigt man andererseits, welcher Art die Veränderungen sind, die an den Gehirngefässen von Apoplektikern sich finden, so müssen wir zugeben, dass die Entstehung und Weiterentwicklung einzelner derselben (der Atrophie und der Fettdegeneration) durch eine hochgradige Herabsetzung der Allgemeinernährung entschieden begünstigt, wenn nicht direkt verursacht wird. Die Gefässe des Gehirns müssen eben als Theile des Organismus durch Störungen der allgemeinen Ernährung in Mitleidenschaft gezogen werden. Diese brauchen übrigens nicht sehr hochgradig zu sein, um eine Wirkung auf die Gehirngefässe zu äussern. Auch die mässigeren Veränderungen in dieser Richtung vermögen bei langer Andauer üble Folgen hervorzurufen, soferne hiedurch jedenfalls die Widerstandsfähigkeit der Gehirngefässe gegen verschiedene Noxen geschmälert wird. Dass sich diese Einwirkung schlechter allgemeiner Nutrition, wenn auch nicht ausschliesslich, so doch ganz vorzugsweise bei Personen in vorgeschrittenen Jahren geltend macht, ist leicht begreiflich. Hier trifft die Abnahme der Fähigkeit des Körpers, sich im Integritätszustande zu erhalten, mit einer ungenügenden Zufuhr von Ernährungsmaterial zusammen. Für den Erfolg ist es übrigens nach meinen Beobachtungen gleichgiltig, ob die Dystrophie

---

[1] Um Missverständnisse zu vermeiden, bemerke ich, dass ich hier nur jene Formen von allgemeiner Ernährungsstörung im Auge habe, die nicht an sich eine besondere Krankheit bilden, wie der Scorbut, die Leukämie etc.

durch Ungunst der äusseren Lebensverhältnisse (dürftige Ernährung, schlechte Wohnung, anstrengende Arbeit etc.) oder Erkrankungen, welche eine Beeinträchtigung der Assimilationsvorgänge nach sich ziehen, herbeigeführt wird. Diese Auffassung von dem Einflusse allgemeiner Ernährungsherabsetzung findet eine gewichtige Stütze in gewissen Beobachtungen an Thieren. *Mankowsky*[1]) sowohl als *Rosenbach*[2]) waren in der Lage, bei Thieren. welche durch Verhungern zu Grunde gegangen waren, an den Gefässen der Centralorgane Veränderungen des Endothel's (fettige Degeneration *Rosenbach*), nachzuweisen.

Nach *Thoma's*[3]) Darlegungen erweist sich jedoch die dem Greisenalter eigene allgemeine Herabsetzung der Ernährung. die senile Atrophie, (und ebenso die präsenile, marastische, kachektische Atrophie des Körpers) noch in anderer Weise für die Genese von Gefässalterationen im Gehirne wirksam. Das Gefässsystem unterliegt ebenfalls sehr häufig der senilen Atrophie, und diese macht sich nach *Thoma* an den Arterien vorzugsweise an den muskulösen und elastischen Elementen der Wand geltend. Bleibt hiebei das Herz von der Atrophie mehr oder weniger unberührt, so ergibt sich ein Missverhältniss zwischen der Leistungsfähigkeit des Herzens und der Widerstandsfähigkeit der atrophischen Gefässwand, als deren Folgen Erweiterungen und Schlängelungen der Gefässe sich einstellen. Das Missverhältniss, das hiedurch zwischen der Lichtung der Arterienstämme und dem Lumen ihrer Verzweigungen und der Capillaren herbeigeführt wird, bedingt ähnlich wie bei den Arterienstämmen in amputirten Gliedmassen und wie an der Aorta des Neugeborenen, deren Stromgebiet durch die Ablösung der Nachgeburt und die Verschliessung der Nabelarterien eine erhebliche Schmälerung erfährt, eine Verdickung der Intima durch Bindegewebsneubildung in dieser, eine compensatorische Endarteritis. Es können sich aber auch, bevor es zu dieser die Gefässerweiterung ausgleichenden Verdickung der Intima kommt, durch stärkere und schnellere Dehnung der atrophischen Gefässwand an einzelnen Stellen ächte und falsche Aneurysmen bilden. Eine ähnliche compensatorische Endarteritis (und zwar eine gleichmässige, diffuse im Gegensatze zu der vorher erwähnten ungleichmässigen, höckerigen Form) entwickelt sich nach *Thoma* in allen Fällen, in welchen die Herzthätigkeit abnimmt durch langdauernde atrophische oder degenerative Processe im Herzmuskel, ohne dass gleichzeitig die Lichtung der arteriellen Bahn eine Verkleinerung erfährt.

---

[1]) *Mankowsky*, Zur Frage über das Hungern. Dissert., St. Petersburg 1882, russisch, angeführt in der folgenden Arbeit.

[2]) *Rosenbach*, Ueber die durch Inanition bewirkten Texturveränderungen der Nervencentren. Neurol. Centralblatt, 1883, No. 15, 1. Aug.

[3]) *Thoma*, Ueber einige senile Veränderungen des menschlichen Körpers und ihre Beziehungen zur Schrumpfniere und Herzhypertrophie. Antrittsvorlesung. Leipzig 1884. (F. C. W. Vogel.)

Wenn ich nun auch nach meinen eigenen Beobachtungen der von *Thoma* vertretenen Anschauung bezüglich der Genese der Arteriosklerose für die Hirngefässe keineswegs in allen Punkten beipflichten kann, so lässt sich doch meines Erachtens nach dessen Darlegungen nicht bezweifeln, dass der senile sowohl, als der aus anderen Ursachen hervorgehende Marasmus neben der Atrophie und Fettdegeneration an den Hirnarterien noch eine weitere Veränderung, Atheromatose, herbeiführen kann und wohl auch in zahlreichen Fällen herbeiführt.

Allein auch abgesehen von der Beziehung zur Arteriosklerose scheint mir der von *Thoma* hervorgehobene Umstand: Missverhältniss zwischen der Leistungsfähigkeit des Herzens und der Widerstandsfähigkeit der Gefässe in Folge von allgemeinem Marasmus, an welchem das Herz sich nicht oder nur wenig betheiligt, von hoher pathogenetischer Bedeutung für die Apoplexia sanguinea. Nur darf man nicht annehmen, dass die verringerte Widerstandsfähigkeit der Gefässe lediglich durch Atrophie zu Stande kommt; Fettdegeneration ist hiebei jedenfalls auch im Spiele (vielleicht auch granulöse Degeneration). Der erste in unserer Tabelle S. 33 angeführte Fall (Anna Kunz) liefert in dieser Beziehung einen interessanten Beleg. Hier handelte es sich um eine Person, die ich schon eine Anzahl von Jahren vor ihrem Ende kannte, und die auch nach dem Eintritte der Hirnblutung bis zu ihrer Ueberführung in das Krankenhaus in meiner Beobachtung sich befand. Die Betreffende zeigte schon Anfangs der 50ger Jahre ihres Lebens senilen Marasmus in ausgeprägter Weise und machte zu Beginn des Jahres, in welchem sie starb, eine schwere Darmerkrankung durch, die allerdings anscheinend in Genesung ausging (vide Sectionsbefund), aber den bereits vorhandenen Marasmus noch erheblich steigerte. Dass bei dieser Person das Gefässsystem in seiner Ernährung ebenfalls schon seit Langem gelitten hatte, ist wohl keine gewagte Annahme. Die Gehirngefässwandungen hatten aber hier bei ihrer durch Ernährungsstörungen bedingten verringerten Widerstandsfähigkeit nicht bloss den normalen, sondern einen durch idiopathische Hypertrophie des linken Ventrikels[1]) erhöhten Blutdruck zu ertragen, und es ist gewiss naheliegend, dass dieser Umstand. Jahre lang einwirkend, zum Fortschreiten der durch den Marasmus eingeleiteten Gefässveränderungen beitragen musste. Die schliessliche Gefässruptur trat unter dem Einflusse einer ungewohnten Alkoholaufnahme nach einer grösseren Körperanstrengung ein. Die Untersuchung des Gehirns ergab hier neben hochgradiger Atheromatose der Basalarterien Atrophie und Fettdegeneration an den intracerebralen Gefässen in beträchtlicher Ausbreitung, Atherom dagegen in geringerem Masse. Das Zusammenwirken

---

[1]) Die Herzhypertrophie konnte in diesem Falle, da es sich um eine sehr arbeitssame und dabei sehr mässig lebende Person (langjährige Wirthschafterin bei einem geistlichen Herrn) handelte, nur von übermässigen Körperanstrengungen herrühren.

der Herzhypertrophie und des allgemeinen Marasmus gibt in diesem
Falle für das Ereigniss, welches den Exitus herbeiführte, eine so einfache Erklärung, wie sie bei irgend einem pathologischen Vorgange nur
gewünscht werden kann.

Die Beziehungen der Corpulenz zur Apoplexia sanguinea wurden
in den letzten Decennien keineswegs jener Aufmerksamkeit gewürdigt,
welche den thatsächlichen Verhältnissen entspricht. Unter den Apoplektikern begegnen wir auffallend vielen Individuen mit einer über das
Mittelmass mehr oder minder weit hinausgehenden Entwicklung des
Körperfettes. Selbst unter dem weit überwiegend den niederen Volks-
schichten entstammenden Materiale des hiesigen path. Inst. fand sich
bei mehr als einem Drittel der Apoplektiker beträchtlicher Fettreichthum
(20 Mal unter 58 Fällen). Erheblicher ist der Procentsatz der Fettleibigen bei den von mir selbst beobachteten Fällen, die zum grösseren
Theile der besser situirten Klasse angehörten. Unter 26 Apoplektikern,
die ich in den letzten Jahren zu untersuchen Gelegenheit hatte, waren
nur 4 magere, schlechtgenährte, 10 zeigten einen mittleren Ernährungszustand, 12 waren entschieden fettleibig und von diesen zeigten 9 einen
entschieden pastösen Habitus (hierunter 5 mit ausgesprochenem Fettherz). Wie sehr Individuen mit höheren Graden von Lipomatosis zu
Hirnhämorrhagieen disponirt sind, erhellt auch aus dem Umstande, dass
bei Personen, die mit diesem Zustande behaftet sind, die Hirnblutung
neben der Herzerlahmung die häufigste Todesursache bildet, wie von
Kisch [1]) in jüngster Zeit nachgewiesen wurde. Zur Erklärung der bei
Fettsüchtigen auftretenden blutigen Apoplexieen wurde bisher lediglich
die Arteriosklerose, die so häufige Begleiterscheinung der allgemeinen
Lipomatosis, herangezogen. Indess besteht über die Beziehung dieser
beiden Affectionen zu einander zur Zeit nichts weniger als Klarheit.
Beneke [2]) glaubte, die Häufigkeit des Zusammentreffens von atheromatöser
Arteriendegeneration und reichlicher Fettbildung lasse sich darauf zurückführen, dass die gleichen Verhältnisse (Bildung eines fett- und cho-
lestearinreichen Protoplasma's) einerseits die Entwicklung .der Atheromatose an den Arterien, andererseits reichliche Fettbildung in anderen
Geweben begünstigt. *Immermann* [3]), welcher ebenfalls die Häufigkeit der

---

[1]) *Kisch*, Marienbad in der Saison 1884 nebst einigen Bemerkungen über die
Lebensbedrohung der Fettleibigen. Prag 1885; ferner: Ueber plötzliche Todesfälle bei
Lipomatosis universalis, Berl. klin. Wochenschr. No. 8, 1886. *Kisch* fand unter 19
Fällen plötzlichen Todes bei Fettleibigen 12 Mal acutes Lungenödem in Folge von
Herzerlahmung, 6 Mal Gehirnblutung und 1 Mal Herzruptur, ferner unter 18 Fällen
nicht plötzlichen Todes, in welchen Obesitas nimia vorhanden war, gleichfalls 6 Mal
Haemorrhagia cerebri als Todesursache. Es figurirt sonach Hirnblutung bei einem
Drittel der Fälle allgemeiner Lipomatosis als Todesursache.

[2]) *Beneke*. D. Arch. f. klin. Med., 18. Band, S. 1 u. f.

[3]) *Immermann* l. c.

Atheromatose bei Fettleibigkeit hervorhebt, scheint mehr einen causalen Nexus zwischen beiden Zuständen anzunehmen, soferne er die Hirnhämorrhagieen, als deren hauptsächlichste Ursache er die Atheromatose bezeichnet, zu den perniciösen Folgeübeln der Polysarkie zählt, wie wir sahen. *Kisch* weist zur Erklärung der grossen Anzahl von Hirnblutungen bei Fettleibigen lediglich auf die ausserordentlich häufige Coincidenz von Lipomatosis universalis mit Arteriosklerose hin. [1])

Ferner ist nicht ausser Acht zu lassen, dass die Anschauung, welche die Atheromatose für die Hirnblutungen bei Fettleibigen verantwortlich macht, keineswegs auf directen Beobachtungen an den Gehirngefässen beruht. Es handelt sich hiebei lediglich um eine Vermuthung, welche durch die erwähnte Häufigkeit atheromatöser Veränderungen an dem arteriellen Apparate überhaupt (namentlich auch an den Basalgefässen) bei allgemeiner Lipomatosis veranlasst wurde. Hievon abgesehen, ist die Arteriosklerose auch keineswegs die einzige Gefässveränderung, die wir bei Fettleibigkeit in Betracht zu ziehen haben. Viel näher liegt es sogar an einen ursächlichen Zusammenhang dieses Zustandes mit einer anderen Gefässveränderung — der Fettdegeneration — zu denken, eine Eventualität, welche merkwürdigerweise bisher von keiner Seite in Erwägung gezogen wurde. Nach der derzeit herrschenden Anschauung bezüglich der Lipogenese ist das im Körper sich ansammelnde Fett nur zum kleinsten Theile im Blute präformirt, überwiegend wird dasselbe aus dem im Blute circulirenden lipogenen Materiale gebildet und zwar nach der Theorie *Toldt's* erst ausserhalb der Gefässe in bestimmten Zellen (Fettzellen), nach der Auffassung *Fleming's* in den Gewebsinterstitien der Adventitia. Das Fett, das wir an den Hirngefässen, insbesondere im Adventitialraume, mitunter selbst in grosser Menge vorfinden, kann nicht in besonderen Fettzellen entstehen, da solche an den Hirngefässen nicht existiren; es kann sich auch nicht in der Gefässadventitia bilden, da dieser, normaliter wenigstens, die Interstitien mangeln. Es erübrigt daher nur die Annahme, dass dasselbe in der Hauptsache wenigstens von den Innenhäuten aus lipogenem Materiale gebildet wird. Die Fettansammlung im Adventitialraume der Hirngefässe ist nun allerdings, wie wir an früherer Stelle bereits erwähnten, ein Vorgang, der im Allgemeinen keineswegs als Ausdruck einer Verfettung des Gefässes sich betrachten lässt, soferne hiebei die Innenhäute völlig intact sein können. Indess lässt sich doch nicht verkennen, dass da,

---

[1]) Es muss hier jedoch bemerkt werden, dass *Marchand* einen Zusammenhang zwischen Atheromatose und allgemeine Neigung zu Fettbildung verwirft (Eulenburg's Realencyklopädie, 1. Aufl., Art. Endarteritis, 4. Band, S. 565), *Quincke* (von Ziemssen's Handb., 6. Band, S. 344, 1876), *Orth* (Lehrb. der speciellen pathol. Anatomie, 1883, S. 227) und *Ziegler* (Lehrb. der allg. u. spec. pathol. Anatomie, 2. Band, S. 73, 1886) bei Besprechung der Aetiologie der Arteriosklerose von einer Beziehung derselben zur Fettleibigkeit nichts erwähnen.

wo Fett im Adventitialraume an zahlreichen Gefässen in sehr beträchtlicher Masse auftritt, in der Regel auch die Innenhäute wenigstens theilweise sich im Zustande fettiger Entartung befinden. Es weist dies darauf hin, dass reichliche Fettbildung an den Gehirngefässen — beim Erwachsenen wenigstens — auch Verfettungsvorgänge an den Innenhäuten, namentlich an der Muscularis, begünstigt. Das Verhalten der Gehirngefässe schliesst sich in dieser Beziehung völlig dem des Herzens und der willkürlichen Muskulatur an. Auch an diesen Organen haben wir bei reichlicher Fettablagerung (Fettdurchwachsung) bekanntlich nicht selten Fettdegeneration der Muskelfasern. Zu den Umständen, welche zu einer vermehrten Fettbildung an den Hirngefässen beitragen, zählt jedenfalls das anhaltende Circuliren eines an lipogenem Materiale reichen Blutes in den Hirngefässen, wie es bei Fettsucht gegeben ist. Es lässt sich daher annehmen, dass diese Ernährungsstörung auch das Auftreten von Verfettungsprocessen an den Gehirngefässen befördert, die indess nicht immer mit einer auffallenden Vermehrung des Fettes im Adventitialraume einhergehen müssen.

Diese Auffassung findet eine gewichtige Stütze in Beobachtungen, die ich an Menschen und Thieren machte. Um die an ersteren ermittelten Thatsachen zunächst zu erwähnen, so fanden sich in dem unter Nr. 16, S. 35 angeführten Falle von Hirnblutung neben sehr ausgedehnter Fettdegeneration der Muscularis höchst beträchtliche Anhäufungen von Fettmassen in Gestalt von Fettkörnchen, Fettkügelchen und Tröpfchen im Adventitialraume der meisten Arterien in sämmtlichen Gehirngegenden. Von Atheromatose liessen sich dagegen an den intracerebralen Gefässen nur Spuren constatiren, die basalen Gefässe waren ganz frei hievon. Hier handelte es sich um einen 67 Jahre alten Herrn, welcher neben sehr reichlicher Entwicklung des subcutanen Fettpolsters Fettherz und beträchtliche Fettmassen in der Bauchhöhle aufwies. Abgesehen von der allgemeinen Adiposität war hier kein Umstand zu eruiren, mit welchem sich die auffallende Fettanhäufung an den Hirngefässen in Zusammenhang bringen liess. Auch in dem unter Nr. 8, S. 34 angeführten Falle (65jährige Frau) bestand beträchtliche Fettleibigkeit (Fettpolster am Bauche bis zu 5 cm), ausserdem Fettherz. Auch hier waren und zwar trotz hochgradiger Atheromatose der Basalarterien sowohl an den den Herdwandungen entnommenen, als den aus anderen Hirnregionen stammenden Gefässen atheromatöse Veränderungen im Ganzen nur dürftig vertreten, viel ausgedehnter dagegen Fettdegeneration der Innenhäute der Arterien (ebenso auch der Venen). Grössere Fettansammlungen im Adventitialraume fehlten hiebei. In einem dritten Falle ohne Hirnblutung, der eine 40jährige, ganz ungewöhnlich corpulente weibliche Person betraf, die an Myodegeneratio cordis zu Grunde ging, liessen sich an den meisten untersuchten Gehirngefässen die ersten Anfänge der Fettdegeneration nachweisen. Daneben bestand an zahlreichen Gefässen Endothelkernwucherung; zur Bildung von Plaques oder diffuser Verdickungen der Intima war es jedoch noch nirgends gekommen.[1]) Aus der Literatur kann ich hier nur einen Fall anschliessen. Bei *Moosherr* (l. c. S. 31) findet sich als 14. Fall das Gehirn eines an Polysarkie Gestorbenen erwähnt (Fettpolster enorm, Herzhypertrophie mit fettiger Entartung des Muskels). Die Erkrankung der Gefässe des Gehirns (fettige Degeneration) traf *Moosherr* hier nicht sehr weit fortgeschritten; bedeutender erwies sich an den meisten Gefässen die Pigmentbildung.

Um indess für die Ermittlung des Einflusses der Fettsucht auf das Verhalten der Gehirngefässe ein grösseres und von der hier leider so häufigen Complication mit Alkoholismus freies Material zu erlangen, untersuchte ich die Gehirne einer Anzahl von Thieren, welche sich durch Fettreichthum auszeichneten (Schweinen, Hunden, Gänsen). Die Schweinegehirne (10 an Zahl) entstammten durchgehends gesunden Schlachtthieren, deren Fettreichthum den Durchschnitt überstieg. Das Gleiche gilt von den untersuchten Gänshirnen (3 an Zahl). Die Hundegehirne (8) rührten mit Ausnahme eines einzigen, welches von einem an traumatischer Peritonitis zu Grunde gegangenen Pudel stammte,[2]) von Thieren her, die wegen Fettsucht getödtet wurden. Der Befund an den Schweinegehirnen war im Ganzen ein ziemlich dürftiger. In mehreren derselben erwiesen sich die Gefässe in jeder Beziehung normal. Fettdegeneration der Muscularis fand sich zwar in mehreren Fällen, jedoch nur in Spuren, häufiger wurde dagegen und zwar in der Mehrzahl der Gehirne Endothelkernwucherung beobachtet, zumeist jedoch an einer nicht sehr erheblichen Anzahl von Gefässen. Nur in einem Falle zeigten sich vereinzelt auch kleine atheromatöse Plaques in körnigem Zerfall begriffen. An den Gänsgehirnen ergab sich ein völlig negativer Befund. Dagegen war die pathologische Ausbeute an den Hundegehirnen eine ziemlich reichliche. Vor Allem war hier die Ansammlung von Fett sowohl in Gestalt von Fettkörnchenzellen, wie auch von Fetttröpfchen an den arteriellen und venösen Gefässen kleineren und kleinsten Calibers auffallend. An den Gefässen stärkeren Calibers fanden sich ebenfalls strecken-

---

[1]) Letzterer Fall besitzt eine Complication, die ich nicht unberührt lassen kann. Die fragliche Person war in früheren Jahren Bierpotatrix. Man könnte daher die beobachteten Gefässalterationen auch hiemit in Zusammenhang bringen. Indess scheint mir der Umstand, dass sich an den Gefässen überall nur die ersten Anfänge der Fettdegeneration zeigten, während die Person in ihrer letzten Lebenszeit nicht mehr dem Potatorium huldigte, dagegen zu sprechen, dass die Gefässveränderungen, wenigstens soweit es sich um fettige Entartung handelte, durch Alkoholismus und nicht durch allgemeine Lipomatosis bedingt waren. Trotzdem wird mit Rücksicht auf die fragliche Complication von einer weiteren Verwerthung des Falles im Folgenden abgesehen werden.

[2]) Nach freundlicher Mittheilung des Herrn Docenten *Kitt* an der hiesigen kgl. Thierarzneischule.

weise stärkere Fettanhäufungen, doch waren dieselben an diesen im Ganzen entschieden geringer. An den kleineren und kleinsten Arterien zeigte sich auch die Muscularis z. Th. in Fettdegeneration begriffen (an den Venen die Innenhäute), doch ging die Ausdehnung der Muscularisveränderung an diesen Gefässen keineswegs der Fettansammlung im Adventitialraume parallel. Die Capillaren dagegen zeigten sich da, wo überhaupt diese reichliche Fettanhäufung vorhanden war, in ausgedehntester Weise verfettet. Während der eben beschriebene Befund sich in den meisten der untersuchten Gehirne (7 Mal unter 8 Fällen) constatiren liess, war an den grösseren arteriellen und venösen Gefässen Fettdegeneration im Ganzen nur spärlich vertreten, nur in einem Falle waren diese Gefässe in grösserer Ausdehnung von der Veränderung befallen, die jedoch auch hier sich nicht sehr fortgeschritten zeigte. In den meisten Gehirnen wurden ferner Endothelkernwucherungen beobachtet und zwar in einzelnen Fällen in ziemlicher Häufigkeit. Daneben fanden sich 2 Mal auch diffuse Verdickungen der Intima und kleine umschriebene Plaques in körnigem Zerfalle. Einfache Atrophie der Muscularis, Verdickungen der Adventitia und umschriebene Ausbauchungen des Gefässrohres mangelten ebenfalls nicht, waren jedoch im Ganzen sehr spärlich vertreten.

Bevor wir an eine Deutung dieser Befunde gehen, müssen wir vor Allem einen Umstand berücksichtigen: das Alter der betreffenden Thiere. Die Schweine- und Gänsegehirne gehörten durchgehends jüngeren Thieren an, wie sie eben hier in der Regel zur Schlachtung verwendet werden, während die Hundegehirne älteren Thieren entstammten. Um nun auch darüber Gewissheit zu erlangen, dass die angeführten Befunde bei Hunden, insbesondere die erwähnte Fettanhäufung im Adventitialraume und die begleitenden Verfettungsvorgänge nicht ein gewöhnliches Vorkommniss bei Hunden überhaupt oder bei älteren Hunden bilden, untersuchte ich eine Anzahl weiterer Hundegehirne und zwar 3 von jüngeren und 2 von alten, nicht fetten Thieren stammende; von den beiden letzteren Hunden war der eine (circa 12jährig) getötet worden, der andere (circa 10jährig) an Bronchopneumonie zu Grunde gegangen.[1]) In den Gehirnen dieser sämmtlichen Thiere fand sich, soweit Fettanhäufung im Adventitialraume und Verfettungsvorgänge an den Innenhäuten der Gefässe in Betracht kommen, keine Andeutung von dem bei den fetten Hunden beobachteten Verhalten. Auch von atheromatösen Veränderungen liess sich in den betreffenden Gehirnen nichts nachweisen.

Fragen wir uns nunmehr, welche Schlüsse sich betreffs des Einflusses der Fettsucht auf das Verhalten der Hirngefässe aus den mitgetheilten Beobachtungen ergeben, so ersehen wir zunächst, dass Polysarkie an sich keineswegs Fettdegeneration an den Hirngefässen herbeiführen muss. Bei jüngeren Thieren ist dies sogar — und dem

---

[1]) Nach Mittheilung des Herrn Docenten *Kitt*.

entsprechen auch gewisse Erfahrungen beim Menschen [1]) — gewöhnlich
nicht der Fall. Dagegen weisen die Befunde an den Hundegehirnen,
wie auch z. Th. die Beobachtungen am Menschen (Fälle No. 8 und 16)
darauf hin, dass die Fettsucht bei Hinzutritt eines weiteren Factors, der
mit dem höheren Lebensalter [2]) sich einstellenden Gefässveränderungen,
die Entwicklung der Fettdegeneration an den Hirngefässen entschieden
begünstigt. Gegen diese Folgerung lässt sich nicht der Einwurf erheben,
dass die bei den Hunden und auch beim Menschen in den erwähnten
Fällen constatirten Verfettungsvorgänge vielleicht nur unter die Kategorie
der senilen Alterationen gehören. Denn, wenn auch Fettdegeneration
an den Hirngefässen bei älteren Individuen sich entschieden häufiger
findet als bei jüngeren und, wie an früherer Stelle bereits bemerkt
wurde, das Senium für die Entwicklung derselben eine Prädisposition
zu bilden scheint, so sind doch Veränderungen der Hirngefässe von
dieser Art weder bei Hunden noch bei Menschen ein gewöhnlicher Befund
im höheren Lebensalter; die reichliche Fettanhäufung im Adventitialraume,
wie wir sie bei den fetten Hunden und im Fall 16 fanden, hat mit dem
höheren Alter allein gar nichts zu thun. Dieser Umstand weist vielmehr auf eine erhöhte Fettbildung an den Hirngefässen hin, der sich
eine Einwirkung auf das Verhalten der Innenhäute nicht absprechen
lässt, und als deren Ursache — insbesonders bei den Thieren — nur
die vorhandene Polysarkie herangezogen werden kann.

Dürfen wir demnach eine ursächliche Beziehung der Fettsucht zu
Verfettungsprocessen an den Hirngefässen als sichergestellt erachten, so
gilt nicht das Gleiche betreffs der atheromatösen Veränderungen. Zwar

---

[1]) *Immermann* (von Ziemssen's Handbuch, 13. Band, 2. Hälfte, 2. Aufl., S. 453
1879) bemerkt: „Bei jugendlichen Individuen mit anämischem Typus der Corpulenz
beschränken sich die anatomischen Veränderungen an den Arterien auf die, bei der
Anämie beschriebene, einfache Fettentartung an der Intima und Media oder fehlen
häufiger noch in diesem Alter gänzlich.

[2]) Wenn wir im Obigen von höherem Lebensalter sprechen, so ist hiemit keineswegs lediglich das Greisenalter gemeint. Nach *Thoma* (l. c. S. 4) findet man meist
schon bei 35jährigen Menschen Spuren jener Veränderungen an den Blutgefässen, welche
sich später als senile charakterisiren. Der hier in Rede stehende Einfluss des Lebensalters kann sich also relativ frühe schon geltend machen. Unter den von *Kisch* mitgetheilten Fällen plötzlichen Todes in Folge von Hirnblutung bei allgemeiner Lipomatosis ist ein 42jähriger Mann. Auch nach meinen eigenen Beobachtungen macht
sich der die Polysarkie unterstützende Einfluss des Lebensalters jedenfalls von den
40er Jahren anfangend bemerklich. Im Einzelfalle kommt jedoch für das frühere oder
spätere Eintreten (vielleicht auch gänzliche Ausbleiben) der Wirkungen der Fettsucht
auf die Gehirngefässe noch ein weiteres Moment in Betracht, die individuelle Disposition.
Die einzelnen Organe besitzen bei verschiedenen Fettleibigen offenbar eine sehr verschiedene Resistenz gegen die Einwirkung der vorhandenen Ernährungsanomalie, so dass
bei dem Einen bereits in den vierziger Jahren Veränderungen entstehen, die bei einem
Anderen erst in den Sechzigern sich einstellen, bei einem Dritten überhaupt nicht zu
Stande kommen.

scheint Manches von den angeführten Beobachtungen bei Thieren und Menschen dafür zu sprechen, dass bei allgemeiner Lipomatosis Momente gegeben sind, welche die Entwicklung dieser Alterationen an den Hirn-gefässen begünstigen. Allein andererseits ist wieder der Befund, den unser Fall Nr. 16 lieferte, sehr geeignet, Bedenken in dieser Beziehung hervorzurufen. Auch der anatomische Vorgang an den Hirngefässen, der den arteriosklerotischen Process einleitet — die Endothelkernwucherung — weist nicht auf einen Connex dieses Processes mit der Fettsucht hin.

Der Einfluss der allgemeinen Lipomatosis auf den Zustand der Gehirngefässe bedarf, wie wir sehen, noch weiterer Aufklärung. Vielleicht erweist sich das Thierexperiment in dieser Richtung von Nutzen. Ich muss mich begnügen, hier gezeigt zu haben, dass die Fettsucht wenigstens unter gewissen Umständen zu Verfettungsprocessen an den Hirngefässen führt und hiedurch die Vorbedingungen für den Eintritt von Hirn-blutungen setzt. Ob dieselbe jedoch die gleiche Folge auch durch Herbeiführung atheromatöser Veränderungen nach sich zieht, hierüber müssen uns künftige Untersuchungen Gewissheit verschaffen. Der Nach-weis arteriosklerotischer Entartung an den basalen oder anderen Gefässen kann jedoch, wie ich beifügen muss, nicht als ein Argument von irgend welcher Bedeutung in dieser Beziehung erachtet werden.

Die Plethora spielte bekanntlich in der älteren Pathologie keine unbedeutende Rolle. Man sah in derselben bald eine Krankheitsanlage, welche die Entstehung von Blutungen begünstigt, so auch eine Theil-erscheinung des Habitus apoplecticus, bald eine Krankheit, deren Verlauf sich durch das Auftreten von Hämorrhagieen charakterisirt. So sollte dieselbe nach *Schönlein*[1] z. B. zuerst zu Blutungen aus der Nase, dann aus der Brust, dann aus dem After und zuletzt im Gehirne führen. Man sah in diesen Blutungen zumeist eine Art Heilbestreben der Natur, das Vorhandensein von Gefässerkrankungen wurde hiebei nicht voraus-gesetzt. In den letzten Decennien hat nicht bloss diese Gestaltung der Lehre von der Plethora, sondern auch die Existenz dieses Zustandes überhaupt von manchen Seiten Anfechtungen erfahren. So wurde von *Bouchard*[2] das Auftreten von Hämorrhagieen in Folge von Plethora mit Entschiedenheit in Abrede gestellt. Die angenommene Vermehrung der Gesammtmasse des Blutes, bemerkt *Bouchard*, sei völlig unerwiesen; bei der Plethora scheine es sich vor Allem um Störungen der vasculären Bewegungen zu handeln, man müsse eher das Nervensystem für die betreffenden con-gestiven und blutungerzeugenden Vorgänge in Anspruch nehmen als die imaginäre Vermehrung der Blutmenge oder geringere Flüssigkeit derselben.

---

[1] *Schönlein's* Allgemeine und specielle Pathologie und Therapie nach dessen Vorlesungen. 1. Theil, 5. Aufl., S. 125, 1841.

[2] *Ch. Bouchard*, De La Pathogénie des Hémorrhagies, Paris 1869, S. 55.

Grössere Beachtung fand indess erst die Auffassung *Cohnheims*,[1]) welcher
die Existens einer Plethora vera (d. h. einer ächten Polyaemie) als
eines dauernden Zustandes ebenfalls und zwar auf Grund neuerer experi-
mentell-physiologischer Erfahrungen in Abrede stellte. Nach *Cohnheim*
führt und unterhält der Organismus nicht mehr Blut als er bedarf;
wächst durch irgend ein Ereigniss die Menge darüber hinaus, so wird
durch gesteigerte Ausscheidung und Verbrauch das Ueberschüssige entfernt. Diese Anschauung stützte *Cohnheim* auf die durch die Versuche
Lesser's, *W. Müller*'s u. A. nachgewiesene Thatsache, dass Hunde, denen die
Hälfte, ja selbst $^3/_4$ ihrer ursprünglichen Blutmenge und mehr einge-
spritzt wird, hiedurch in ihrem Befinden keine Störung erfahren, und
das infundirte Blut bei denselben je nach dessen Menge früher oder
später im Organismus zerstört wird. Die Folgerungen, welche *Cohnheim* aus
den eben erwähnten experimentellen Erfahrungen zog, leiden jedoch an
einer bedenklichen Schwäche. Wenn sich auch der Organismus eines
Thieres gegen einen demselben mit einem Male (oder in sehr kurzer
Zeit) und von aussen einverleibten Blutüberschuss feindlich verhält, so
ist damit noch keineswegs bewiesen, dass beim Menschen unter für die
Blutbildung günstigen Bedingungen die allmälige Bildung und Erhaltung
eines Blutüberschusses nicht möglich ist. Jedenfalls sind aber für die
vorwürfige Frage nicht theoretische Deductionen, sondern lediglich Beobachtungen massgebend. Zieht man nun die von *Beneke*[2]), von *Recklinghausen*[3]) und insbesonders von *Bollinger*[4]) mitgetheilten Thatsachen in
Betracht — voller gespannter Puls, Neigung zu Congestionen, Hyperämie
der äusseren Haut und der Schleimhäute etc. bei Individuen, die

[1]) *Cohnheim*, Vorlesungen über allgemeine Pathologie, 1. Band, 1877, S. 336 u. f.

[2]) *Beneke* (Ueber das Volumen des Herzens und die Weite der Arteria pulmonalis und Aorta adscendens, Cassel 1879, S. 42) zieht aus einer Zusammenstellung
der Maxima und Minima der Umfänge der Pulmonalis und Aorta asc. in den verschiedenen Lebensaltern nachstehende Schlussfolgerungen: „Zweifellos erscheint es mir
jedoch gerechtfertigt, aus denselben eine allgemeine Vorstellung v o n d e n e n o r m e n
D i f f e r e n z e n d e r B l u t m e n g e i n v e r s c h i e d e n e n g l e i c h a l t e r i g e n I n d i -
v i d u e n zu abstrahiren, zumal, wenn ich hinzufüge, dass sich in der grossen Mehrzahl
der Fälle in der Weite auch der kleineren Arterien durchaus entsprechende Differenzen
finden, wie in der Weite der beiden genannten grossen Gefässstämme. D u r c h d i e
h i e r v o r l i e g e n d e n M e s s u n g e n w e r d e n d i e m e h r o d e r w e n i g e r z w e i f e l -
h a f t e n B e g r i f f e s o w o h l d e r P l e t h o r a a l s d e r O l i g ä m i e gestützt und die
mannigfachen Verschiedenheiten der bisherigen Resultate direkter Bestimmungen der
Blutmenge erfahren damit gleichzeitig eine einleuchtende Erklärung."

[3]) *von Recklinghausen*, Handbuch der allgem. Pathologie des Kreislaufes und
der Ernährung, Stuttgart 1883, S. 176 u. f.

[4]) *Bollinger*, Ueber die Häufigkeit und Ursachen der idiopathischen Herzhypertrophie in München. Deutsche med. Wochenschr., 1884, No. 12; ferner: Zur Lehre
von der Plethora, Münchener med. Wochenschrift No. 5 u. 6, 1886 (Vergl. auch *Heissler*,
Zur Lehre von der Plethora. Arbeiten aus dem pathol. Institute in München, 1886,
S. 322.

erwiesenermassen einer üppigen Lebensweise fröhnen, abnorme Weite
der grossen Gefässe, (idiopathische) Hypertrophie und Dilatation des
Herzens, strotzende Füllung des letzteren und der Gefässe mit Blut,
bedeutender Blutreichthum der drüsigen Organe in den Leichen ebensolcher Individuen, endlich das Vorkommen beträchtlicher Steigerungen
der Blutmenge über das Durchschnittsquantum (also ächter Polyaemie)
bei einzelnen Thieren — so wird man zugeben müssen, dass die Ansicht
Bouchard's und Cohnheim's sich nicht aufrecht erhalten lässt.

Hat man in früheren Zeiten die Bedeutung der Plethora für die
Genese von Hirnblutungen vielfach übertrieben, so ist man in den letzten Decennien in den entgegengesetzten Fehler verfallen, indem man
dieses Moment in der Aetiologie der Apoplexia sanguinea zumeist ganz
unberücksichtigt liess. Doch geht auch aus den mit aller Kritik ange-
stellten Beobachtungen neuerer Autoren (von Recklinghausen, Bollinger)
hervor, dass Hirnblutungen nicht selten im Gefolge von Plethora auftreten. Um ein lediglich zufälliges Zusammentreffen kann es sich hiebei nicht handeln, da bei Plethora mehrere Umstände gegeben sind,
denen wir eine ursächliche Beziehung zu Gehirngefässerkrankungen nicht absprechen können. In erster Linie kommt hier die anhaltende stärkere
Spannung der Gefässwände in Folge der Vermehrung des Inhalts in
Betracht, in zweiter die Neigung zu Hirnhyperämieen, die bei den meisten
Plethorikern obwaltet. Ob indess die uncomplicirte Plethora allein im
Stande ist, Hirnblutungen herbeizuführen, für die Beantwortung dieser
Frage liegt zur Zeit kein ausreichendes Material vor. Dass dieselbe die
Entstehung blutiger Apoplexieen begünstigt, lässt sich jedoch nicht bezweifeln. Sie bildet daher bei älteren Individuen, bei welchen die Ge-
fässwandungen eine mehr minder erhebliche Elasticitätseinbusse auf-
weisen, ferner bei (in Bezug auf die Grössenverhältnisse) ungünstiger
Entwicklung der Gehirngefässe [1]) in der fraglichen Richtung jedenfalls
einen bedeutsamen ätiologischen Factor. Gefährlicher als die einfache
ist wohl unter allen Umständen die Alkoholplethora, i. e. die Plethora,
welche z. Th. von Uebermass im Genusse von Wein und Bier herrührt,
eine Form, welche in München ganz vorwaltend vertreten ist (Bollinger).
Zu der Wirkung des erhöhten Blutdruckes gesellt sich hier der schädigende
Einfluss des Alkohols auf die Gehirngefässe. Aehnlich verhält es sich
bei der plethorischen Corpulenz höheren Grades. Bei dieser macht sich
neben dem Einflusse, welchen die Vermehrung des lipogenen Materiales
im Blute auf die Ernährung der Gehirngefässe ausübt, die Wirkung der
Druckerhöhung im Aortensysteme geltend, welche hier jedoch nicht
bloss durch die Polyämie, sondern z. Th. auch durch die Ansammlung
reichlicher Fettmassen im Abdomen und die hieraus resultirende Verringerung der Capacität der Bauchhöhle als Blutreservoir bedingt ist.

---

[1]) Vide hierüber im nächsten Abschnitte.

A n h a n g.

Marasmus, Fettsucht und Plethora sind Zustände, für deren Entwicklung sich die Lebensweise erfahrungsgemäss von mächtigem Einflusse erweist; insbesonders gilt dies für die beiden letztgenannten Zustände. Es müssen also auch in dem, was wir Lebensweise nennen, Momente liegen, welche von grosser Bedeutung für die Verursachung von Hirnblutungen sind. Indess sind, soweit die Ernährung in Betracht kommt, die Verhältnisse, welche Marasmus einerseits, Fettsucht und Plethora andererseits fördern, zur Genüge bekannt (und z. Th. auch schon von uns berührt worden), so dass wir uns ein Eingehen auf dieselben an dieser Stelle ersparen können. Einem anderen von den Momenten, welche wir als Lebensweise zusammenfassen, der Körperbewegung, müssen wir jedoch hier wenigstens eine kurze Berücksichtigung zu Theil werden lassen. Dass ungenügende Körperbewegung und speciell die sogenannte sitzende Lebensweise der Ausbildung der Fettsucht wie der Plethora Vorschub leistet, unterliegt keinem Zweifel. Die sitzende Lebensweise wirkt aber ausserdem noch dadurch nachtheilig, dass dieselbe durch die damit verbundene anhaltende Compression des Unterleibes eine Beeinträchtigung der Capacität der Bauchhöhle als Blutreservoir und hiedurch eine Steigerung des Blutdrucks im Aortensystem bedingt. Die Wirkung dieser Blutdrucksteigerung ist, wie von *Fränkel*[1]) gezeigt wurde, einerseits Herzhypertrophie, speciell Hypertrophie des linken Ventrikels, andererseits Arteriosklerose. An den Hirngefässen mögen durch dieselbe aber auch Veränderungen anderer Art herbeigeführt werden. Ein Umstand, der sich ferner bei sitzender Lebensweise ungemein häufig findet und in gleichem Sinne wie diese auf das arterielle System wirkt — blutdruckerhöhend — ist die habituelle Obstipation. Die Anhäufung von Kothmassen und Gasen im Bauchraume muss nämlich dazu führen, dass bedeutende Blutmengen im grossen Kreislaufe zurückgehalten werden und die Spannung in demselben vermehren, die unter anderen Verhältnissen in der Bauchhöhle sich ansammeln würden. Hiezu kommt noch, dass bei manchen Personen, in Folge individueller Disposition, diese Circulationsstörung speciell die Entwicklung von Hirnhyperämieen begünstigt, wie aus dem häufigen Auftreten von Kopfeingenommenheit, Schwindel, Betäubung etc. in manchen Fällen habitueller Obstipation ersichtlich ist. Excessive Körperbewegung mag andererseits durch Herbeiführung von Herzhypertrophie zu einer entfernteren, durch momentane Blutdrucksteigerung zu einer Gelegenheitsursache von Hirnblutung werden.

---

[1]) *Fränkel, A.*, Ueber Sklerose des Aortensystems und deren Behandlung. Deutsche medic. Wochenschr. Nr. 50, 1881.

Zu den Umständen, welchen in Folge eines blutdruckerhöhenden Einflusses eine ätiologische Beziehung zu den Hirnblutungen nicht abzusprechen ist, zählt auch das Lungenemphysem. Diese Veränderung fand sich unter den erwähnten, von mir zusammengestellten 60 Fällen von Hirnblutung 12 Mal und zwar hierunter 3 Mal in beträchtlicher Entwicklung. Das Emphysem bedingt, indem es die Entleerung des rechten Ventrikels erschwert, Stauung im venösen Gebiete (daher unter Umständen auch Stauungshyperämie im Gehirne), in weiterer Folge aber auch Drucksteigerung im arteriellen System. (*Broadbent.*[1])

---

[1] *Broadbent,* On the causes and consequences of undue arterial tension. Brit. med. Journ. 25. Aug. 1884.

X. Abschnitt.

Ueber die Beziehungen nervöser Störungen zu den spontanen Hirnblutungen.

Während die Antheilnahme nervöser (psychischer und reflectorischer) Einflüsse unter den Gelegenheitsursachen der Apoplexia sanguinea keinem Zweifel unterliegt und seit Langem durch zahlreiche Beispiele festgestellt ist,[1]) sind wir über die Rolle dieser Momente unter den entfernteren Ursachen derselben, d. h. den Ursachen der Gefässerkrankungen im Gehirne noch sehr im Unklaren. Stricte Beweise für die Betheiligung nervöser Momente liegen hier überhaupt noch nicht vor; wir sind nur in der Lage, eine Reihe von Umständen anzuführen, welche für die Einwirkung solcher sprechen. Von experimenteller Seite ist zu erwähnen, dass *Lewaschew*[2]) im Stande war, durch langdauernde Reizung des Ischiadicus bei Hunden (Durchziehen eines säuregetränkten Fadens) an den kleinen Arterien des Fusses umschriebene Ausbauchungen herbeizuführen, die sich bald von Erweiterung der Wandungen, bald von Verdickung derselben, bald von beiden Veränderungen zugleich herrührend erwiesen. Die mikroscopische Untersuchung ergab hier, dass der zu Grunde liegende Process mit einer Neubildung von Gefässen in der Adventitia begann, welche von dieser in die Media eindrangen; in deren Umgebung entwickelte sich fibrilläres Bindegewebe, welches allmälig die Muskelelemente vollständig verdrängte und zu einer Verwachsung der Adventitia mit der Intima zu einer Membran führte. Die Gefässe zeigten sich nie in ihrer ganzen Ausdehnung von dieser Veränderung ergriffen, letztere trat vielmehr nur in Gestalt grösserer oder kleinerer Herde inmitten gesunder Partieen auf, ein Umstand, den *Lewaschew* mit der Vertheilung der vasa vasorum in Zusammenhang bringen zu dürfen glaubt. *Lewaschew* erwähnt des Weiteren, dass *Botkin* auch beim Menschen nicht selten in Folge nervöser Einwirkungen temporäre Erweiterung und verstärkte Pulsation an einzelnen Gefässen, insbesonders der Carotis und Aorta abdominalis, auftreten sah. Derartige temporäre, durch vasomotorische Störungen verursachte Gefässveränderungen habe ich ebenfalls mehrfach beobachtet.

---

[1]) Es gilt dies in erster Linie von den Hirnblutungen, welche im Gefolge heftiger psychischer Einwirkungen (Schreck, Zorn etc.) auftreten; reflectorische Herbeiführung von Hirnhämorrhagieen, wie sie bei den während des Gebrauches von kalten Bädern sich einstellenden vorliegt, ist natürlich ein selteneres Vorkommniss.

[2]) *Lewaschew*, Virch. Arch., 92. Band, 1. Heft, 1883, S. 152.

Von grösserem Interesse' ist hier noch eine von *De Giovanni*[1]) mitgetheilte Thatsache. Bei einer in reiferem Lebensalter verstorbenen Frau, welche seit ihrer frühen Jugend an rechtseitiger Hemicranie gelitten hatte, wurde das Gefässsystem im Allgemeinen gesund, nur Stamm und Verzweigungen der Arteria temporalis dextra hochgradig atheromatös gefunden. *De Giovanni* glaubt, dass diese Beobachtung für einen Einfluss der gelähmten Vasamotoren der rechten Kopfhälfte auf die Ernährung der Arterienintima spricht, während *Thoma*[2]) annimmt, dass dieselbe auf eine Beziehung zwischen der häufig wiederkehrenden Arterienerweiterung und der Endarteritis hinweise.

Gehen wir nun zur Betrachtung der einschlägigen Verhältnisse bei Apoplektikern über, so muss vor Allem bemerkt werden, dass wenigstens nach dem augenblicklichen Stande unserer Erfahrungen nervöse Einflüsse unter den Ursachen der zu Hirnblutung führenden Gefässveränderungen keine sehr bedeutende Rolle zu spielen scheinen. Blutige Apoplexieen treten bei den Angehörigen aller existirenden Berufsclassen auf; weder aus den in der Literatur mitgetheilten Statistiken, noch aus meinen Beobachtungen ergeben sich zuverlässige Anhaltspunkte dafür, dass dieselben bei Angehörigen der vorzugsweise geistig arbeitenden Berufsclassen erheblich häufiger vorkommen, als bei Handarbeitern.[3]) Dennoch lässt sich nicht verkennen, dass bei einzelnen Apoplektikern geistige Ueberanstrengung oder anhaltende gemüthliche Affecte (Sorgen, Kummer, anhaltender Aerger) der Blutung vorhergingen, und dass diese Umstände an der Entwicklung der Gefässerkrankung nicht ganz unschuldig sein mögen. Für die syphilitischen Gefässerkrankungen dürfte

---

[1]) *De Giovanni*, Annali universali di medicina, Vol. 239, 1877 und Arch. ital. de biologie, 1883.

[2]) *Thoma*, Ueber einige senile Veränderungen des menschlichen Körpers etc. 1884, S. 27.

[3]) Nach den „Mittheilungen aus der Geschäfts- und Sterblichkeitsstatistik der Lebensversicherungsbank für Deutschland zu Gotha für die Jahre von 1829 bis 1878, herausgegeben von *Dr. A. Emminghaus*, Weimar, 1880" starben unter den Versicherten dieser Bank: Von den Aerzten 13,77 %, Beamten 13,34 %, Kaufleuten 12,43 %, Landwirthen 11,84 %, Militärpersonen 11,56 %, Berufslosen (Frauen zumeist) 10,67 %, Forstbeamten und Bediensteten 10,51 %, Bergleuten und Bergbeamten 10,03 %, Gewerbetreibende 9,34 %, vom Transportbetriebspersonal 9,13 % an Gehirnschlagfluss. Hieraus lässt sich jedoch noch keineswegs folgern, dass z. B. Beamte wegen ihrer vorherrschend geistigen Berufsarbeit mehr zu Hirnblutungen disponirt sind als Gewerbetreibende. Die Bezeichnung „Gehirnschlagfluss" umfasst nicht bloss die blutigen, sondern auch die ischämischen Apoplexieen in Folge von Thrombose und Embolie von Hirngefässen. Wir sind daher nicht ohne Weiteres berechtigt, aus der grösseren Procentzahl von Sterbefällen an Hirnschlagfluss in einer Berufsclasse ein häufigeres Auftreten von Hirnhämorrhagieen in derselben gegenüber anderen Berufsclassen abzuleiten. Ausserdem ist zu berücksichtigen, dass bei den Angehörigen der vorwaltend geistig arbeitenden Stände ausser der geistigen Anstrengung noch verschiedene Schädlichkeiten gegeben sind, die ein häufigeres Auftreten von Hirnblutungen bedingen könnten, so z. B. bei den Beamten die sitzende Lebensweise.

dies sogar kaum einem Zweifel unterliegen. *Lechner* erwähnt z. B. eines
Falles, in welchem bei einem 24jährigen Luetischen nach längerer
geistiger Anstrengung eine Hirnblutung eintrat. Dass die Lues allein
in derartigen Fällen nicht die Hämorrhagie herbeiführen kann, wurde
bereits erwähnt; es bedarf hiezu noch eines Hilfsmomentes. — Ferner
treten bei manchen Individuen, namentlich Plethorikern, längere Zeit
vor dem apoplektischen Anfalle öfters Gehirnhyperämieen auf Grund
vasomotorischer Störungen auf, die zu Gefässerweiterungen etc. Anlass
geben können.

Von den in apoplektischen Gehirnen zu constatirenden Gefässveränderungen weist, wie wir bereits erwähnten, die als Rosenkranzform
der Muscularis beschriebene auf nervösen Ursprung, wenigstens nach
Obersteiner's Ansicht, hin; dass sich aus diesen Miliaraneurysmen entwickeln können, haben wir gesehen. Inwieweit noch andere Miliaraneurysmen und diffuse Ektasien in nervösen (vasomotorischen) Störungen
begründet sind, entzieht sich jedoch vorerst der Beurtheilung.

Nervöse Einflüsse können aber auch auf indirectem Wege zur Entstehung, beziehungsweise Weiterentwicklung von Gefässveränderungen
im Gehirne beitragen. Es kann sich unter Einwirkung psychischer
Momente (Affecte) eine sogenannte idiopathische Herzhypertrophie entwickeln, die ihrerseits zur Erkrankung von Hirngefässen führt, namentlich wenn die Ernährung der letzteren durch andere Momente beeinträchtigt ist, oder eine mangelhafte Entwicklung derselben besteht. Auch
die Herabsetzung der Allgemeinernährung, die man unter dem Einflusse
anhaltender depressiver Affecte nicht selten beobachtet, mag in manchen
Fällen auf die Ernährung der Hirngefässe in ungünstigem Sinne einwirken, und hiedurch die Entwicklung gewisser Veränderungen derselben
(der Atrophie und Fettdegeneration namentlich) befördern.

XI. Abschnitt.

Ueber den Einfluss der Erblichkeit für die Genese der spontanen Hirnblutungen.

Unter den Momenten, welche in ursächlicher Beziehung zu den spontanen Hirnblutungen stehen, spielt die erbliche Anlage keine untergeordnete Rolle. Die Thatsache, dass in manchen Familien Schlagflüsse (Apoplexiecn) auffallend häufig auftreten, und eine Disposition hiezu von den Eltern auf die Kinder sich überträgt, wurde schon von verschiedenen Autoren in früheren Jahrhunderten betont. So bemerkt *Matthäus Blaw*[1]) in einem Aufsatze „de mira virtute radicis verbasci antiapoplectica" u. A.: Norunt omnes experti philiatri, apoplexiam ex illorum esse morborum genere, quos hereditarios vocant et qui ex parentibus in filios charactere seminali propagari possunt etc. *Jacob Heinrich Christoph Adami*[2]) erwähnt, es sei nicht ausser Acht zu lassen, was Manche berichten, dass gewisse Personen gleichsam nach dem Erbrechte für dieses Leiden prädestinirt seien, da *Höfer* gewisse Familien „propter nativam cerebri imbecillitatem" diesem Uebel sehr unterworfen gefunden habe, und sein Ausspruch durch die Beobachtungen anderer Autoren (*Hildesheim, Forest, Sennert*) bestätigt werde. Auch *Morgagni*[3]) sprach sich für den erblichen Character der Apoplexie aus. Mit der Umgestaltung der Lehre von der Apoplexie mussten natürlich die Erfahrungen, die man früher bezüglich der Schlagflüsse gemacht hatte, im Wesentlichen auf die spontane Hirnblutung übertragen werden. So wurde in der 1. Hälfte dieses Jahrhunderts in Deutschland von *Cannstatt*[4]), in Frankreich von *Portal, Rochoux, Piorry*[5]) u. A. bereits der Einfluss der Erblichkeit für die Genese der spontanen Hirnhämorrhagieen hervorgehoben, doch nahmen letztere Beobachter keine direkte Vererbung an, sie betrachteten die spontane Hirnblutung lediglich als mögliche Folge eines ursprünglich hereditären Zustandes, wie z. B. des sanguinischen, plethorischen Temperamentes. *Jaccoud* jedoch sprach sich in seinem „Traité de pathologie interne" schon dahin aus, „dass als prädisponirende Ur-

---

[1]) Der betr. Aufsatz ist in dem 2. Bande der Historiae apoplecticorum *Wepfers* als Observatio XXXVIII angeführt (Amstel. 1724). In dieser Mittheilung wird die unter gewissen Umständen ausgegrabene und als Amulet am Halse getragene radix verbasci maris als Schutzmittel gegen Apoplexie empfohlen.

[2]) *Adami*, Dissert. de apoplexia, Hal. 1728.

[3]) *Morgagni*, De sedibus et causis morb., epist. IV. 2. 3.

[4]) *Cannstatt*, Handbuch der medic. Klinik, 3. Band, 1. Abth., S. 54, 1843.

[5]) Vide *Cellier*, De l'influence de l'hérédité sur la production de l'hémorrhagie cérébrale, Thèse pour le doctor. Paris 1877. Auch die folgende Angabe ist dieser Arbeit entnommen.

sache der Gehirnhämorrhagie in erster Linie die angeborene Beschaffenheit des Gefässsystems erwähnt werden muss, welche sich vererbt wie viele andere organische Anlagen." *Eulenburg* [1]) glaubte darauf hinweisen zu müssen, „dass eine angeborene Enge und Feinheit des ganzen Gefässsystems gewiss auch bei manchen Fällen von Hirnblutung als prädisponirendes Moment einwirkt, mag sie sich nun, wie *Virchow* dargethan, frühzeitig mit Fettmetamorphose combiniren oder nicht." *Samelsohn* [2]) constatirte bei 2 Brüdern diffuse Nephritis mit Herzhypertrophie und Netzhautextravasaten; von den beiden Brüdern ging der eine unter apoplektischen, der andere unter urämischen Erscheinungen zu Grunde. Zwei Schwestern derselben starben wahrscheinlich an Nephritis (litten an Wassersucht), die Mutter an einem Schlaganfalle. Die 4 Geschwister befanden sich zur Zeit ihres Todes sämmtlich in annähernd gleichem Lebensalter (Ende der 50ger Jahre). Als gemeinsamen Ausgangspunkt der bei den Geschwistern vorhandenen Störungen glaubt *Samelsohn* Veränderungen des Gefässsystems annehmen zu dürfen, deren Entstehung er auf eine gemeinsame ererbte Disposition zurückführt. Diese Disposition soll, wie *Samelsohn* im Anschlusse an die bekannten Untersuchungen *Virchow*'s über Chlorose und Mittheilungen *Beneke*'s deducirt, durch eine angeborene Enge des arteriellen Gefässsystems mit vermehrter Prädisposition desselben zu Erkrankungen seiner Wände bedingt sein.

Eingehend beschäftigten sich mit der Rolle der Erblichkeit bei den spontanen Hirnblutungen zwei französische Autoren, *Dieulafoy* [3]) und *Cellier* [4]). *Dieulafoy* berichtet über eine Anzahl von Fällen von Hirnhämorrhagie, welche Individuen betrafen, in deren Verwandtschaft in auf- und absteigender Linie, sowie in den Seitenlinien das gleiche Leiden mehrfach nachweisbar war (in mehreren Fällen bei 5 Angehörigen derselben Familie, in anderen bei 4 etc.). Hiebei ergab sich der interessante Umstand, dass in derartigen Familien die Descendenten früher von der Apoplexia sang. heimgesucht werden können als die Eltern; u. A. führt *Dieulafoy* einen jungen Mann, der im Alter von 17 Jahren hemiplegisch wurde, an; dessen Mutter wurde erst 9 Jahre später im Alter von 46 Jahren hemiplegisch; seine Grossmutter war bereits seit vielen Jahren linksseitig gelähmt, Onkel und Tante desselben mütterlicherseits waren ebenfalls auf einer Körperseite gelähmt. *Dieulafoy* betont, dass, um die Rolle der Erblichkeit bei der Hirnhämorrhagie richtig zu beurtheilen, man alle die Hemiplegieen und Apoplexieen von der Statistik

---

[1]) *Eulenburg* l. c.

[2]) *Samelsohn*, Ueber hereditäre Nephritis und über den Hereditätsbegriff im Allgemeinen, Virch. Arch., 59. Band, 2. Heft, S. 257, 1874.

[3]) *Dieulafoy*, Du rôle de l'hérédité dans la production de l'hémorrhagie cérébrale. Gaz. des hôp. No. 110, p. 875, 1876.

[4]) *Cellier* l. c.

ausschliessen müsse, welche durch Embolieen oder Gehirnatherom, durch intercranielle Tumoren und syphilitische Läsionen bedingt sind, ferner die Hämorrhagieen, welche als Symptom oder Complication im Verlaufe gewisser Pyrexieen und Infectionskrankheiten auftreten.

Bezüglich der Frage, was bei diesen hereditären Hämorrhagieen des Gehirns von den Eltern auf die Descendenz übertragen wird, äussert sich *Dieulafoy* sehr vag. Er berücksichtigt hiebei auch nur das Verhalten der Gefässe des Gehirns. Die Veränderungen dieser (die Periarteritis *Charcot's* und *Bouchard's* mit ihren Folgen, den Mil. Aneurysmen) sind im Grunde nur „une deviation de nutrition" (eine Abweichung der Ernährung). Diese rührt von einer krankhaften nutritiven Richtung her, die mit der Erzeugung des Individuums ihren Anfang nimmt, einige Zeit hindurch schlummert und sich in verschiedenen Zeiträumen kundgibt. *Dieulafoy* schliesst aus seinen Beobachtungen:

1. La maladie hémorrhagie cérébrale est héréditaire.

2. Elle determine dans une même famille, tantôt l'apoplexie, tantôt l'hémiplegie; et la gravité des accidents, la mort rapide ou la survie ne sont subordonnés qu'à la localisation de la lésion cérébrale; elle aparaît, en général, à un age avancé, néaumoins elle frappé assez souvent aux diverses periodes de la vie, plusieurs membres d'une même famille, et il n'est pas rare, dans une ligne, qu'une génération plus jeune soit atteinte avant une génération plus âgée.

Cellier[1]), ein Schüler *Dieulafoy's*, behandelt das gleiche Thema in seiner Thèse pour le Doctorat. Er suchte nachzuweisen, dass es sich bei der Hirnhämorrhagie um eine essentielle Heredität handelt, i, e. um die Uebertragung von den Eltern auf die Kinder von Organen, bestimmt im Laufe ihrer Entwicklung gewisse Veränderungen zu erfahren, wie man dies bei Krebs und Tuberculose sieht. Da die gewöhnlichen Ursachen der Hirnhämorrhagie Periarteritis und Mil. An. sind, zeigt sich die Heredität hier durch Entwicklung der gleichen Läsionen. Constitution, Lebensweise etc. sind hiebei nur von untergeordneter Bedeutung. Bezüglich des Modus der Uebertragung äussert sich *Cellier* in ähnlich unbestimmter Weise wie *Dieulafoy*› „Nous croyons que l'ascendant qui présente cette lésion, peut imprimer au germe une impulsion vicieuse, qui à un moment donné determinera les modifications des tuniques vasculaires dans l'encéphale, en un mot, la périartérite."

Den weitestgehenden Einfluss für die Genese der spontanen Hirnblutungen hat unter den neueren Autoren wohl *Arndt*[2]) der Vererbung zugetheilt. Nach diesem Autor liegen in einer ererbten Anlage die letzten Gründe für die Entstehung der Gefässektasieen. Man beobachtet dieselben und ihre Folgen (Apoplexieen) ganz gewöhnlich bei blutsverwandten Individuen. „Es gibt ganze Familien, in denen Gefässerweiter-

[1]) *Cellier* l. c.

[2]) *Arndt* l. c.

ungen und der Ausgang derselben in Apoplexie geradezu heimisch sind,
und denen, wenn auch nicht alle, so doch eine auffallend grosse Anzahl ihrer Glieder erliegen. Dabei gehörten die betreffenden Individuen
den verschiedensten Lebensverhältnissen an, und ihre ganze Lebensweise
war dem entsprechend verschieden." Dies weist auf eine bestimmte,
allen Familiengliedern eigene Anlage hin, welche, den Gesetzen der Erblichkeit entsprechend, ihnen angeboren war. Als das Wesentliche dieser
Anlage betrachtet *Arndt*, wie schon erwähnt, eine mangelhafte Entwicklung des Gefässsystems, zuvörderst der mittleren Gefässhaut. Der
Einfluss der Erblichkeit bei Apoplexia sanguinea wird übrigens auch so
ziemlich von allen neueren Autoren auf dem Gebiete der Nerven- (resp.
Gehirn-) krankheiten (*Rosenthal, Nothnagel, Wernike, Hughlings Jackson,
Hammond, Grasset* etc.) zugestanden.

Ueberblicken wir das im Vorstehenden Angeführte, so können wir
uns nicht verhehlen, dass bisher das Moment der Erblichkeit bei der
uns beschäftigenden Erkrankung in nur einseitiger Weise berücksichtigt
wurde. Wenn wir alle Verhältnisse erwägen, welche hier in Betracht
zu ziehen sind — einerseits die Veränderungen an den Gehirngefässen
der Apoplektiker, andererseits die mannigfachen Umstände, welche wir
als Ursachen dieser Veränderungen kennen lernten — so müssen wir zugeben, dass zwei Modi der Vererbung einer Disposition zu Apoplexia sanguinea
möglich sind: 1) eine direkte Vererbung durch Uebertragung gewisser
Eigenthümlichkeiten der intracerebralen Gefässe von den Eltern auf die
Kinder; 2) eine indirekte Vererbung durch Uebertragung der Disposition
zu gewissen allgemeinen Ernährungsanomalien oder localen Krankheiten,
welche eine ursächliche Beziehung zu Gehirnblutungen gewinnen können.
Ziehen wir zunächst die direkte Vererbung in Betracht, so erhebt sich
hier natürlich die Frage, worin die von den Eltern auf die Kinder über-
tragene Eigenthümlichkeit, i. e. von der Norm abweichende Beschaffenheit besteht. Dass die Antwort, welche die französischen Autoren auf
diese Frage ertheilen, nicht befriedigen kann, ist naheliegend. Es fällt
uns schwer, uns unter der krankhaften nutritiven Richtung *Dieulafoy's*,
der impulsion vicieuse *Cellier's* etwas Bestimmtes zu denken; es sind
diese Aufstellungen im Grunde auch mehr Umschreibungen des zu Erklärenden, denn Erklärungen. Die Theorie *Arndt's* andererseits, welche, wie
wir sahen, lediglich eine Verallgemeinerung der Ansichten *Eulenburg's* und
Samelson's darstellt, entbehrt jeder thatsächlichen Grundlage. Für das Vorkommen einer primären Hypoplasie des Gefässsystemes (i. e. einer angeborenen
Hemmungsmissbildung) liegen, wie v. *Hösslin* gezeigt hat, derzeit überhaupt noch keine beweisenden Beobachtungen vor. Dass die angeborene
Disposition zu Hirnblutungen an diesen rein hypothetischen Zustand
gebunden ist, hiegegen spricht schon der Umstand, dass unter den
hereditären Apoplektikern auch solche sich befinden, welche alle Zeichen

der plethorischen Constitution darbieten.[1]) *Grasset* ist sogar der Ansicht, dass der hereditäre Einfluss bei Hirnblutungen sich am Häufigsten
durch Uebertragung einer Disposition zu Plethora kundgibt. Eine Plethora
kann sich aber aus naheliegenden Gründen bei einer Hypoplasie des
Gefässsystems nicht entwickeln.

Wir müssen daher daran denken, dass auch unabhängig von dem
Verhalten des übrigen arteriellen Systems Zuständlichkeiten der Gehirngefässe von den Eltern auf die Kinder übertragen werden können, welche
eine Disposition zu Hirnblutungen begründen. Worin diese bestehen
mögen, hierüber sind bis dato von keiner Seite Thatsachen beigebracht
worden, welche ernstlich in Betracht gezogen werden können. Jedenfalls liegt es jedoch am Nächsten, dass es sich um eine mangelhafte
Entwicklung der Gefässe, ein Zurückbleiben derselben unter dem Durch-
schnittsverhältnisse handelt, wie es *Arndt* u. A., jedoch auf Grund
anderer Voraussetzungen, angenommen haben.

Zu dieser Annahme eines l o c a l e n , a u f d i e G e h i r n g e f ä s s e
b e s c h r ä n k t e n M a n g e l s sind wir schon durch den Umstand gedrängt,
dass die Entwicklung des Gehirns keineswegs der des übrigen Körpers
völlig parallel geht, und d a h e r a u c h d i e E n t w i c k l u n g d e s c e r e -
b r a l e n G e f ä s s a p p a r a t e s i n n o r m a l e n V e r h ä l t n i s s e n n i c h t
l e d i g l i c h p r o p o r t i o n a l d e r E n t w i c k l u n g d e s ü b r i g e n a r -
t e r i e l l e n A p p a r a t e s g e h e n k a n n . Wir wissen, dass das Hirn-
gewicht allerdings mit der Körpergrösse in gewissem Masse schwankt,
dass aber die Unterschiede in der Hirnentwicklung in den einzelnen
Fällen weit erheblicher sind, als die Differenzen in der Körperlänge es
bedingen können. Kleinere Menschen besitzen im Allgemeinen ein
relativ beträchtlicheres Hirn wie grössere, die Frau im Durchschnitte ein
kleineres als der Mann von gleicher Statur. ⟨Eine normale Entwicklung
des cerebralen Gefässsystems kann natürlich nur dann als gegeben erachtet werden, wenn dieselbe in einem gewissen Verhältnisse zur Entwicklung des Gehirns steht. Eine einfache Erwägung ergibt aber, dass
Abweichungen von der normalen Proportion zwischen den beiden genannten Factoren auf verschiedene Weise und nach zwei Richtungen
hin zu Stande kommen mögen. Uebersteigt die Grösse des Gehirns bei
einem Individuum von bestimmter Statur erheblich den Durchschnitt,
während der arterielle Apparat nur die durchschnittliche Ausbildung
aufweist, und dem entsprechend auch die Versorgung des Gehirnes aus-
fällt, so muss sich eine relativ mangelhafte Entwicklung der Gehirn-

---

[1]) Ich begnüge mich ein Beispiel hier anzuführen: In einer mir nahestehenden
Familie wurden von 4 Geschwistern 3 (2 Brüder und 1 Schwester) sämmtlich zu Anfang der 50er Lebensjahre apoplektisch dahingerafft. Hier war gewiss eine gemeinsame
ererbte Anlage vorhanden. Der eine der beiden erwähnten Brüder besass eine exquisit
plethorische Constitution.

gefässe trotz normaler Ausbildung des übrigen arteriellen Apparates ergeben. Das gleiche Verhalten der Gehirngefässe resultirt, wenn bei durchschnittlicher oder überdurchschnittlicher Entwicklung des Gehirns das arterielle System in seiner Ausbildung hinter dem Durchschnitte zurückbleibt, i. e. die untersten Grenzwerthe der physiologischen Entwicklung aufweist. Entspricht andererseits bei einem Individuum von gewisser Statur die Grösse des Gehirns nur dem Mittel, während die Entwicklung des arteriellen Apparates über demselben[1]) sich befindet, so entsteht wiederum ein Missverhältniss zwischen Gehirn und Gehirngefässentwicklung und zwar von der umgekehrten Art, wie in den vorhergehenden Fällen.

Um zu ermitteln, in wie weit die im Vorstehenden angeführten Voraussetzungen thatsächliche Unterlage besitzen, und überhaupt in der relativen Entwicklung der Gehirngefässe Schwankungen vorkommen, stellte ich Untersuchungen an über die Beziehungen der Weite der Gehirngefässe einerseits zum Gehirngewichte, andererseits zur Entwicklung des gesammten übrigen arteriellen Apparates, als deren Ausdruck man den Umfang der Aorta wohl ansehen kann. Ich habe zu diesem Behufe an einer erheblichen Anzahl von Gehirnen von bekanntem Gewichte, im Ganzen über 200, die Weite der grossen basalen Gefässe in aufgeschnittenem Zustande gemessen. Für die Feststellung der unter normalen Verhältnissen vorkommenden Schwankungen wurden indess nur diejenigen Fälle verwerthet, in welchen makroskopisch sich das Gehirn wenigstens im Wesentlichen, die Gefässe dagegen völlig normal erwiesen.[2]) Solcher fanden sich unter meinen Messungen circa 120. Das Alter der betreffenden Individuen schwankte zwischen 17 und 63 Jahren. Die Messungen wurden vermittelst eines feinen Zirkels vorgenommen und der Spitzenabstand an einem Glasmikrometer (1 cm in 100 Theile getheilt) abgelesen. Um den Einfluss der Todtenstarre möglichst zu eliminiren, nahm ich die Messungen mit Ausnahme vereinzelter Fälle, in welchen die Section ungewöhnlich lange post mortem erfolgte, nicht an dem Sectionstage vor, sondern erst 24—36 Stunden nach der Autopsie vor, je nachdem diese früher oder später nach dem Todeseintritte geschah; auch wurde für eine völlig glatte Ausbreitung der aufgeschnittenen Gefässe durch sanftes Andrücken derselben gegen

---

[1]) Vergl. Ueber die Schwankungen in der Entwicklung der Aorta bei Individuen von gleichem Lebensalter, *Beneke*, Ueber das Volumen des Herzens und die Weite der Arteria pulmonalis und Aorta ascendens, Cassel 1879.

[2]) Um gewissen Bedenken zu begegnen, will ich bemerken, dass Gehirne mit geringen Graden von Hyperämie, Anämie u. dergl. von der Verwerthung nicht ausgeschlossen werden konnten; es wäre sonst trotz der Reichhaltigkeit des zur Verfügung stehenden Gehirnmateriales nicht möglich gewesen, eine zu allgemeinen Schlüssen ausreichende Zahl von Fällen zu erhalten. Die verwendeten Gehirne waren also nur „möglichst normale". Dagegen wurden Fälle mit irgend welchen makroskopischen Veränderungen der Gefässe durchgehends ausgeschlossen.

die Unterlage Sorge getragen, ein Umstand, der zur Ueberwindung
etwaiger Reste von Todtenstarre jedenfalls auch beitrug. Dass der Einfluss der Todtenstarre auf die Gefässweite ein höchst bedeutender ist,
hievon hatte ich reichlich Gelegenheit, mich zu überzeugen. Sehr oft
ergaben Gefässe, die nach der Section sehr enge schienen, am nächsten
Tage bei Vornahme der Messung recht ansehnliche Weiten. Die Messungen wurden ferner immer an den gleichen Gefässstellen und zwar für
Carotis genau unmittelbar unterhalb der Grenzlinie, welche die Abgangsstelle der A. f. Sylv. und A. cer. ant. an der Innenfläche des Gefässes
markirt, für die Basilaris unmittelbar oberhalb der Vereinigungsstelle
der beiden Vert. und für die Vertebrales dicht unterhalb dieser Stelle
vorgenommen. Ferner wurde der Aortenumfang jedes Mal notirt, soferne eine Angabe hierüber in den betreffenden Sectionsprotokollen vor-
lag. Die Zusammenstellung des auf diesem Wege Ermittelten ergab
Resultate, welche nach verschiedenen Richtungen hin sich bedeutungs-
voll erwiesen. Ich begnüge mich hier jedoch, das anzuführen, was
auf den uns beschäftigenden Gegenstand Bezug hat, und dies ist Folgendes: Das Verhältniss der Arterienweite zum Hirngewichte
unterliegt unter normalen Verhältnissen sehr erheblichen
Schwankungen. Nimmt man die zu einander addirten Masse der
beiden Carotiden und Vertebrales als Gesammtwerth der Gefässversorg-
ung des Gehirnes an, so ergibt sich, dass die auf 100 Gramm Gehirngewicht entfallende Gefässquote (die relative Gefässweite) ungefähr zwischen 0,175 cm und 0,315 cm variirt; d. h. es kann bei einem
bestimmten Gehirngewichte die Arterienweite zwischen 1—1,8 betragen,
wenn wir das Minimum des Arterienumfanges = 1 setzen. Einen gewissen Einfluss auf diese Schwankungen besitzt das Alter. Es erhellt
dies z. Th. aus der Zunahme der Minimal- und Maximalwerthe der
relativen Gefässweite in den einzelnen Altersclassen, deutlicher jedoch
aus dem Anwachsen der Durchschnittswerthe für die relative Gefässweite mit zunehmendem Alter, wie aus folgender Tabelle ersichtlich ist.

Durchschnittliche relative Gefässweite

($\frac{1}{100}$ Cm. Gefässweite auf 100 Gramm Gehirngewicht berechnet [1]).

Männlich.

Jahre:	17—20	20—30	30—40	40—50	50—60
Mittel zwischen Minimum u. Maximum der relativen Gefässweite	21	24	25$\frac{1}{3}$	25$\frac{1}{2}$	22$\frac{1}{2}$
Mittel aus der Gesammtzahl der Fälle	22	23	24	25	23
Aortenumfang Cm. Mittel aus der Gesammtzahl der Fälle	6.2	6.5	7.1	7.1	7.5

[1]) Auch im Folgenden handelt es sich, wo von relativer Gefässweite die Rede
ist, immer um $\frac{1}{100}$ Cm. Gefässweite auf 100 Gramm Gehirngewicht berechnet.

W e i b l i c h.

Jahre:	17—20	20—30	30—40	40—50	50—60
Mittel zwischen Minimum u. Maximum der relativen Gefässweite	$22\frac{1}{2}$	$23\frac{3}{4}$	24	25	26
Mittel aus der Gesammtzahl der Fälle	23	24	23	$26\frac{1}{2}$	$26\frac{1}{2}$

Es frägt sich hier natürlich, ob wir es bei diesem Einflusse des Alters mit einem Momente zu thun haben, welches lediglich an den Hirngefässen sich kundgibt, oder einem solchen, das die Weite des ganzen arteriellen Systems beeinflusst. Die letztere Eventualität wird schon durch die Ermittlungen *Beneke's* [1] und *von Hösslin's* [2] nahegelegt. Nach *Beneke* nimmt die Aorta vom Anfange bis zum Ende des Lebens ständig an Umfang zu; hiebei handelt es sich jedoch vom 40. Lebensjahre an nicht mehr um eine einfache Wachsthumserscheinung, sondern um eine physikalisch bedingte Ausweitung. Nach *v. Hösslin* zeigen die Gefässe beim Erwachsenen bis zu 30 Jahren nahezu dieselbe Elasticität, dagegen findet mit zunehmendem Alter Abnahme der Elasticität, Zunahme der Wanddicke, aber keine Erweiterung des Lumens statt, so dass also die grössere Weite aufgeschnittener Gefässe bei älteren Individuen lediglich als Ausweitung in Folge verringerter Elasticität aufzufassen ist, die noch keine Lumenszunahme gegenüber den engeren, aber auch dehnbareren Gefässen jüngerer Individuen in sich schliesst. Berücksichtigen wir ferner den Umstand, dass in den einzelnen Altersclassen der Fälle, in welchen die Messung der Hirngefässe vorgenommen wurde, auch eine gewisse Zunahme der Aortenweite deutlich erkenntlich ist, wie ein Blick auf die in der obigen Tabelle angeführten Durchschnittsmasse der Aorta lehrt, so kann es wohl keinem Zweifel unterliegen, dass das Anwachsen der relativen Gehirngefässweite mit zunehmendem Alter wenigstens in der Hauptsache Theilerscheinung einer das gesammte arterielle Gebiet treffenden Altersveränderung ist. Doch haben wir es hiebei keineswegs lediglich mit einer mechanischen Ausweitung in Folge verminderter Elasticität, sondern z. Th. auch mit einer Wachsthumserscheinung zu thun, da die Zunahme bis zum 40. Lebensjahre sich ebenso geltend macht, als in den höheren Altersclassen. Wenn wir nun auch einen Einfluss des Alters auf die Differenzen in der relativen Gehirngefässentwicklung unumwunden zugeben, so muss anderseits auch betont werden, dass dieser Einfluss im Ganzen kein

[1] *Beneke*, Ueber das Volumen des Herzens und die Weite der Arteria pulmonalis und Aorta ascendens, 1879, S. 37.

[2] *v. Hösslin*, Ueber den Zusammenhang von Constitutionsanomalieen und Veränderungen der Gefässweite. Arbeiten aus dem pathol. Institute in München, 1886, S. 316.

sehr erheblicher ist und gegenüber den durch andere Momente bedingten Schwankungen entschieden zurücktritt. Während die mittlere (durchschnittliche) relative Gefässweite in den Altersclassen vom 20.−50. Lebensjahre nur zwischen 23 und 25 beim männlichen, beim weiblichen Geschlechte zwischen $23^3/4$ und 25 variirt, schwankt bei den Männern die relative Gehirngefässweite in der Altersclasse vom 20.−30. Lebensjahre zwischen $19^1/4$ und $28^7/12$, in der Altersclasse vom 30.−40. Lebensjahre zwischen $20^1/3$ und $31^2/3$ und in der Altersclasse vom 40.−50. Lebensjahre zwischen $21^1/5$ und $29^6/7$. Die Schwankungen in den beiden ersten dieser Altersclassen erreichen sohin über 50 Procent des Minimalwerthes, in der letzten circa 41 %, während die durch den Einfluss des Alters bedingten Differenzen vom 20.—50. Lebensjahre nur 8,6 % betragen.

Vergleichen wir ferner innerhalb der einzelnen Altersclassen die Masse der Gehirngefässe in den Einzelfällen mit dem Umfange der Aorta, so ersehen wir, dass zwar im Grossen und Ganzen mit der Weite der Aorta die der Gehirngefässe steigt und fällt, dass aber weder die absolute, noch die relative Entwicklung der Hirngefässe mit der der Aorta völlig parallel geht. So schwankt z. B. bei den männlichen Individuen zwischen dem 30. und 40. Lebensjahre die relative Gehirngefässweite bei einem Aortenumfange von 7,0 cm zwischen $20^6/7$ und $30^1/2$, bei einem Aortenumfange von 7,5 cm zwischen $21^1/3$ und $31^2/3$; die absolute Weite der Gehirnarterien variirt in der gleichen Altersclasse bei 7,0 cm Aortenumfang von 3,06 bis 3,8 cm, bei 7,5 cm Aortenumfang von 3,2 bis 3,8 cm. Man kann in den Fällen, welche die niedersten Werthe der relativen Gefässweite zeigen, wohl eine mangelhafte Entwicklung der Gehirngefässe annehmen. Ein Vergleich der Masse der Gehirngefässe mit dem Aortenumfange bei den einzelnen Individuen ergibt nun, dass die mangelhafte Entwicklung der Gehirnarterien zwar zusammenfallen kann mit einem entsprechenden Verhalten des gesammten arteriellen Apparates, dass dies jedoch keineswegs immer der Fall ist. Der in Frage stehende Zustand der Gehirngefässe kann sich auch bei im Uebrigen wohl entwickelten Arteriensystem vorfinden.

Aus letzterer Thatsache ergibt sich eine gewichtige Folgerung für die uns hier beschäftigende Frage. Wenn wir auch als Grundlage der angeborenen Disposition zu Hirnblutungen einen bestimmten — mangelhaften — Zustand der Gehirngefässe annehmen, so besteht doch weder eine Nöthigung, noch eine Berechtigung, eine Hypoplasie des ganzen Gefässsystems, deren Vorkommen überhaupt noch problematisch ist, wie erwähnt wurde, für diese Disposition verantwortlich zu machen. Die Selbständigkeit, welche die Entwicklung der Gehirngefässe gegenüber der des übrigen arteriellen Systems documentirt, und die hinsichtlich der Weite dieser Gefässe vorkommenden erheblichen Schwankungen drängen vielmehr zu der Annahme, dass es lediglich locale Mängel

der Gefässentwicklung sind, welche hier die Folge des hereditären Einflusses repräsentiren, ähnlich wie bei Erkrankungen
in anderen Gefässgebieten (Hämorrhoiden, Varicen etc.), die, wie ich
nochmals hervorhebe, kraft hereditärer Anlage bei im Uebrigen nor-
malem Verhalten des Circulationsapparates sich entwickeln können.[1])
Ob nun diese localen Mängel lediglich in den Grössenverhältnissen der
Gefässe oder in der Entwicklung der Gefässschichten oder in beiden
Momenten zugleich gegeben sind, hierüber lassen sich zur Zeit bestimmte
Angaben nicht machen. Dass in den Grössenverhältnissen angeborene
Mängel vorkommen, ist durch unsere Untersuchung festgestellt, und es
lässt sich nicht bezweifeln, dass hierin auch ein Umstand liegt, der zu
Erkrankungen disponirt. Bei einem gegebenen Blutdrucke müssen engere
Hirngefässe eine stärkere Zerrung erfahren, d. h. eher geschädigt werden,
als wohlentwickelte. Inwieweit noch unabhängig von dem Umfange
der Gefässe Variationen in der Dicke der Wandschichten unter sonst
gleichen (normalen) Verhältnissen vorkommen, hierüber liegen vorerst
ausreichende Untersuchungen nicht vor. Nach *v. Hösslin* würden die
erheblicheren Schwankungen in der Dicke der Arterienwandungen auf
Altersverschiedenheiten zurückzuführen sein, soferne mit dem Alter die
Wanddicke zunimmt. Indess kommt andererseits auch in Betracht, dass
allgemeine Ernährungsstörungen auf die Wanddicke der Gefässe Einfluss
haben müssen. Ich habe mit Rücksicht auf diese Umstände, deren
Tragweite vorerst nicht abzuschätzen ist, von der Weiterführung einer
bereits angefangenen Untersuchungsreihe über die etwaigen Schwankungen in der Wanddicke gleichweiter Gehirngefässe abgesehen. Jedenfalls sind wir aber auch nicht berechtigt, den Mangel hauptsächlich in
der Muscularisschicht anzunehmen, wie es von *Arndt* geschieht.[2]) Wenn
wir berücksichtigen, welche grosse Rolle die Atheromatose unter den
Gefässveränderungen der Apoplektiker spielt, so müssen wir zugeben,
dass die hier in Rede stehende erbliche Anlage z. Th. vielleicht nur in
einer Disposition zur Entwicklung dieser Veränderungen besteht.[3]) Diese

---

[1]) Ich kenne mehrere Familien, in welchen insbesonders die männlichen Glieder
seit mehreren Generationen an Hämorrhoiden leiden. Von Apoplexieen ist dagegen in
den betreffenden Familien nichts bekannt.

[2]) Es ist hier zu berücksichtigen, dass für diese Annahme *Arndt's* wohl hauptsächlich der zufällige Umstand bestimmend war, dass in dem Falle, an welchen er seine
betreffende Theorie anknüpfte, nur Mil. an. mit Atrophie der Muscularis sich fanden.
Hieraus wird nun gefolgert, dass die Aneurysmenbildung überhaupt von einer Atrophie
der Muscularis abhängt u. s. w. Hätte *Arndt* in dem betreffenden Falle zufällig reichliche atheromatöse Veränderungen an den intracerebralen Arterien gefunden, so wäre
er zu einer ganz anderen Theorie gelangt. Wir sehen, wie misslich es ist, an vereinzelte Fälle weittragende Schlussfolgerungen zu knüpfen.

[3]) *Marchand* scheint sogar geneigt, die erbliche Anlage zu Hirnblutung überhaupt auf eine Disposition der Gehirngefässe zu atheromatöser Entartung zurückzuführen
(Eulenburg's Realencyklopädie, Art. Endarteritis, 4. Band, S. 564, 1. Aufl.).

Anlage mag aber durch einen Mangel hinsichtlich der Grössenverhältnisse allein gegeben sein, sie mag andererseits in einer Beschaffenheit
der Intima ihren Grund haben.

Wir müssen hier noch die Frage berühren, welche Tragweite der
directen Vererbung für die Verursachung von Hirnhämorrhagieen zuzuschreiben ist. In dieser Beziehung sind zwei Auffassungen möglich.
Nach der einen, welche namentlich von französischer Seite vertreten
wird, wird von den Eltern auf die Descendenz ein Keim der Erkrankung übertragen, welcher zu seiner Weiterentwicklung und Ueberführung
in ausgesprochene Erkrankung lediglich einer gewissen Zeit bedarf, ähnlich wie gewisse physiologische Veränderungen, die Entwicklung der
Geschlechtsthätigkeit, Involutionsvorgänge etc. Eine Einwirkung von
Schädlichkeiten zur Herbeiführung der Alterationen an den Hirngefässen
ist hiebei nicht nöthig. Nach der anderen Auffassung wird von den
Eltern auf die Kinder lediglich ein Zustand der Gefässe vererbt, welcher
dieselben gegen die Einwirkung verschiedenartiger Noxen weniger widerstandsfähig macht, sohin ein leichteres Erkranken derselben bedingt.
Die Entstehung derjenigen Veränderungen, welche zu Hämorrhagie
führen, ist nach dieser Anschauung noch von der Einwirkung gewisser
Schädlichkeiten abhängig; wo diese fehlen, kommt es nicht zur Entwicklung der Erkrankung.

Eine sichere Entscheidung zwischen diesen beiden Theorieen lässt
sich vorerst nicht treffen; hiezu bedarf es eines grösseren, mit specieller
Rücksicht auf die vorwürfige Frage gesammelten Materiales. Zur Zeit
liegen jedenfalls für die erste Auffassung ebensowenig irgend welche
stringente Beweise als für die zweite vor. Die Thatsache, dass eine Anzahl von Geschwistern oder anderen Angehörigen in einzelnen Familien
in annähernd gleichem Lebensalter von Hirnblutungen heimgesucht
werden, gestattet noch keineswegs die Deutung, dass dieses Ereigniss
ohne das Hinzutreten irgend welcher Noxen, lediglich in Folge des
übertragenen Krankheitskeimes, zu Stande gekommen ist. Dieser Thatsache steht die andere, jedenfalls ebenso beachtenswerthe gegenüber,
dass in anderen Familien bei verschiedenen Gliedern die Hämorrhagie
in sehr verschiedenen Lebensepochen eintritt, selbst bei dem Sohne
früher als bei der Mutter, wie wir oben sahen.[1]) Es scheint dies doch
darauf hinzuweisen, dass bei diesen Hirnblutungen neben der ererbten
Anlage noch Momente im Spiele sind, welche je nach ihrer Art oder
Intensität den Einflüssen der Heredität früher oder später zur Wirksamkeit zu verhelfen vermögen.

Zu den hereditären Momenten, welche auf indirectem Wege eine
Disposition zu Gehirnblutungen begründen, zählt in erster Linie die erb-

---

[1]) Wie häufig das Lebensalter, in welchem die Gehirnblutung eintritt, bei Apoplektikern einer Familie erheblich differirt, hierüber s. Näheres bei *Cellier* l. c.

liche Anlage zur Fettsucht. Bekanntlich findet sich diese Ernährungsstörung ausserordentlich häufig bei einer grösseren oder geringeren Zahl
von Angehörigen einer und derselben Familie, Individuen, die z. Th.
unter ganz verschiedenen Lebensverhältnissen sich befinden, so dass an
dem Vorhandensein einer gemeinsamen, ererbten Anlage nicht gezweifelt
werden kann. Macht sich nun auch diese Anlage häufig genug erst in
späteren Lebensjahren und unter der Einwirkung begünstigender Umstände bemerklich, so ist doch die Tragweite des angeborenen, ererbten
Momentes keineswegs zu unterschätzen, soferne dieses den Eintritt der
erwähnten Ernährungsstörung auch unter Umständen bedingt, unter
welchen dieselbe bei der grossen Mehrzahl von Menschen nicht auftritt.
Aehnlich verhält es sich mit der Plethora. Das öftere Auftreten dieses
Zustandes bei einer Mehrzahl von Gliedern einer Familie weist ebenfalls
auf eine angeborene Anlage hin, während die Entwicklung des Uebels
im Einzelfalle immerhin durch besondere Umstände befördert werden
mag (und oft zweifellos befördert wird). Wenn wir nun auch bezüglich
der Plethora nicht so weit gehen wollen, wie *Grasset*, der, wie bemerkt, annimmt, dass der hereditäre Einfluss bei Hirnblutungen sich
durch Vererbung der Disposition zu diesem Zustande am Häufigsten
kundgibt, so müssen wir ihm doch beipflichten, wenn er sagt: „Il y
a là un double element, une double tendance héréditaire: tendance
aux congestions, tendance aux localisations cérébrales." In der That
zeigt sich bei den Plethorischen zumeist wenigstens, wie wir bereits erwähnten, eine Neigung zu Gehirnhyperämieen, in Folge vasomotorischer
Störungen namentlich, eine Neigung, die sich mit der Plethora vererbt. [1]

In manchen Fällen dürfte sich auch die Uebertragung einer Disposition zu Herz- und Nierenkrankheiten für die Genese von Hirnblutungen von Bedeutung erweisen (v. *Samelson* l. c.).

Es muss endlich bemerkt werden, dass direkte und indirekte ererbte Disposition zu Hirnblutungen sich wahrscheinlich nicht selten combiniren. Bei manchen Fettsüchtigen und Plethorischen, die in verhältnissmässig jungen Jahren apoplektisch dahingerafft werden, mag
diese Vereinigung beider Anlagen das frühe Ende bedingen.

------

[1] Hievon hatte ich vor Kurzem Gelegenheit, mich bei einem jungen Manne,
Plethoriker, mit hochgradiger Neigung zu Gehirnhyperämieen, zu überzeugen. Dessen
Vater, gegenwärtig in den 60er Jahren stehend, litt in jüngeren Jahren ebenfalls sehr
an Kopfcongestionen; seine Brüder sind zum Theil ebenfalls mit diesem Uebel behaftet.

Schlussbemerkungen.

Am Schlusse unserer Arbeit angelangt, dürfen wir wohl die Ge-
duld des Lesers noch für einen kurzen Rückblick auf das Erzielte in
Anspruch nehmen.

Im Verfolge unserer Aufgabe mussten wir uns vor Allem mit den
Gefässveränderungen in den Gehirnen Apoplektischer als der nächsten
Ursache der uns interessirenden spontanen Hirnblutungen beschäftigen.
Hier galt es sowohl durch Heranziehung grösseren Materials, als durch
möglichst eingehende Durchforschung desselben dem bisherigen Wider-
streite der Meinungen ein Ende zu machen. Ob wir dieses Ziel völlig
erreicht haben, hierüber kann nur die Zukunft entscheiden. Jedenfalls
ist aber unser Bemühen in dieser Richtung kein ganz fruchtloses gewesen. Unsere Untersuchungen haben für manche Differenzen in den
bisherigen Befunden eine genügende Erklärung geliefert, soferne durch
dieselben nachgewiesen wird, dass die Gefässveränderungen in den einzelnen apoplektischen Gehirnen sowohl hinsichtlich ihrer Art als ihrer
Ausdehnung sehr bedeutenden Schwankungen unterliegen. Sie haben
ferner die Unhaltbarkeit mancher bisherigen Aufstellung dargethan und
z. Th. auch die Quelle des Irrthums für die betreffenden Angaben
blossgelegt, so insbesonders für jene, welche Veränderungen der Adventitia als den Ausgangspunkt der zu Hirnhämorrhagieen führenden
Gefässerkrankung erklärten. Endlich wurde durch dieselben eine Anzahl
neuer und nicht bloss für die Aetiologie der spontanen Hirnblutungen
bedeutsamer Thatsachen zu Tage gefördert. Wir wollen in dieser Beziehung nur an die Details des atheromatösen Processes an den Hirngefässen, der in unserer Arbeit die erste beide Lagen der Intima be-
rücksichtigende Darstellung gefunden hat, an den Nachweis der granulösen Degeneration in einer grösseren Anzahl apoplektischer Gehirne
und die genauere Schilderung dieses Processes, an die Ermittlung verschiedenartiger Erkrankungen der Venen und Capillaren, an die betreffs
der Structurverhältnisse der miliaren und dissecirenden Aneurysmen,
sowie der diffusen Ektasieen festgestellten Thatsachen erinnern. Was
dagegen den unmittelbaren Ausgangspunkt der Blutung anbelangt, so
dürfte durch unsere Befunde der privilegirten Stellung, welche den
Miliaraneurysmen in dieser Beziehung bisher von Einzelnen eingeräumt
wurde, definitiv ein Ende gemacht sein.

No.	Lebens-alter	Rechte Vertebr.	Linke Vertebr.	Basilaris	Rechte Carotis	Linke Carotis	Aorten-umfang	Gehirn-gewicht	Relative Arterienweite auf 100 Gr. Gehirngew. berechnet
		$^1/_{100}$ cm.	$^1/_{100}$ cm.	$^1/_{100}$ cm.	$^1/_{100}$ cm.	$^1/_{100}$ cm.	cm.	Gramm	$^1/_{100}$ cm.
36	31	68	75	90	72	88	6.8	1300	23 1/3
37	32	84	80	108	98	106	7.0	1620	22 2/3
38	32	65	60	98	80	92		1450	20 1/2
39	33	94	120	150	75	92	7.0	1245	30 1/2
40	33	45	85	92	85	88	6.5	1200	25
41	33	80	70	82	100	88	8.0	1450	23 1/3
42	33	58	88	110	104	95	6.6	1500	23
43	33	65	70	85	92	98		1225	26 6/10
44	34	82	78	106	100	111	8.0	1600	23 1/5
45´	34	88	92	115	100	100	7.5	1200	31 1/3
46	35	70	78	92	98	103	7.5	1475	23 2/3
47	36	35	90	100	82	90	7.4	1300	23
48	36	80	67	92	105	118	6.3	1425	26
49	36	98	90	125	100	108	7.9	1330	30
50	37	60	68	90	90	88	7.0	1470	20 6/7
51	37	75	65	90	105	85	7.5	1335	25
52	38	56	70	98	98	90	8.0	1275	24 3/4
53	39	80	80	105	90	95	7.0	1395	25
54	40	75	70	95	90	70	8.0	1360	22 1/7
55	40	56	78	91	78	90	6.3	1475	21 1/5
56	41	96	100	115	100	98	8.0	1435	27 4/7
57	41	65	65	88	93	86	7.0	1325	23 1/3
58	41	85	90	102	90	115	6.8	1300	29 1/4
59	42	67	85	100	101	125	6 4	1340	28 1/3
60	42	69	82	110	90	110	7.5	1350	26
61	42	•78	85	112	85	86	7.7	1420	29 6/7
62	47	72	88	102	98	100	6.5	1500	24
63	48	72	65	110	100	80		1345	23 1/3
64	48	60	76	95	90	100		1325	24 1/5
65	50	78	85	115	65	104		1400	23 3/7
66	52	72	72	106	80	100	6.5	1250	26
67	52	70	75	110	92	98	7.6	1480	22 2/5
68	53	30	90	100	100	100	8.2	1325	24
69	50—60	78	76	115	90	102	8.0	1400	24
70	57	56	64	94	82	78	8.7	1480	18 11/12
71	58	80	100	120	115	120	7.0	1565	26 3/5.
72	58	34	86	96	94	100	7.5	1575	20
73	61	´85	72	112	95	98	9.0	1270	27 1/2
74	62	90	106	133	96	115	8.0	1440	28
75	62	62	53 ·	84	100	94	5.0	1344	23

b) Weiblich.

No.	Lebens-alter	Rechte Vertebr.	Linke Vertebr.	Basilaris	Rechte Carotis	Linke Carotis	Aorten-umfang	Gehirn-gewicht	Relative Arterienweite
1	17	72	78	95	96	90	7.0	1300	26
2	17	60	58	75	77	79		1160	23 1/4
3	18	60	70	85	82	80	6.0	1350	21 3/4

No.	Lebens- alter	Rechte Vertebr.	Linke Vertebr.	Basilaris	Rechte Carotis	Linke Carotis	Aorten- umfang	Gehirn- gewicht	Relative Arterienweite auf 100 Gr. Gehirngew. berechnet
		$^1/_{100}$ cm.	$^1/_{100}$ cm.	$^1/_{100}$ cm.	$^1/_{100}$ cm.	$^1/_{100}$ cm.	cm.	Gramm	$^1/_{100}$ cm.
4	18	55	48	68	67	82	5.8	1270	$19^{11}/_{12}$
5	18	60	68	85	88	88	6.2	1280	$23^3/_4$
6	19	80	74	92	70	64		1300	$22^1/_6$
7	19	50	70	80	78	82	6.5	1310	$21^1/_3$
8	20	46	68	82	80	90		1150	$24^2/_3$
9	20	55	72	82	91	96	5.5	1390	$22^4/_7$
10	21	80	65	105	72	80	6.0	1315	$22^2/_5$
11	21	45	62	75	80	98		1160	$24^3/_5$
12	22	45	73	82	75	95		1320	21
13	24	70	66	90	71	84	7.0	1330	$21^6/_7$
14	24	51	70	83	84	80		1320	$21^2/_3$
15	25	70	70	90	90	90	6.0	1210	$26^2/_5$
16	26	60	63	82	60	70	5.5	1205	21
17	27	65	67	95	105	101	6.5	1240	$27^1/_4$
18	27	68	69	83	84	81	7.4	1175	26
19	29	62	82	103	90	100	6.8	1400	$23^5/_7$
20	29	61	70	80	68	70	6.2	1200	$22^1/_3$
21	31	60	75	82	85	80		1220	$24^1/_2$
22	32	58	80	100	86	100	6.5	1500	$21^3/_5$
23	32	56	76	86	87	84		1300	$23^1/_3$
24	33	65	70	90	85	92	7.0	1305	24
25	34	68	90	105	95	100	8.2	1330	$26^1/_2$
26	34	70	68	92	83	87	6.5	1250	$24^3/_5$
27	35	52	55	75	78	80	6.0	1300	$20^1/_3$
28	35	58	75	100	110	115	7.0	1450	$24^2/_3$
29	36	75	60	108	86	100	6.5	·1215	$26^1/_2$
30	38	·55	70	90	86	92	6.5	1175	$25^3/_4$
31	39	40	52	62	70	78	7.5	1200	20
32	40	85	80	125	95	100	7.4	1325	$27^3/_4$
33	40	45	60	72	92	78	7.0	1225	$22^1/_2$
34	42	80	92	105	90	90	7.5	1440	$23^6/_7$
35	42	68	67	80	72	72	7.2	1300	$21^1/_2$
36	50	56	74	102	90	95	7.7	1165	$27^1/_5$
37	52	70	90	102	80	90	8.2	1230	$26^5/_6$
38	56	50	80	80	90	100	7.3	1320	$23^1/_3$
39	56	60	82	90	85	85	6.5	1245	25
40	56	72	58	90	92	76	7.5	1125	$28^4/_5$
41	57	85	70	98	88	90	6.8	1125	$29^1/_2$
42	58	62	69	96	85	74	6.3	1200	24
43	61	40	88	100	90	98	8.5	1200	$26^1/_3$
44	61	52	66	83	94	98		1150	27
45	62	75	78	95	98	105	7.5	1305	$27^1/_2$
46	63	70	62	90	80	92	7.5	1220	25
47	63	52	58	82	82	92	7.0	1225	23

Erklärung der Abbildungen.

Fig. I. Fettdegeneration der Muscularis. Anfangsstadium. Leitz homog. Immersion $^1/_{12}$, Ocul. I, reducirt auf $^1/_2$; frisches Präp. Haematoxylin.

Fig. II. Fettdegeneration der Muscularis; fortgeschrittenes Stadium; völliger Zerfall der Muskelfasern. Leitz Obj. VII, Oc. I; frisches Präp. Methylenblau.

Fig. III. Granulöse Degeneration; isolirte Form (Degen. einer vereinzelten Faser). Leitz Obj. V, Oc. I; frisches Präp. Bismarkbr.

Fig. IV. Granulöse Degeneration. Herdform. An der Mehrzahl der Muskelfasern noch das Anfangsstadium (Verbreiterung, feine Körnung); eine Muskelfaser namentlich in ganz ausserordentlicher Weise verbreitet (in der Zeichnung jedoch etwas zu schmal wiedergegeben); an einer anderen die Mitte der Faser noch im Zustande feiner Körnung, während die übrigen Partieen bereits die grobkörnige Veränderung zeigen. Leitz Obj. VII, Oc. I; frisches Präp. Bismarkbr.

Fig. V. Granulöse Degeneration; etwas fortgeschritteneres Stadium; fast überall grobkörnige Veränderung der Fasern, an einer derselben beginnender Zerfall. Leitz Obj. VII, Oc. I; frisches Präp. Bismarkbr.

Fig. VI. Granulöse Degeneration. Endstadium; völliger Zerfall der Muskelfasern, Untergang des Endothels, Verstopfung eines Astes mit Zerfallsmassen. Leitz Obj. VII, Oc. I; frisches Präp. Bismarkbr.

Fig. VII. Rosenkranzform des Muscularisrohres mit Atrophie. Leitz Obj. III, Oc. III; frisches Präp. Bismarkbr.

Fig. VIII. Hochgradige feinfibrilläre Verdickung der Adventitia; bei a bindegewebig entartetes Aestchen. Leitz Obj. VII, Oc. I; frisches Präp. Bismarkbr.

Fig. IX. Arterienstämmchen mit zahlreichen dissecirenden Aneurysmen an allen Verzweigungen (Zupfpräparat, gehärtet, aus einer Herdwandung). 8 : 1. Picrocarmin, Glycerin.

Fig. X. Atheromatöse Plaque in Zerfall; Züge von Endothelkernen von der Plaque nach mehreren Richtungen hin ausgehend; bei a granulös entartete Muskelfaser (die Veränderung ist hier in der Zeichnung sehr mangelhaft zum Ausdruck gebracht). Leitz Obj. VII, Oc. I; frisches Präp. Bismarkbr.

Fig. XI. Querschnitt durch atheromatöse Gefässpartie. Anscheinende Vervielfältigung der Membrana fenestrata. Leitz Obj. VII, Oc. I; Bismarkbr.

Fig. XII. Querschnitt durch ein dissecirendes Aneurysma mit Atrophie der Innenhäute an einer umschriebenen Wandpartie. Leitz Obj. V, Oc. I, Haematoxylin.

Fig. XIII. Querschnitt durch atheromatöse Gefässpartie. Verschmelzung der Membrana fenestrata mit der Adventitia; atheromatöser Abscess. Leitz Obj. V, Oc. I (die Adventitia hier und in der folgenden Figur etwas zu dick wiedergegeben). Bismarkbr.

Fig. XIV. Querschnitt aus derselben Gefässpartie. Doppeltes Lumen anscheinend (Lücke in der Intimaverdickung); atheromatöser Abscess. In der linksseitigen Gefässwand vereinzelte Endothelkerne in der Verdickung noch erkenntlich. Leitz Obj. V, Oc. I.

Fig. XV. Querschnitt durch eine atheromatöse Plaque. Bezüglich der Details s. Beschreibung S. 43. Leitz Obj. VII, Oc. I. Bismarkbr.

Fig. XVI. Miliaraneurysma mit Atrophie der Innenhäute (in der Mitte der Ausbauchung am Meisten erkenntlich, Undeutlichkeit der Querstreifung etc.). Leitz Obj. VII, Oc. I; frisches Präp. Bismarkbr.

Fig. XVII. Miliaraneurysma mit Fettdegeneration der Innenhäute; bei a ein in Verfettung begriffener Endotbelkern. Leitz Obj. VII, Oc. I; frisches Präp. Picrocarmin.

Fig. XVIII. Doppelaneurysma; die eine Hälfte der einen Ausbauchung abgerissen. Mässige Fettdegeneration der Muscularis. Bei b beginnende Bildung einer atherom. Plaque (umschriebene Endothelkernanhäufung mit theilweiser Verschmelzung der gewucherten Kerne); ausserdem diffuse Verdickung der Intima, insbes. in der abgerissenen Ausbauchung deutlich erkenntlich; bei a in das Lumen stärker prominente, etwas gewundene (in natura glasartig glänzende) Verdickung. Leitz Obj. V, Oc. I; frisches Präp. Bismarkbr.

Fig. XIX. Miliaraneurysma mit hochgradiger Atheromatose. Völliger Schwund der Muscularis, Verschmelzung der Intima und Adventitia, Auskleidung der Aneurysmawand mit in Zerfall begriffenen, verfettenden atheromatösen Massen; Fortsetzung der Atheromatose auf das zu- und abführende Gefäss. Anhäufung von Rundzellen in dem Winkel des Aneurysmas mit dem zu- und abführenden Gefässe; bei x hyaline Entartung der Adventitia. Leitz Obj. V, Oc. I; frisches Präp. Bismarkbr.

Fig. XX. Aehnliches Aneurysma, durch Druck des Deckglases zum Platzen gebracht; an dem zuführenden Gefässe Atrophie der Muscularis erkenntlich, ferner hier Anhäufung von Rundzellen im Adventitialraume. Leitz Obj. V, Oc. I; frisches Präp. Methylenblau.

Fig. XXI. Subadventielles Aneurysma. Die Adventitia legt sich hier dem Aneurysma nicht an, sondern geht über dasselbe hinweg auf den abführenden Ast über; das Miliaraneurysma entbehrt daher zum grössten Theile der adventitiellen Umhüllung. Leitz Obj. III, Oc. III; frisches Präp. Bismarkbr.; ebenso die folgenden Figuren.

Fig. XXII. Miliaraneurysma mit granulöser Degeneration der Innenhäute. Leitz Obj. VII, Oc. I.

Fig. XXIII. Miliaraneurysma mit granulöser Degeneration. Leitz Obj. V, Oc. I.

Fig. XXIV. Miliaraneurysma mit granulöser Degeneration; von der Muscularis nur das Fragment einer Faser erhalten (an dessen Beschaffenheit die granulöse Degeneration erkenntlich ist). Leitz Obj. VII Oc. I.

Fig. XXV. Diffuse Ektasie des Gefässrohres; partielle Adventitialektasieen mit Anhäufung von Fett- und Pigmentmassen im Adventitialraume. 10 : 1.

Fig. XXVI. Diffuse Ektasie mit sackförmigem Miliaraneurysma an einer Stelle. 10 : 1.

Bei dem zweiten Theile unserer Aufgabe, der Eruirung der Momente, welche die geschilderten Gefässveränderungen herbeiführen, haben wir uns in der Hauptsache auf pathologisch-anatomischer Basis bewegt. Nachdem die klinische Forschung durch Decennieen hindurch sich in dieser Beziehung unfruchtbar erwiesen hatte, schien es am Gerathensten, von den in den Leichen Apoplektischer nachweisbaren extracerebralen Veränderungen auszugehen und nachzuforschen, inwieweit Beziehungen zwischen diesen und den Alterationen der Gehirngefässe zu ermitteln sind. Hiedurch mussten Gesichtspunkte gewonnen werden, an welche sich das durch die klinische Beobachtung Festgestellte anknüpfen liess. Ueberblicken wir das auf diesem Wege Ermittelte, so müssen wir zugestehen, dass die Alterationen an den Gehirngefässen der Apoplektiker jedenfalls weit überwiegend durch Einwirkungen zu Stande kommen, welche von der Blutmasse ausgehen. Diese Einwirkungen sind wahrscheinlich zum grösseren Theile rein mechanischer Natur und vollziehen sich in Form stärkerer Belastung, Dehnung oder Zerrung der Gefässwand durch die Blutsäule; z. Th. sind dieselben in Veränderungen des Blutes begründet.

Die mechanischen Einwirkungen können durch sehr verschiedene Vorgänge in dem circulatorischen Apparate herbeigeführt werden:

1. Durch verstärkte Leistung des Pumpwerkes (absolute Verstärkung: Herzhypertrophie, relative Verstärkung: Marasmus mit Betheiligung der Gefässwandungen, ohne entsprechende Involution des Herzens).

2. Durch Vermehrung der Widerstände, a) im arteriellen System (Arteriosklerose, Schrumpfniere, Anhäufung von Fettmassen im Abdomen, habituelle Obstipation, sitzende Lebensweise), b) im venösen System (Myodegeneratio cordis, uncomplicirte Klappenfehler, Emphysem).

3. Durch Vermehrung des Inhalts des Gefässsystems (Plethora).

Die Blutveränderungen, welche zu Erkrankung der Gehirngefässe führen, zerfallen in 2 Gruppen:

1. chemische (Marasmus, Nephritis, Fettsucht, Gicht? Alcohol- und Bleiintoxication).

2. parasitäre (Syphilis, Rheumatismus?).

Sehr wenig Klarheit besteht zur Zeit bezüglich der Rolle, welche nervöse Momente bei der Verursachung der hier in Rede stehenden Gefässalterationen spielen; doch konnten wir wenigstens eine Reihe von Umständen anführen, welche für eine Antheilnahme des Nervensystems in dieser Beziehung sprechen. Durch den Nachweis erheblicher Schwankungen in der Entwicklung der Gehirngefässe wurde endlich ein erster Schritt zum Verständniss der angeborenen Disposition zu Hirnblutungen gethan.

Tabelle der Messungen.

a) Männlich.

No.	Lebens-alter	Rechte Vertebr.	Linke Vertebr.	Basilaris	Rechte Carotis	Linke Carotis	Aorten-umfang	Gehirn-gewicht	Relative Arterienweite auf 100 Gr. Gehirngew. berechnet.
		$^1/_{100}$ cm.	$^1/_{100}$ cm.	$^1/_{100}$ cm.	$^1/_{100}$ cm.	$^1/_{100}$ cm.	cm.	Gramm	$^1/_{100}$ cm.
1	18	78	82	94	84	88	5.9	1410	$23^5/_7$
2	18	60	56	78	76	76	6.0	1500	$17^4/_5$
3	18	80	80	110	80	95	6.5	1380	$24^1/_2$
4	19	70	72	100	80	80	6.0	1350	$22^1/_3$
5	19	60	75	100	80	80	7.0	1340	22
6	19	72	68	90	73	78	6.8	1425	$20^1/_2$
7	19	70	80	98	88	84	5.2	1450	$22^1/_5$
8	20	72	82	112	100	95	7.8	1600	$21^7/_8$
9	20	70	90	100	80	100		1570	$21^2/_3$
10	21	70	82	110	105	115	6.5	1540	$24^1/_6$
11	21	83	80	100	90	85	6.6	1450	$23^1/_3$
12	21	58	56	83	84	86	5.8	1320	$21^1/_2$
13	23	80	75	98	95	92	6.0	1485	23
14	24	70	65	90	74	80	5.5	1260	23
15	24	66	71	90	81	90	5.0	1600	$19^1/_4$
16	25	61	70	95	85	95	7.0	1340	$23^1/_4$
17	25	60	68	78	92	95	6.5	1550	$20^1/_3$
18	25	60	70	92	96	98	6.3	1325	$24^1/_2$
19	26	66	75	88	88	78	8.5	1270	$24^4/_6$
20	28	78	100	120	90	95	7.0	1270	$28^7/_{11}$
21	28	60	70	100	87	90		1155	$26^2/_3$
22	28	70	86	102	96	85	6.0	1425	$23^2/_3$
23	28	65	70	89	83	80	6.8	1300	23
24	28	32	82	84	82	93		1325	$21^4/_5$
25	28	60	78	92	85	95		1420	$22^2/_3$
26	28	52	68	78	88	95		1550	20
27	30	62	77	95	85	98	7.5	1510	$21^1/_3$
28	30	60	80	90	80	86	7.2	1350	$22^3/_4$
29	30	65	75	88	96	102	7.9	1500	$22^1/_7$
30	30	75	78	108	80	75		1340	23
31	30	53	65	102	102	112	7.5	1370	$24^2/_7$
32	30	90	80	120	110	98	6.1	1485	$25^1/_7$
33	31	80	80	100	90	95	6.8	1325	26
34	31	70	51	75	80	80	6.0	1380	$20^1/_3$
35	31	68	85	97	80	80	6.8	1375	$22^6/_7$

1.

2.

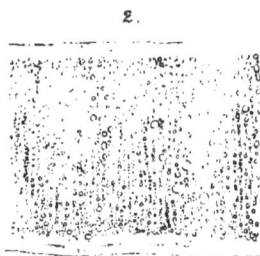

3.

5.

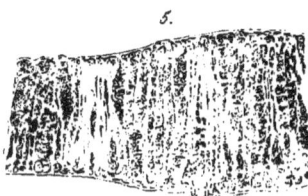

6.

4.

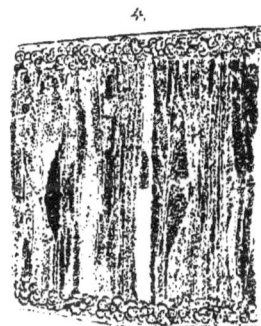

7.

9.

10.

a

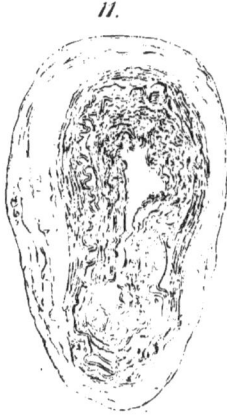

11.

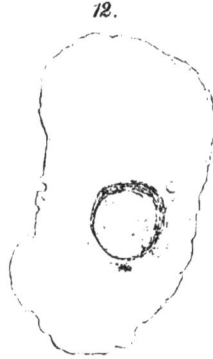

12.

15.

13.

14.

C. krapf. gez. u. lith. Verlag v. J.F. Bergmann, Wiesbaden. Dr. Keller

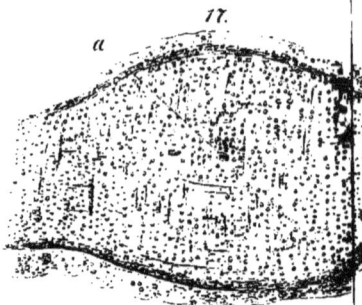

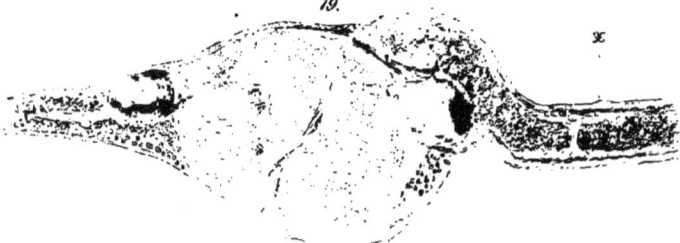

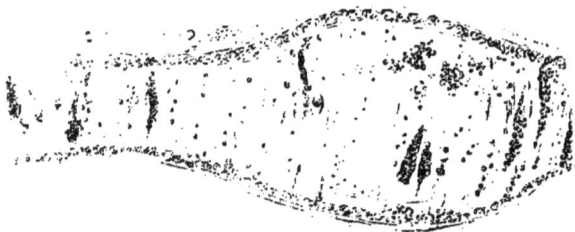

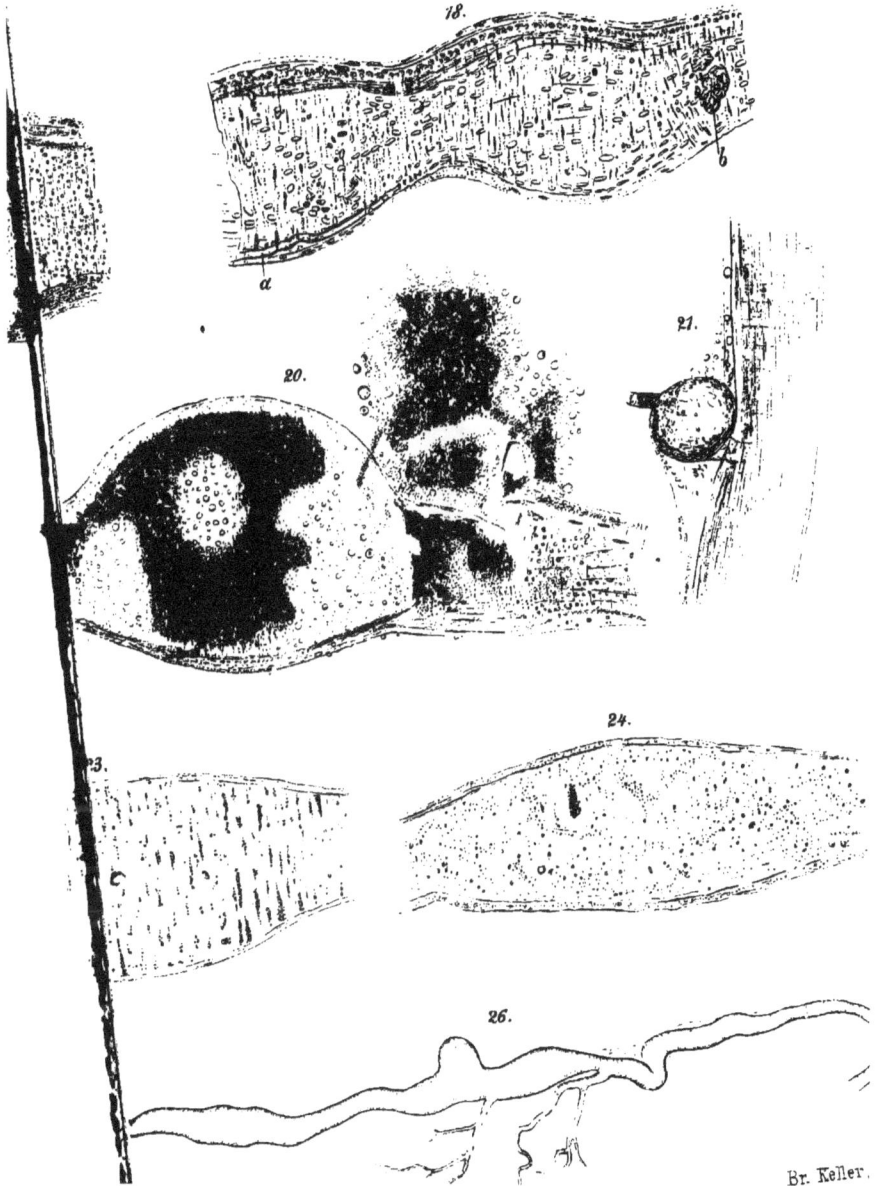

Taf. III.

18.

a

b

20.

21.

23.

24.

26.

Br. Keller.

www.ingramcontent.com/pod-product-compliance
Lightning Source LLC
Chambersburg PA
CBHW021803190326
41518CB00007B/427